ステレオサウンド

オーディオ彷徨　岩崎千明著作集

ＳＳ選書

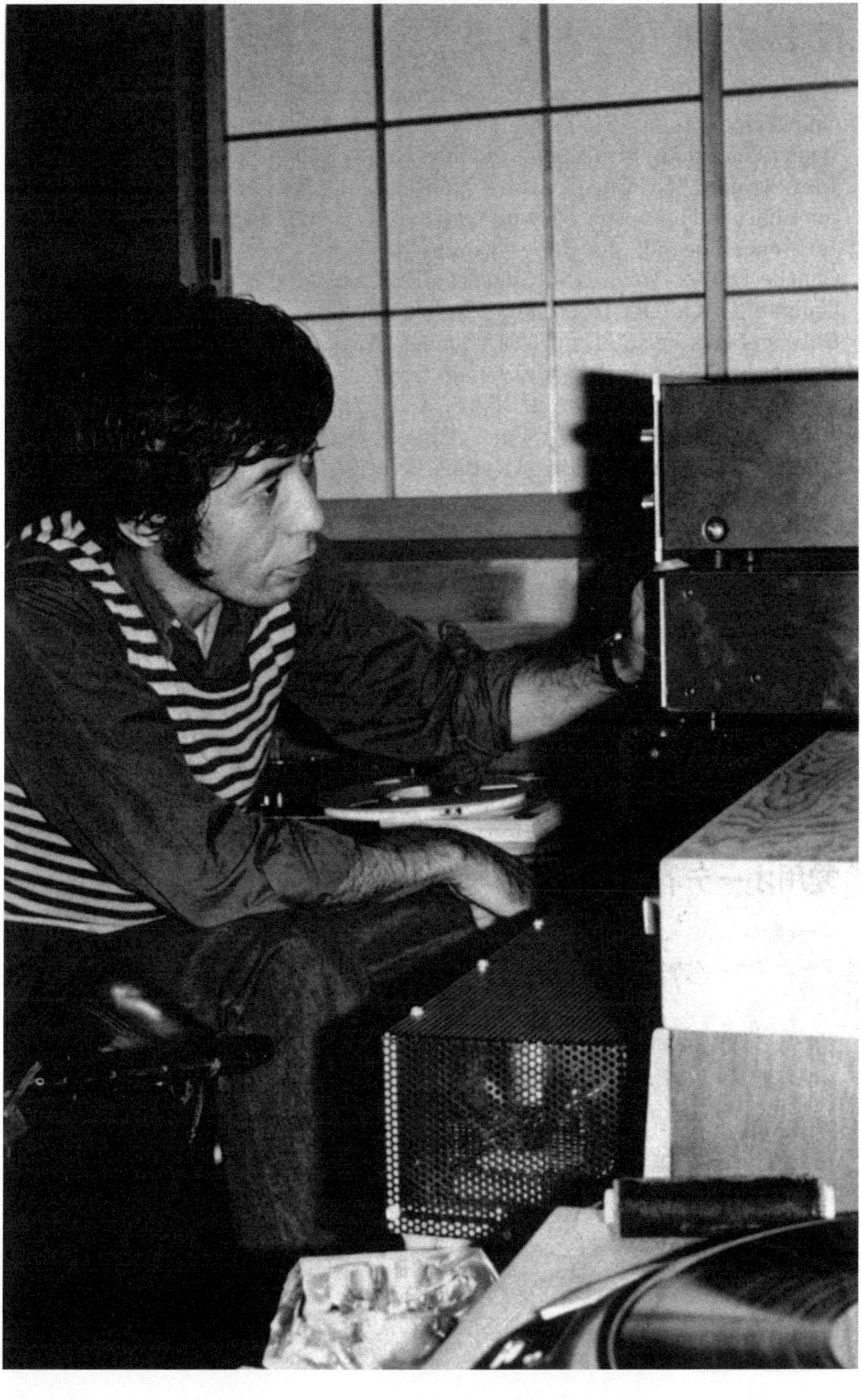

愛聴盤リスト

Count Basie & The Kansas City 7　Impulse AS15
One O'clock Jump/Count Basie　Victor(日)MCA7043
Benny Goodman Trio Plays Fletcher Henderson　CBS CL516
Jam Session At Carnegie Hall/Mell Powell　CBS CL557
Sir Charles Thompson Special Vanguard(キング)SR3051
Joe Jones Special/Joe Jones　Vanguard 8503
Charlie Barnet Town Hall Concert　CBS CL639
Tailgate!/Kid Ory　Good Time Jazz Ll2022
Bob Scobey's Frisco Band With Clancy Hayes　Good Time Jazz Ll2006
Dissection(Marquis de Sade)/Lalo Schifrin　Verve V6-8654
Live At Saint German/Art Blakey & Jazz Messengers　RCA430-043〜5
Sonny Rollins/A Night At The Village Vanguard　Blue Note BST81581
Saxophone Colossus/Sonny Rollins　Prestige 7079
The Shape Of Jazz To Come/Ornette Coleman　Atlantic SD1317
Paris Concert/Gerry Mulligan　Pacific Jazz 1210
Light House '69/The Jazz Crusaders　Pacific Jazz 20165
A Day In The Life/Wes Montgomery　A&M 3001
Scratch/The Crusaders　Blue Thumb BTS6010
Lady Sings The Blues/Billie Holiday　Verve MGV-8410
Lady Day/Billie Holiday　CBS-SONY SOPL176
John Coltrane & Johnny Hartman　Impulse AS40
Helen Merrill With Clifford Brown　Mercury MG36006
Let It Be/Beatles　Apple AP80189
Last Date/Eric Dolphy　日本フォノグラム SMJX7119

愛用オーディオ製品

カートリッジ――――――ノイマン・DST62、オルトフォン・M15スーパー
プレーヤーシステム――マイクロ・DDX-1000システム、デュアル・1009/1219、
トーレンス・TD224、TD124Ⅱ
プリアンプ――――――クワドエイト・LM6200R、マランツ・#7C/#1×2、
JBL・SG520、ハドレー・#621
パワーアンプ―――――JBL・SE400S、パイオニア・EXCLUSIVE・M4
マランツ・#2×2/#16/#250M、マッキントッシュ・MC60×2
スピーカーシステム――JBL・C40ハークネス(D130+#2440/#2397)/D44000
パラゴン/D30085ハーツフィールド
エレクトロボイス・エアリーズ/パトリシアンⅣ
アルテック・620Aモニター
QUAD・ESL、AR・AR-2X

目次

装幀　田中一光

オーディオ彷徨　岩崎千明著作集

オーディオ評論とはなにか

ゴールデン・ウィーク特有の日射しを窓から受けた眠気を、隣に坐る初老の紳士の気配で覚まされて、後に飛び去る次の駅名を認めた私の視線は、そのビジネスマンとして成功者らしいふくよかな手から、それに支えられている新書版のタイトルに移って、そこでハタととどまった。

いぶかしさがそれを確かめようと、金縁の眼鏡越しにのぞく横顔を見とどけたが、その真摯としかいいようがないまなざしからは、いぶかしさは一層深まってしまった。

そのタイトルは『モナリザのすべて』。

この、どうみても社会的地位もつとめでの肩書も低からぬ、教養深げなジェントルマンは、はたして一体、モナリザをいかに解釈せんとするのか。

「モナリザ」を通して、美術を、芸術というものをいかに理解し心得ようとするのか。いや、芸術において大切なのは何であるのかということを、芸術をいかに捉えるべきかを本当に知ろうとし、真剣に考えているのだろうか。

この人生経験の浅からぬ、教養豊かな中年の紳士に対して、芸術とは何か、ということ、それをいかなることばで知らすべきなのか。『モナリザのすべて』というタイトルから推察されるこの小さな手引き書の内容では、それが全く役立たないどころか、おそらく本当に心得なければならない芸術作品としての「モナリザ」から、ますます遠ざかってしまうに違いないということを告げるに、いかなることばをもってなすべきだろうか。

この「オーディオ評論とはなにか」というタイトルの、それ自体が底知れぬ大きな問題を内蔵しているということは、それを書くべき側においても、それを読むべき読者の側も、さらに、このタイトルを企画し提出した編集者の側にも、心ひそかにだが痛切に暗黙のうち、感じているに違いあるまい。

オーディオに評論というジャンルがあるのだろうか

それが、今日のような形で認められてしまっていること自体が、実は大きな問題ではあるまいか。いや認めているとしたら、それは評論といわれているものではないのかもしれない。だとすれば、その認めているのは評論ではなくて何なのか。

海外オーディオ誌は、日本のそれのように夢多い豪華な形ではなく、いうならば実用的な形で、その数も決して多くはない。しかし、その存在するものはそれぞれの国の、その分野ではそれなりに認められているといってよい。しかも、そのなかにはどこにもオーディオ評論家《クリティクス》は存在しない。紹介者《レビュアー》か解説者であって、さらにそれは多くが個人的なオーディオ愛好者であり研究者か技術者だ。

昨年、ヨーロッパを旅したとき、スウェーデン、デンマークのディーラーを訪ね歩き、その店の主人との話のやりとりの中において、こうした欧米のオーディオ評のあり方とその受けとめ方をはっきり表わすことばに出会った。

「オーディオ機器の音に音楽性が豊かか？　ということはお客自身が判断することであって、それは店で説明して判らせるという種類のものではない。ある客が、音楽的な響きがするといって満足したからといって、他の客も同じように満足するわけではないし、お客の個人個人によって、それぞれ判断が違うのが当り前だ。だから店としては、それを説明するのに感覚的な表現や説明でしても、お客自身が納得してくれるわけでもないし、店のビジネスとして説得はそういう形ではやらない。どのお客も納得する方法は技術的なデータを教え、示して判ってもらうのが当り前であるし、それが一番いい方法だ」ということばで代表されよう。

同じ意味のことばをデンマークのオルトフォンにおいても聴くことができた。

「機器の開発や改良のためにテストするとき、ビジネスとして音楽を聴くということはやらない。むろん、途中において音楽を聴くことはあるが、それは会社における務めとしてではない。ビジネスとしては、あくまで測定器を頼っての技術でしかない」

もっともこの発言者はクロウト並みにヴァイオリンを弾くという技術者だ。

こうした発言に接し、デンマークの店頭で示されたカタログのデータ——スピーカーとプレーヤーの大多数がスウェーデン王立研究所で測定した特性カーブをつきつけられて、西欧におけるオーディオ判断の視点としては技術的要素《ファクター》がきわめて大きいことを知らされて意外な思いだった。

それというのも、ユーザーのひとりひとりがオーディオ機器の音を、自分自身の中で解釈し判断し得る素養を持っているからに違いあるまい。それは音楽的な裏づけのある環境から生じたものであろうし、音楽そのものが芽生え、育ち、栄え、現在もそれは大きく豊かに茂り、息吹いている伝統ある土壌の上に生活環境を持った西欧だからこそなのであろう。

米国にしたところで、日が浅いとはいえヨーロッパからの移民が社会を形成し、すでに二百年は経っているに違いないのだ。翻って日本においては、少なくとも今ここで問題としているオーディオ評論に関心の高いオーディオ愛好者たちの、音楽的キャリアはといえば、それは多くがここ10年、あるいは十数年のものでしかない。日本全体の社会環境を考えても、西洋音楽がはっきりした形で定着したのは、戦後20年間にすぎない。

だから、そこでは音楽的素養を現段階でユーザーの多くに要求するのは無理というものだろう。

「芸術の基礎づけがなされ、その種々の類型が確立したのは現代とはっきりと区別される時代、事物や環境を支配する人間の力が今日と比べて、ごく微弱であった時代にまでさかのぼる。

現代の芸術手段はその適応能力と精緻さという点において驚くほどの成長を遂げたが、このことは近い将来、古典的な美しさの工芸生産がきわめて激しい変化を遂げるということをわれわれに約束している。

あらゆる芸術には物質的な部分がある。それはもはや以前のような芸術観とか、芸術の取扱い方をゆさぶって、近代科学や現代的実践の影響からのがれることを許しはしない。

素材も、空間も、時間も、すべてはここ20年来かつて存在していたものとはすっかり変ってきている。われわれはこのような大きな変革が芸術の技術全体を変化させ、それによって手法そのものにも影響を与え、遂には、おそらく芸術という概念そのものをもきわめて魔術的な方法で変えてしまうようにいたることを覚悟しなければなるまい」

「水、ガス、電流がほとんど目にもとまらない操作だけで、遠方からわれわれの住居の中へ届けられ、役立てられると同じように、ほんの合図のような操作だけで、連続する画像や音をつけたり、消したりできるようになるだろう」

（ポール・ヴァレリー芸術論集『現代性の獲得』より）

このことばからは、音楽や美術などあらゆる芸術が現代において新しい意味を持つものとしての的確な了見がうかがえる。レコードという物質的な手段が芸術としての音楽のあり方を変えてしまったのである。

『技術的複製はオリジナル――「いま」「ここに」しか存在することのないという性格によってつくられる「ほんもの」という概念――に対して、手工的な複製の場合とは違って、あきらかに高度の独立性を内蔵している。

そのひとつはたとえば写真において、人間の眼で捉えられない影像、焦点を自由に選べるレンズのみが捉え得る影像を、鮮やかに際立てることができるし、望遠撮影や、高速撮影のような特殊な方法で、自然環境で見落さざるを得ない影像を定着できる。

もうひとつの複製技術は、オリジナルの模造品をそのオリジナルそのものでは到底考えられない状況の中に存在させることもできる。写真であれレコードであれ、オリジナルそのものを視聴者に近づけることができるのである。

ひとつの芸術作品が「ほんもの」であるということは、実質的な古さをはじめとして歴史的な証言力に到るまで、作品の起源から人々に伝承し得る一切の意味が含まれている。ところが、歴史的証言力は実質的な古さを基礎としており、したがって実質的な古さが無意味となってしまう複製においては、ひとつの作品の持つ歴史的証言力などは、ぐらつかざるを得ない。ここでぐらつくのは歴史的証言力だけであるとはいえ、それにつれて作品の持つ権威そのものが、ここでゆらぎはじめるのだ。

一般的にいえば、複製技術は複製の対象を伝統の領域から引き離してしまう。複製はこれまでの一回限りの作品にかわり、同一作品を限りなく出現させるし、こうして作られた複製技術は、それぞれ違った状況下の受け手が近づくことによって、一種のアクチュアリティを生み出した。このプロセスは、これまで伝承されてきた芸術の性格そのものを激しくゆさぶらざるを得ない。これは現代の危機と人間性の革新と表裏一体をなしているものだ』（ヴァルター・ベンヤミン『複製芸術』より）

こうした新しい音楽のあり方は、社会の中における音楽の意味、あり方をすっかり変えてしまって、西欧だけのものだった音楽を、東洋の島国における文化的にも遠く離れた国民の中に、僅か十数年の間に、唐突として日常化してしまった。

日常化といういい方は、あるいは妥当ではないかもしれない。日常化の在り方が、西欧のそれとは違って、単にうわべだけの表面的な充溢にすぎず、決して個々の心にまで浸み渡った形には到らないのは、その歴史があまりに浅いために他ならない。社会に、街にあふれ出さんばかりの音楽の洪水は、あるいは逆に、音楽そのものに対するあこがれとか、内側に秘められるべき意欲すらを薄めてしまうことにさえなりかねない。音楽の無批判な、無定見な導入は、音楽をまったく逆の騒音として街にあふれさせてしまうという、もっとも避けなければならないかたちにひろめてしまう危険を常に伴うことを、はっきりと知っておかねばならない。

そうしたとき、音楽を質のよい音で求めるべき姿勢はきわめて好ましく、好い演奏を望むと同じくらい必要な条件といえる。

つまり音楽が、この国で普及し日常化するためには、複製芸術としての、再生音楽としての形を推進拡大する以外に、より以上の方法はなく、そうであるとすれば、好い演奏、優れた演奏と同じくらいに重要で大切なのは、手段としては絶対に「良い音」で再生されなければならない。日本で、オーディオに対しての願望が強く激しいというのも、実は個々のリスナーがその内側に以上の問題点を多かれ少なかれ、確かなかたちで持っており、意識しているからに相違ないのだ。また、事実日本ではオーディオの質の高さが、欧米におけるのとは格段に重要な意味を持ち、価値のあることと意義づけられるのも、当然なことなのである。

しかし現実にはどうかというと、個々の音楽愛好者、リスナーの内部の問題としては、それがはっきりしたかたちで、そこまでの自覚が個々の内にはたして存在しているであろうか。

「オーディオ」と音楽とが、別々のかたちで遊離したままで存在するのではなかろうか。

コストパフォーマンスといういい方

オーディオ・コンポーネントに対して、電気製品販売店で売られるという点において、それは他の電気製品と一律に考えられがちである。たとえばテレビとか、電子レンジとか、あるいはカセットラジオとか、そういったエレクトロニクスの技術を利用した製品に違いないし、製品の質をとるとき、他の電気製品と同様に実用的な見地から、判断されることが少なくない。いわゆるコストパフォーマンスという判断の視点が、テレビや電子レンジと一緒にステレオのあらゆる製品に適用され、少なくとも多くの人にはそれが選択のひとつの基準として迎え入れられている。こうした傾向は何も日本だけではなく、消費経済をたてまえとした資本主義消費国家であるアメリカでさえも、音響製品はきわめて初期からコストパフォーマンスという判断基準による優劣を決定される機会があって、それは今日に及んでいる。

米国消費者に対して、商品の選択に大きな影響力をもち、権威を認められている『コンシューマーレポート』誌において、車や掃除機やフリーザーと同じように、オーディオ・コンポーネントもテストされている。カートリッジからアンプ、レシーバー、プレーヤー、スピーカーに至るまで、あるいは最近はカセットまでも年に何回となく登場して誌面をにぎわし、音楽愛好者からその内容が支持され、優劣はそのまま商品の売れ行きにほとんど決定的といえる影響力をもっている。

　しかし、その扱われる製品に関しては、例外なくきわめてポピュラーな価格の大量生産品に限られているということだ。たとえば、ＡＲのスピーカーはすべてが登場するが、ＪＢＬのスピーカーはこのメーカーとしては小型のブックシェルフに限られる。オーディオ製品において、コストパフォーマンスが通用する範囲は、製品としてどの辺までであるかをよく認識しているかのようである。少なくとも高級製品としてみられるコンポーネントに関しては、『コンシューマーレポート』誌においては登場したためしがない。あくまでも一般家庭で購入する対象しか扱われていないようである。日本において、こういう限定条件が認識されにくかったのは、たとえば二百数十ドルのＡＲ－３は、日本市場で十万を軽く越す価格の高級コンポーネントにみなされていたからに他ならない。

　『コンシューマーレポート』誌において登場するオーディオパーツは、必ず一般家庭を対象としたものだけにもっともポピュラーな流通機構、たとえばスーパーマーケットでさえしばしば見られる。むろん、定価を下まわるスペシャルディスカウントはこうした大衆製品においては、ごくごく当り前のことだ。

　ここでＡＲを再三引合いに出しているのは、それが日本市場に迎え入れられ、高級品としての幅をきかせ始めた時期に、たまたま日本のオーディオ界にオーディオ評論ということばが成り立ち、定着しつつあったからに他ならない。ARは、ある意味で「オーディオ評論」という、できたばかりの関門を堂々とパスして日本で高級品として通用し始めたのであり、それがオーディオファンのひとつの目標にすらなったということによって、オーディオ評論の見方、受けとられ方が曲げられたといえるのだ。

こうした普及的商品に関しては、その優劣は実用品としての判定基準にたってきわめて合理的に断定されてしまうというのが米国式のやり方なのだろう。むろんこの判定には電気製品としての性能、特性、使いやすさとともに音の良し悪しが加えられてはいるが、それは五段階のデジタル的表示になりきってしまっている。

こうした傾向は、判りやすいという理由で特にその製品に対して技術的に無知な層に対しては、きわめて高い支持をされている。今日、日本においてもそうした技術的に、また音楽的に深い知識をもたない層の台頭といちじるしい増加から、こうした○×式、ないしは単純なデジタル表示を判定の表現とする方法が広く迎え入れられている。こうした現象が決して一方的に好ましくないというわけではないが、それが持っている大きな落し穴を知らなければならない。それは適用範囲が普及価格の量産品の域を出ないこと。

それ以上の高級品に関しては、あるいは少数生産の高価格商品に対しては、こうした大きな意味でのコストパフォーマンスという判定準準が成立つわけがない、ということをはっきり知らなければならない。よくいわれるように、高級品というものは、ほんのわずかの余裕を実現するために、価格的に数倍を消費者に強いるものである。この場合、ただ単なるコストパフォーマンスといういい方を適用するなら、おそらくそれは不合理きわまる不経済な商品といわれかねない。

真の高級品とは、オーディオに限らずすべてそういうものであり、それを手にしたときに限りない「満足感」を得るものだ。

コンポーネントという商品のあり方は、もともと高級品指向のあらわれだと思われるが、それが今日のように購買層のおどろくべき増大にともなって大量生産されるべき性質の商品となるに及んで、コンポーネントたる目的は違ってしまった。若者にとってコンポーネントでなければならない理由はハイクォリティそのものではなく、志向ないしはハイクォリティらしさだけに終ってしまっている。

現代の平均的若者にとってはおそらく、その生活をオーディオに強く結びつけたいという願望の象徴でしかなくなった。求めるものは真の意味でのハイクォリティではなく、それらしくさえあれば事が足りるであろうとしかいえない。だから、コンポーネントにおいては若者相手の自動車同様、性能上の可能性とデザインとが最も重視される。しかしそれは、決してフルに利用され、性能がひきだされることはまずないのである。

評論家の提出すべき意見

海外誌におけるオーディオの扱い方をみると、前述の通りそれは（技術的立場をくずすことのない研究者）の技術解説か、あるいは実験とそのデータが普通だ。オーディオを電気製品と考えればそうした判断に、いわゆる第三者的な、つまり個人感情や感覚を極力避けるというのは納得のいくところには違いない。そうした傾向は何も米国だけではなく、日本のユーザーも、こうした判定基準を好むようである。「どちらが良いか」「どれが一番良いか」という要求は、雑誌の記事に対する要望として根深く存在している。ここでもとめられる判定基準は第三者的であって、少なくとも個人的感情がはさまれることは、ユーザーとしてありがたくないという潜在意識が決して少なくはないはずである。だからこそ、一人の意見ではなく、何人かの意見が並列に求められるのだろう。しかし、研究者あるいは技術的に熟知している、その製品の担当技術者による技術解説あるいは実験データは、少なくともオーディオ評論とはいえない。

評論という立場は、あくまでも独自の好みとか、見解にしたがって、意見を提出するものである。そこには客観的あるいは物理的な分析という視点はない。評論を仕事とするものが行なうこともないわけではないが、カタログや技術データは、評論家の提出する意見ではないのである。それでは、オーディオ評論とは何をすべきであるのか。

選択——類型品の多数の中から選択

製品の再発見——その製品の内側にある特質の再評価

ユーザーへの伝達——説得の技術

製品に対するユーザーへのアピール——効果の増大

以上のようなことが、オーディオ評論としての作品の内側にもたなければならないものであろう。要約すれば、「選択と説得技術」ということになろう。あるいは、選択は常にあるわけではないといわれるかもしれない。しかし、常に選択が評論活動の根底にある。

たとえ、商品の羅列的扱いを対象とする場合さえ、潜在的に自分の好みにしたがって、いくつかをアピールするべく心がけるのが常であるし、それがまた、評論であって技術解説と違うゆえんであろう。

製品の選択において、それぞれの立場により視点が変るのは当然であろうし、ある場合には性能上の良さが最も大きなファクターとなりうるし、ある場合には音の良さ——この点にこそ個人の感覚的違い、良さの判断基準の違いが最も出るものだが——さらにデザイン、ここにまたしても個人的美的感覚が介入するが、さらに取扱い、価格そういった点が重要なファクターとなるであろう。

しかしそれ以上に重要なことは、メーカーの意図、企画者、設計者それぞれの意図とその表われ方というものが、前記にも増して重要な要素となる。そしてそれを考える場合は、問題はさらに大きく拡大され、社会的条件、時代の流れの中における存在の意義、さらに社会を通してその裏側の、国、国民性、音楽的土壌、風土、つまり人間の住む、人間の生きるのにかかわりのある森羅万象すべてが問題となり得るし、それを考慮することは必要不可欠なのである。

とすれば、そこにはもうすでに、単なるコンポーネントとか、オーディオ製品とかをそういう狭い見方で判断することの愚かしさを知るだろう。少なくともオーディオ評論の必要前提としては、人間のたずさわり、愛し、かかわりあう「もの」としての、あらゆる要素が、重要な意義をもってくるのである。

「用いずば器は美しくならない。器は用いられて美しく、美しくなるが故に人は更にそれを用いる。

人と器と、そこには主従の契りがある。器は、仕えることによって美を増し、主は使うことによって愛を増すのである。

人はそれらのものなくして毎日を過すことができぬ。器具というものは日々の伴侶である。私達の生活を補佐する忠実な友達である。誰もそれに頼りつつ一日を送る。その姿には誠実な美があるのではないか。謙譲な徳が現れているのではないか」

（柳宗悦　美学論集より）

「心は物の裏付けがあってますます確かな心となり、物も心の裏付けがあってますます物たるのであって、これを厳しく二個に分けて考えるのは、自然だといえぬ。物の中に心を見ぬのは、物を見る眼の衰えを物語るに過ぎない」

（柳宗悦　蒐集の弁より）

オーディオ機器、コンポーネントという限られたジャンルの「もの」を評論せんとするとき、それは単なるオーディオパーツ、電子機器としての判断では間に合わなくなる。

それは、オーディオが音楽と結びついているからでもある。音楽は、個人の感情活動の中でもっともレベルの高い次元での所産であるし、その音楽そのものをもっとも現代的な形で再現し、演奏し演出するべき道具なのだから。

しかし、そういった芸術との結びつきを考えた「もの」としても、まだ、オーディオ機器の判断は十分ではないのである。

加うるに、人間が自らの手もとにおいて、いかなる形であるにしろ、それを愛し、それを使いきり、それを用いつくすことによって、その良さがはじめて判ってくる、そういった純粋な形で道具とか、「もの」としての良さという受けとり方、見方が、また重要なファクターとなることを知らなくてはならない。

そこには、価格による判断ということは入りこんでくるすき間もない。たとえ中古のパーツも憧れ、愛し、満足感に浸り得る「物」ならば、そのパーツに関する当事者にとっては千金の舶来品よりも価値を見出し得よう。

しかし、それは、当事者以外には判り得ないかもしれないし、そうなればここにはオーディオ評論は通用しなくなってくるのである。あるいはそうした深く静かな内側にまで、オーディオ評論の眼を届けさせるべきなのだろうか。

「評論」それを求める側の短絡性

さて、ここでこれからいうことに関して、今日の若いオーディオファンの平均的なレベルでは大きな誤解を招く恐れがあるので、いうべきかあるいは、触れずにおくべきか、かなり危険を感じつついうことになるのだが。

製品の中に良さを発見し、確認したとき、それはオーディオ評論の仕事に携わる者にとって恐らく、はたからは計りしれない大いなる喜びと満足を味わうのだが、その喜びが大きければ大きいほど、それをユーザーに伝えるべき義務を自覚する。製品の良さとしては、既に先ほど述べたようにあらゆる面からの考察がそれを発見することになり、ひとつの結論を得る。

その時「いかに伝えるべきか、いかに表現すべきか」ということが、評論の価値を決定的にしてしまう。なぜか。

ユーザーにとって、オーディオ評論とは、評論作品として目にふれ、読まれるものがすべてであるのだから。

「選択」も「再発見」も、さらに「説得」もすべてが評論家の内側に厳然と存在するが、それが凝縮した形で単なる「評論」としてユーザーに提出されるのである。だから、提出者の側からすれば、いかに有効に効果的にユーザーサイドに伝達されるかということが、その評論作品の価値をすべて決定してしまうといっても言い過ぎではない。こういう言い方が危険であるというのは、それが効果的に伝えられれば伝えられるほど、その評論内容がうつろな思想のもとに、軽薄な選択をしたにもかかわらず、単に語りがうまい、説得がたくみだ、というふうに、うけとられかねないからだ。

製品のもつ良さなくしては、評論はありえないし、成り立つものではないのである。そして、その良さが明確であればあるほど——この場合、製品のパーソナリティはあらゆる要素に優先して重要な意義があり、それが強ければ強いほど、価値は認めやすく、伝えやすいが、そうした発見と評価が、評論作品に必ずしもはっきりと表われているとは限らない。だからといって、そのプロセスが評論活動の根源となっていることは厳然たる事実である。いや、当事者たる評論家にとってはそれがすべてといってもよかろう。

しかし、ユーザーに伝達される評論作品としては、伝達されるべきユーザー側のレベルとジャンルを考えなければ、的確な説得もできないし、効果的な内容も期待できっこはないのである。つまり、相手を考えなければ、オーディオ評論というのは成り立つわけがないし、それを求める層、必要とする層は残念ながら今日ではきわめて低いといわざるを得ないのである。

もっとも、音楽と関わるべきサウンドへの、自分のアプローチの術を知らず、意見も狭く、好みすら判然と自覚し得ないところから、オーディオに「評論」を求める事態が生じたといえるし、こうした状況は根本的には西洋音楽の土壌から遠く離れた地理的、文化的条件によるものといえよう。もっともそれ故にこそ、音楽への憧れもまたずばぬけて、オーディオ日本の隆盛を推進する最大の原動力となったのだが、いつの日か、ユーザー自身の内側に豊かなる結実を得たときには、オーディオ評論というものを必要としなくなるだろう。また、識者がことあるごとに口にしたがる「まともなオーディオ論のみが通用する」時代も遠い夢ではあるまい。

それは、個々の、オーディオへの内なる高まりに期待する以外に何があろうか。　（一九七四年）

ラジカルな志向がオーディオ機器の魅力の真髄となる

オーディオ機器の魅力とは何か

オーディオ機器の魅力とはいっても、その「魅力」という言葉自体がはっきりとは説明でき難い特質を持っているということが、まず第一の問題だ。魅力の「魅」は俗世界の人間とは違った存在であって、これは人間の知性や理性ではどうしようもない超能力の怪物みたいなものだ。辞書を引いてみると――

魅＝①ばけもの。妖怪。②人をばかす。③みいる。心をひきつけて、迷わす。

魅力を感じるというその「魅力」は、だから説明がつけられないし、無理矢理説明すればそれはこじつけになってしまう。理由がはっきりとつかないで、それに参ってしまうから魅力なのであり、あれこれと判断して良いと心得るというのでは「魅力」そのものではないといえよう。

そうした魅力と感じるかどうかは、そのきっかけは対象の方にあるのに違いないが、それを魅力と感じるかどうかは、それを受けとる人によって異なる。

魅力だと感じとったことは、その当事者にとっては魅力であっても、それ以外の者にとっては必ずしも「魅力」とは限らないのではないか。たとえば単純なことだが、「安い」という魅力はその内容に比してのことだろうが、その内容の価値を認め得ない者にとっては決して「安い」とは限らないし、そうすると「安い」という魅力は誰でも同じに感じるというわけではなくなる。まして絶対的価値の高低を全然気にしない者には、「安い」なんていうことはまったく魅力とはなり得ない。

「豪華」なデザインだからといって良いと感じとる者もいれば、それだからいやだという者もいる。音が繊細だからいいという者も、頼りなくていやだと受けとる者もいよう。

こう書いていけば判るだろうが、魅力というのは対象物の方にあるのではなくて、魅力と感じ受けとる当事者の方に魅力の源があるのだ。

さらに突っ込んで考えれば、だから魅力を感じる当事者の内側が広く深ければ、魅力はあらゆる方向に見いだせるに違いないし、またその深さも当事者の掘り下げる尺度のとり方が深ければどこまでも深くなるだろうし、そうでないならば表面的なものとか浅い見方しかできないということになるだろう。技術的によく精通していれば技術に対し深い見方をできるに違いないし、そうすればアンプにおける回路の違いどころではなく、抵抗一本の使い方にも、また数値の選び方にさえも新たな魅力を発見できよう。単に再生機器の音の良否をうんぬんするだけでなく、そのメーカーの本質や創始者の考え方や音楽的センスを知れば、メーカーの歴史や志向をたどれば「音」ひとつの判断にしたって変ってくるし、同じ音《サウンド》の中に、また他人の気付かぬ魅力を発見することも不可能ではない。

つまり魅力とは、そのようにオーディオにあってはオーディオ機器という対象物の中にあるのではなく、きっかけはあるのだが、それを魅力と感じるかどうか、さらに魅力という形にまで大きくふくらまし得るかどうか、というのは受け取る側の内部の問題なのだ。

そうなると、オーディオ機器ならば、おそらくどんなものにも魅力が、正しくはそのきっかけとなる要素が必ずやあるだろうし、魅力のない機器はおそらく皆無に違いない。

こういうふうに話を進めていくと、おそらく読者をはじめ編集者の期待する方向から話はどんどんずれていってしまうことになるので、以上のことをまずよく知っておいたうえで、当事者の内側からオーディオ機器の方に話の焦点をしぼっていこう。つまり魅力と感じさせるオーディオ機器側の要素に触れていこう。

魅力の第一は、バランスの良さだ。設計の全体、または各部のひとつひとつに対するバランス、またはデザインの上でもよい、細かくはパネルに並ぶつまみをとって考えれば、その並び方、大きさとすき間、仕上げ、光沢、それぞれが周囲のパネル全体に対してのバランスの良否が魅力というものを生み出す。いや、つまみひとつとってみても形や寸法、さらに仕上げ、カットの仕方、さらにその指先の触感、操作法などのバランスの良さというだけでも、アンプにおける魅力といわれるものさえ創り出してしまうことになる。

このように、オーディオだけではないが、もっとも単純な外面的な捉え方にしても、バランスの良さということが誰に対しても共通の魅力を感じさせる要素になる。

むろん内部に対して眼を向けられ得る素養を当事者が持っているなら、設計上、生産上、またはコストの上から選ばれる部品にしてもバランスの良さが判り得るし、そうなれば、それらは魅力の要素といえよう。いかなる見方にしろこうした例を挙げるまでもなく、バランスの良さは誰にでも割に判りやすい魅力となり得よう。

このバランスの良さというのは、オーディオにあっては音《サウンド》と、メカニズムと、デザインの三つのあり方が大きな柱となり得る。

　こうしたバランスの良さという魅力は、実は誰にも判りやすいがもっとも単純な魅力で、オーソドックスな判定基準のひとつといえようか。

　それに対して、アンバランスの魅力というのがある。ある面を特に強めようとするとき、バランスをくずして変化を強め、あえてアンバランスの面白さを狙う。

　ただ、このアンバランスを魅力と感じるのは、バランスの魅力を通り越さないとだめだ。

　ここでいうアンバランスは単につまみの左右が非対称などという単純な形のものではない。設計上や企画上の重点主義も一種のアンバランスであろうし、性能上の面にもある。むろんサウンドの上にもある。メーカー側の片手落ちを、アンバランスの魅力と受けとってしまうこともあるが、このアンバランスの魅力というのは、実は完璧なバランスがあってはじめて、僅かな点にアンバランスを有効な形で成り立たせているというのが実際だ。

　さて、こうして述べてきた魅力は、実はオーディオのみに限らず、人の世のあらゆるものに対してまったくそのまま当てはまる事象である。たとえば芸術一般、音楽にしろ美術にしろ、さらに文学や人間の登場するありとあらゆるもの、さらに人間そのものに到るまで、人間の生活のリズムなどどれをとったって同じ言葉がそのまま通用して、バランスとそれを基としたアンバランスが魅力を創り上げる。

　ところで、話の本筋はこれからだ。オーディオをはじめとして人間の作り出す魅力、または人間の生活に深くかかわる仕事やテクニックにおいて、もっとも大きな魅力を創り出す要素がひとつある。

　一心不乱の心だ。

すべてがあるひとつのことのために集中され凝縮された状態である人間それ自体が、一番魅力を発揮するのもこうした状態だし、たったひとつのことのためにすべてを捨てるこの状態だ。ウェストコースト・サウンドといわれる高エネルギー輻射を、オーディオ再生のすべてとしているかのように受けとれるJBLサウンドの魅力もそこにあるのだし、実はそう受けとめている当事者たるこの私の方にあるのかもしれない。60年代の初めにあったノイマンの超高価プリアンプもつまみはたったひとつのみ。これに集約されたプロ用といわれる製品の数々も、それは業務用という名のもとに純粋に「手段」としてそのすべてが作られているという点にあるのだろうか。

海外製品における魅力もつきつめれば、他にないオリジナリティというよりも、豪華さにあり、それはだから彼の地にあってはありきたりでも、「海外製品」として日本にあってこそ初めて魅力を保ち得るのではないだろうか。

つまり、輸入品としての高価格と稀少性のみが魅力のすべてを支えており、高価なら高価なほど、当事者の内の満足度も高くなる、という特別な形の魅力で、それは本来、オーディオ機器においてうんぬんする魅力とは違うものではなかろうか。

最近の流行の大出力アンプも、目的のために他のあらゆる要素をすべて犠牲にした上で成り立っており、このラジカルな志向がオーディオ機器の魅力の真髄となるのではなかろうか。（一九七四年）

「時間的な淘汰を経た価値」と「質的な価値」を秘めていなくてはならないはずだ

私の考える世界の一流品

一流品とは何か、という答えを出す前に、何をもって一流品の基準とすべきか、を定めなくてはならない。その場合、一流品と定める当事者によって、おそらくその基準の内容は違ってしまうだろう。それを定める者が違えば、同じ一流品としてもそれは違ってしまうということだ。

たとえば腕時計を例にとろう。セイコーが国産だから一流でない、ということは決して成り立たない。事実、米国はもちろん、ヨーロッパの特定国以外の世界のどの国においても、セイコーは一流腕時計として大手をふって通る。

しかし日本で、腕時計に関心を抱く者にとってセイコー製品はいくら高価な特殊仕様の高級品であっても、それははたして一流の意識を保ち得るか。おそらく否といわざるを得ない。一流品の基準の違いだ。

さらに話を一歩前進させよう。スイス製なら一流品といういい方もできる。その場合、その当事者は、スイス製なら何でもよい、と思っているかもしれないし、その場合の基準は、一流品というにはかなり大ざっぱなものだ。さらに話を進めて、ロ－レックスという名を挙げるとする。ロ－レックスならすべて一流品、という基準だって、そう思い込んでいる者にすれば成り立ち得るし、そう思う者は少なくない。しかしセイコ－にも月からスッポンまであるように、ロ－レックスにだって高級品から安物まである。

一六〇〇番台のナンバ－のモデルがメカとしても高級品で、耐久力抜群のいかにもロ－レックスらしくて、これこそロ－レックスらしい一流品と見なす者もいるし、さらにそのなかでもゴ－ルドケ－スの一六〇三こそいいという見方もできる。いや、もっと高級のプラチナケ－スの一六五五こそ一流中の一流ということもできるし、五〇〇万円という価格だって一流品にふさわしいともいえるだろう。でも、そんなのは貴金属としての値段で、メカニズムとしての時計の格とは別ものだから、一流品呼ばわりはおかしい、という見方だって可能だ。もし五〇〇万円もするのなら、なにも時計メ－カ－として後発のロ－レックスなんかを選ぶのはセンスが低いか、実用性本位の結論であって、基本的な間違いだ。時計メ－カ－としては、一流のパテックを選ぶべきだ、ということにだってなり得る。続ければきりがないが、要はその基準のとり方で一流品は、Aにとってはそうであったとて、立場の違うBにとってはおろか、とても名を口に出すことすらない、ということにもなりかねない。

これからもわかるとおり、一流品かどうかの判断は、それを一流品と定める者自身の、物に対する意識のあらわれであるにすぎない。もし一流品であると信じているとしても、その物に対する意識や知識が十分でなかったならば、おそらくその時は一流品だと思っていたものでも、あとからそれをくつがえすことになるだろう。一流品の基準が変るからだ。

一流品に対する意識の違いにより、人によって一流品の基準が異なる以上、絶対的な条件や基準といったものがないということになる。しかし、ここでは私なりに、その条件となるべきものをいくつか考えてみた。

①独自の自己主張をもつ者あるいはメーカーが作るきわめて優れた製品
②独自の特徴によって作られ、それ自体が特徴をもつきわめて優れた製品
③技術的に従来よりはるかに優れた性能をもつ製品
④伝統をもつメーカーの経験豊かな技術によるきわめて優れた製品
⑤時間的に淘汰されても存続され得る、あるいは存続され得ると期待できるきわめて優れた製品

この中で、とくに重要な問題となりそうなのは、⑤の項目なのだ。

最近は、オーディオ製品の中にもマークⅡとか、タイプⅡとかいう製品名のつけ方が大変多くなってきている。この両者の呼び方の違いによる印象の差についての考察はここでは筋違いとなるから触れないでおく。

ただ、こうした呼び方の、実質的な「新型」の出現ないしは存在自体が「一流品とはなにか」という本題に直接的な関わり以上に問題点となり得ることを、ここでまず指摘したい。

タイプⅡという呼び名で、オーディオファンにとってなじみ深いのは、シュアーV15系のカートリッジだ。数年の間隔をおいて発表された、これらのV15とV15タイプⅡとV15タイプⅢとの間には技術的な直接的なつながりはおそらくない、といい切れるほど向上を遂げた。つまりV15という呼び方は、ヴァーティカル・アングル15度という意味での本質的な特徴のひとつを強調するための呼び方以外の意味がない。もっと実際的には、シュアー社のカートリッジの今日までの最高級製品に対しての呼び方と解釈してもよいほどだ。タイプⅢ以外は、つまりタイプⅡ、そしてオリジナルの

V15などは商品として中止してしまったこともその理由だが、V15も一流ではないのか、という判断をどうするか。現行製品と限った本号では、この点は大変すっきりした結論を出せるとしても、これが「一流とはなにか」を考えるとき、もっともひっかかってくる問題点を形成してくるように思える。

タイプⅡとかマークⅡとかいう呼び方には、「同クラスのランクにある製品」の技術的向上を遂げた結果の新製品、ということをはっきりと示しているが、新製品のもつ価値と意義を「同格製品」に条件をしぼったのが、このマークⅡ、タイプⅡの実質的意味だ。

広義の問題点としての「新製品」「新型」の価値を、同一条件下において判断する方がわかりやすいからである。そして、こうした商品としての格が同ランクにあっても新型が必ず優れているとはいい切れないにしろ、技術的な向上を反映した結果であることには違いない。この場合、新型が一流と呼び得るほど優れた結果を発揮すれば、旧型は一流ではないのだろうか。

問題点は、「新型」の内蔵する「所産」の価値を、旧型より高いと判断するかどうか。これによって、その母型的製品の秘める「基本的所産」の価値が薄められ、低められてしまった、と判断するかどうか。

この点こそ一流の基準の大きな問題のひとつとなる。さらに言おう。新型が出るまでは旧型も一流だった、新型が出たら旧型は一流ではなくなり新型が一流となる、というようなことが許せるだろうか。ある場合は新型のみが一流で、旧型は一流でない、という場合も出てくる。しかし、それはそれでよいとして、新型が登場したとたん、今まで一流とされたものが一流でなくなるとしたら、それは初めから一流ではなかったという判断があってもよいだろうし、そうありたいと考えるのは「一流を一流たらしめる厳しさ」から当然だろう。

ところが「一流の基準」をこのように考えるのは、おそらく納得できても実際には難しく、厳しすぎるだろう。

例をシュアーV15にとって考えれば、より明瞭だろう。おそらく本誌のセレクトにおいて、多分、多くの票を得るに違いない、このシュアーV15に対し、タイプⅢこそ選ぶとしても、母型V15は、ノミネートされたとておそらく無視されてしまうに違いないから。それなのに、もしタイプⅢが出る前ならタイプⅡが、さらにその前なら母型V15が選ばれたはずである。

「一流品」という呼び方の中心に「時間的な淘汰を経た価値」を、誰しも要求し、欲しがり、それを認めながら、しかもそれを徹底し得ない「限界」がつきまとうが、それは「甘さ」として片づけられないのではないか。

本来「一流品」としての重要条件としての「伝統」とは、時間的・歴史的な淘汰を意味する。横割り的な考え方だけでなく縦割りの次元でも認められ得る「質的な価値」を内に秘めていなくてはならないはずだ。それが実際には横割りの次元、つまり「ある時間的断層」でのみ認められ得るとしたら、その条件は限界というべきではないだろうか。

一流品たる判断の難点は、どうやら今の私にとっては、この点に収斂してきそうなのである。

結論は、それを判断する側の内側にある。一流品と認める者自身が、その時期、その時期において、一流と認めていたかどうか。そうして、さらに縦割り的な次元での比較をして二者択一的な新型に対してのみ「一流品」の判定を下す、という方法のひとつの結論が「V15タイプⅢを一流品」と定める理由のように思われる。こうしてみると、その時期、その時期に判定者自身が立ち会っていること、つまり時間的断層の中に判定者自身が存在するかどうかが、重要な条件となってくる。だから、もし時間的微分を考えれば、無限となり得る、そのいくつかの断層において、どの範囲に対して関わりをもっているか、その関わりが、どの程度まで深く熱いのか、ということにより、一流とは何かをきめる基準は違ってきてしまうし、それは選ぶ側のひとりひとりによってまったく違った結論をとることにもなり得るはずである。

（一九七七年）

高級コンポ切望論

「大型レジャー時代」とはいえ、平均的家庭において、精神的保養ないしは娯楽の手軽な手段としての「テレビ」の地位は少しも崩れる気配はない。

どこの家庭でも一日に4〜5時間はテレビのスイッチが入っているに違いないし、仕事に追いまくられる主《あるじ》は別としても、学生や子供が家にいる家庭では、勉強時間以外のほとんどすべての余暇をテレビの前ですごすに違いない。

しかし、だからといって36万円のテレビを買ったなどという話をきいたことはない。「大体、そんな高いのがあるかねえ」というくらいに出回っていないし、商品もめったにないくらいだからお目にかかることもない。

現実に36万円なりのテレビ受像機は、数社が商品として、すでにカラー創始期から発売しているにもかかわらず。つまりまるっきり売れないから量産されることもないし、商品としても目立たない。

情報としては色までついたテレビはかなり内容も豊富であるし、だからより完全な受信を考えるなら、より高級な高価格なテレビがあってもよさそうだが、現実には買う人がいない。それはなぜだろうか。

問題は簡単なようで、意外に深い本質をかかえているようだ。

それはステレオにおいて、高級化へすべてがなびき、それに伴う著しい高価格化とまったく対照的ですらある。

テレビの場合は、それによる情報はつねにきわめて単純明快で、受け取る側での内容に対する補足は、まずほとんど必要としない。解釈にしてもそれは、一般の社会人ならば、まず理解するのに困難はなく、意味するものは深遠ではない。おそらく、高校生であろうと、大学の教授であろうと、新入社員であろうと、部長であろうと、またはいかなる職業を持つ者でも、受け取る側の理解の程度は大差になることはあるまい。

それは、確かに、テレビというマスコミの大衆性を根底に秘めている点で、当然のことかもしれないが、それにしても受け取る側の感情活動はきわめてシンプルなものでしかないことは明らかだ。

だからこそ、テレビという情報伝達のメカニズムとしては視覚と聴覚の両面から訴えるという完璧なものであればあるほど、物質的な捉え方をしないかぎり価値はうすっぺらなものとなってしまう。

テレビがかくて日常性を持てば持つほど、テレビ受像機というメカに対しての要求が、大きくふくれ上がる必要性をなくしてしまうことになる。つまりなんでもいいから、画像が出てさえいれば、それでよい、となってしまう。テレビは生活に「必要な」ほどに密着しているにもかかわらず、それは、生活をなんら潤すこともないし、寄与することもない。

テレビによって、個人の内的な向上は、考えられっこないのである。

ステレオは、どうであろうか。

再生機器を通しての音楽が今日社会にこのように満ち溢れながら、なおステレオの個人的所有を願うのは、社会人としてのスタートと同時に熱烈に始まり、音楽に密着した人生を歩むことになりたいと熱心に乞い、それを象徴するかのように、ステレオ機器の向上に絶え間なく熱中し、努力するのが現代の若者の平均的な姿なのである。

それはなぜか。

音楽を、自分自身の生活の中に定住化させることに熱心になればなるほど、ステレオに対して意欲的であるのは、今日の「音楽」そのもののあり方を考えれば当然といえる。それは音楽そのものがマス化されたことにより、「生の音楽」の場よりもこうした大量生産的なレコードを主体とする音楽に、ミュージシャン自身が強く志向するのだから、それの再生手段としてのメカニズム、ステレオに対しての意欲がそのまま、音楽自体に対する望みでもあり願いであるわけだ。

しかも、生活の中でのこうした音楽との接点は、その個人が、音楽そのものの価値を大きく考えようとすればするほど、音楽の偉大さを知れば知るほど、その手段としてのステレオに、強い傾斜と熱い志向を示すということになる。

現代社会において個人のステレオへの志向は、すなわち、そのまま音楽自体へのあこがれを具現化したものにすぎないのだ。

音楽との接触は、人生の中でも、もっとも意義のある、価値ある時間だろう。それは、音楽そのものの内に秘めたるものが、底なしに深く、偉大なためだ。

音楽に接する側が、大きければ大きいほど音楽も大きい内側をみせてくれる。深ければ深いほど、音楽はその深い内側をのぞかせる。つまり聴き手のレベルが高ければ、音楽はそれに呼応するかのようだ。常に聴き手のレベル以上にあって、聴き手をより以上高いレベルに引き上げてくれるものだ。音楽の偉大さは無限といわれるゆえんだ。そうした音楽との接点にステレオが存在するのだ。

音楽とのめぐりあい、それはどんな者でも人生において、その人にとって最高の時間であり、最高の崇高な時間だ。それを演出するのが、ステレオなのである。世の中がめぐまれ、豊かになればなるほど、ステレオが高級化するのは当然なのだ。

昔、といっても、私がまだ学生だったころだ。若くて、何も判らず、むろん音楽の偉大さも、さして意識することなしに、音楽に接していた、なにからなにまで若いときの話だ。神田は終戦後の混乱をそのままに、神保町の辺から、秋葉原一帯にいたる間、露店として無線機のジャンク屋がならび、軍用パーツが、ゴミの山のようにはんらんしていた。その中から部品を集め、短波ラジオを作った。それはなんとスーパー受信機ではなくて、高周波一段に再生検波というおそまつきわまりないものであったし、それを聴くべきスピーカーはなくて軍用品の帯域の狭いヘッドホーンでしかなかった。

バリコンをまわすのに、指先では対地容量の影響で受信周波数がずれてしまうというので、ベークライト棒の先をけずってドライバーの先のようにとがらして、これで検波と高周波側と別々に小型バリコンをまわした。受信できたのは作り始めた翌日の真夜中2時頃だった。

今にして思えば、それはオーストリア中継のＢＢＣの海外放送だが、トキのような鳥の声で始まる放送開始のアナウンスのあとで、ベートーヴェンの「皇帝」が流れ始めたのであった。こればかりは、聴いているうちに涙が流れてきて、音楽の盛り上がりと比例して止めどなく流れる涙で、もうドリフトを補正するために回さなければならないバリコンを回すことすらできなくなってしまった。涙でベークライトのドライバーの先が確かではなくなってしまったからだ。いまにして思えば、そのときにもし、まともなスピーカーがあれば、そして、今日のようなハイファイセットが手元にあって、あの雑音にいくらか邪魔されつつ、フェージングで音量が大きくうなり聴きとれぬほど小さくなったり、大きくなったりするあの楽章の展開を、かげりなく聴くことができ得たら、と思う。

おそらく、もっと感激は強く、もっと激しかったに違いない。

私にとって、だから、ベートーヴェンの5番目のピアノ・コンチェルトはどこで接してもいつもこの激しい思い出とともにやってくるのだ。

音楽とのめぐり合いは、こんなぐあいに突然やってくる。こちら側の期待しないときに、準備していないときに、不意に訪れるのだ。それだからこそ、常に、最高の状態をその音楽に接せられるよう、少しのとりこぼしもすることのないように常に万全の構えをしておきたい。

それが、ステレオのメカニズムに対しての熱く激しい姿勢となるのだとしたら、それは、単に「オーディオ」としての趣味を越えた真の志向ということができるだろう。その志向が強ければ、激しければ、熱ければ、それは単なる手段としてのメカニズムというに止まらず、できる限り完全なものでありたいし、高級なものであって欲しい。その願いが、そのまま、音楽そのものに対する期待であり、あこがれであるからだ。

オーディオ製品の高級化、高価格化に対しての批判を、しばしば聴き、読むことがあるが、その場合、例外なしに、そうした発言者が、「音楽そのものを深く理解し、あるいは理解を深めようとしよう」という心に負けていることを指摘できる。

人間が音楽と接し、その内なるものに触れようと志し、考えたら、その手段としてのオーディオは、音楽の偉大さを、ほんの僅かでも損なうものであってはならないし、僅かでも音楽の価値を減らすものであってはならない。音楽そのものの偉大さを知れば知るほど、それを再現するステレオはぜいを尽し、万全を期するのは当然なのである。音楽の無限の価値を、有限のものにしてはならないのだから。人生においておそらく最大の価値ある時間を演出する道具が、オーディオなのだ。その人にとって最大の喜びを得、最も意義を見出すべき時間を創り出す場がオーディオなのだとしたら、それは限りなく、少なくともその人にとって許され得る限りのぜいたくなる物を揃えたいと願うのは間違いだろうか。

(一九七四年)

行け、美酒を持ち来たり
銀の杯にぞ満たすべし

——ロバート・バーンズ——

ハイファイアンプの名器

ＦＭレコパル「マイサウンドスペース」には、毎号のように、世界の一流品や、往年の名器といわれるものが、オーナーの誇りをになって登場しているのはご存じの通りだ。

ＪＢＬやタンノイ、ヴァイタヴォックスといった、世界の超一流のスピーカーなどと並んで、いかにも豪華なアンプの主役たち。マランツとか、マッキントッシュといった、今日もっとも高名な高級アンプや、かつて名をはせたＪＢＬのアンプ、さらには、送信用真空管や歴史的オーディオ用真空管を用いた自作アンプ群。

今回は、数々の名器を生み出したセパレートアンプの歴史の一端を、のぞいてみよう。

今日のハイファイアンプという考え方の原点は意外に新しく、第二次大戦後の40年代の終わらんとするころだ。イギリスの大学教授ウィリアムソン氏が、それまでの特性をはるかに上まわる驚異的なアンプ、いわゆる「ウィリアムソンアンプ」を発表した。これは、1％をはるかに下まわる低歪みと、10Hz～20ｋHzという、それまでの常識を破る超広帯域特性を持つ画期的なものであった。出力トランスのコイルの巻き方の改良と、負帰還回路の採用が、この驚異的な特性を可能にしたのだ。

負帰還回路とは、出力電圧の一部を、位相を逆にして再び入力に戻すことによって、歪みや雑音を減少させるものだ。

戦争中に発達した音響技術や新型マイクロフォンの出現、それによる映画や放送の音質向上、そしてビニールという新素材によって実現したレコードの質的向上などが、再生技術の革命に拍車をかけた。

50年代初めは、ＬＰレコードの出現とウィリアムソンアンプの普及によって作られた、ハイファイの第一期でもある。

英国ウィリアムソンアンプは米国に渡り、多くのメーカーがこのアンプの技術を土台にして、数多くの高級アンプを発表していった。

フィッシャーやスコット、パイロット、ボーゲン、クラフツメン、アクロサウンドなどの新進メーカーが、米国の強力な出力用真空管を用いた優秀なアンプを発表。フィッシャーやスコットは、米国きってのアンプメーカーへと成長する。50年代のアンプは、むろん、強力な出力管によってパワーアンプが高熱になるので、プリとメインを切り離したセパレート型ばかりである。プリメイン一体のものは、もう少し後になって出てくるわけだ。

50年代も後半になると、高級アンプはますます高級化して、豪華な形の高価格製品が出てくる。今はなきフェアチャイルドをはじめ、今日の最高級、マランツやマッキントッシュ、さらには、ハーマンカードン、ダイナコが登場するのは、この50年代半ばすぎからだ。

イギリス製も、ウィリアムソンアンプの本場だけに、歪率０・１％を初めて実現したリークのアンプをはじめ、クォードのアンプも高級品として登場し、アメリカのたくさんのファンにも愛用された。

アメリカのトランスメーカーであるＵＴＣの技術者が「ウルトラリニア回路」を発表したのもこのころで、これは３極管の直線性の良さと、５極管の能率の良さをあわせ持った回路で、以後のアメリカ製アンプの主流的回路となった。

マッキントッシュだけは、まったく独自の「バイファイラー巻きトランス」、つまり、線を２本並べて巻くトランスを用い、このうちの１本を出力管の負帰還回路に利用するという方法で、特にＢ級アンプの大出力時にも低歪率特性を実現させて、「大出力アンプはマッキントッシュ」とまでいわれた。特に傑作ＭＣ３０という30Ｗアンプは、マッキントッシュの今日の基盤をつくったといえよう。

おもに、６Ｌ６系か、６５５０といった強力なビーム出力管による大出力特性が、アメリカ製アンプの特徴である。

マランツの場合、モノーラルアンプのモデル１プリアンプと、モデル２パワーアンプ、そのジュニア版モデル５パワーアンプなどが初期の製品だ。管球は、ヨーロッパ志向の強いマランツらしく、フィリップス系６ＣＡ７を用いたＡＢ級ＰＰ回路。ステレオ時代になっても、このモノーラル用を２台１組にしたような構成で、プリアンプはモデル７、パワーアンプはモデル８Ｂ、と一貫したポリシーを持って作られている。

これに対して、イギリス製のアンプは、ふんだんに真空管を用いるウィリアムソンアンプの方向から、回路を極端に単純化したものが多くなってくる。これらは出力はせいぜい20Ｗぐらいだが、歪率は０・１％に抑えられている。

こうした真空管アンプによるハイファイ製品は、モノーラル時代が全盛期で、まもなくステレオになると、効率の点と、高熱の処理、スペースなどの関係で、折から登場するトランジスターに、その主導権は移っていかざるをえなかった。

こうしてたどってくると、「マイサウンドスペース」などに登場する自作派の主人公、ウェスタン・エレクトリックの３００Ｂとか、２Ａ３、あるいは大型送信管８４５、２０３Ａなどはどこにも出てこないではないか。なぜだろう。これらの真空管は実は戦前、今を去る40年も前の真空管なのだ。これらは、もっぱら、映画館でトーキーサウンドのために活躍し、あるいは、当時、やっと上流家庭に普及しはじめていた電気蓄音器の中に納まっていた拡声アンプの主人公だったのだ。

オールドマニアからすれば、古き懐かしの、あこがれの真空管というわけなのだ。

これらの真空管は、すべて3極管であり、新型管にくらべて能率も悪く増幅度も低い。しかも大出力を取り出そうとすると、それだけ高い電圧、５００Ｖ以上の電圧が必要になる。高電圧をかける場合、絶縁性もきびしくなければならないので費用もかかる。今日では、高能率で、低い電圧でも電流の大きく取れるビーム管が主力となってしまった。

こうした3極管の数々のマイナスを承知で、今日でも愛用されている理由は、３極管が、直線性の点ですぐれているからだ。つまり、入力に対して、出力が、高出力までの広い範囲で、完全に正比例しているのだ。

５極管やビーム管は、能率は高いが、高出力時に、比例関係が抑えられ、高い音がきらびやかになる。しかし、今日では、真空管は、アンプの主流ではなくなってしまった。理由は3つあげられる。

①動作のために高熱が必要なため、消耗する。高信頼管でも五千時間が限度だ。

②その高熱の放熱がむずかしい。

③消費電力が大きく効率が悪い。

これらの理由によって、その点で圧倒的にすぐれたトランジスターに、その座をゆずったわけだ。特に熱に強いシリコントランジスターの出現が、それを決定的にした。

（一九七四年）

オーディオでよみがえったバイキングたち

5月初めのコペンハーゲンの緑の多い街路は、空気すら冷たく澄んで、氷の上を渡ってきたように身を引き締めさせ、さわやかだった。

台風一過のあとの東京のように、暑い日射の中にも冷たさが融けこんで、奥行きの知れぬ空は、高原のそれのようにどこまでも青かった。

オルトフォンは、そのコペンハーゲンの街のはずれにあって、ひときわ静かな一角は、市内であることを忘れさせる。

旧市内の繁雑から逃れて、新たにここに本拠を移したオルトフォンは、首脳陣の若がえりによって、いまや、全世界を相手にベテラン・オーディオメーカーとしての確固たる地位に加え、新しい世代のオーディオファンも受け入れるべくその体質の大なる転換を図って、ひとつひとつ着実にその成果をあげつつある。

M15Eスーパーを主軸としたMM型カートリッジの成功であり、ユニヴァーサル型軽針圧アームの製品化AS212であり、そして、初めてみせつけられたCD-4用MC型カートリッジ「SL1

5Q」プロトタイプである。

海外製品としてCD－4用といい切った初のカートリッジSL15Qは、しかし、まだ製品化されたものではない。あくまで試作品ではあるが、MC型でありながら、周波数帯域を45、000ヘルツまで拡張した驚くべきマイクロメカニズムは、当面日本オーディオ市場を意識して作られている。この点こそ注目をしなければなるまい。

オルトフォンのオフィスの奥まった一室には、すべて日本製オーディオ機器によって構成された4チャンネル試聴装置がセットされていた。

ここで、テレビスターにもまがう長身の好男子・社長のミスター・ローマンによる説明で、日本ビクターのCD－4レコードが鳴らされた。その質は、まだ、とても完全とはいえないにしても、この説明においても「ディスクリート方式4チャンネル・ステレオ」ではなく、すべて「CD－4方式」といっていたのも意図がうかがえよう。

伝統に貫かれるヨーロッパでも、今や西独と並んでデンマークを中心とした北欧がオーディオ産業の中心となっており、オルトフォンの地位は、ヨーロッパのあまりあるメーカーの中にあって確かなる技術と姿勢に、ひときわ輝いた存在としてヨーロッパ中で意識されている。

そのオルトフォンが、遠く離れた日本のオーディオ市場を、かくも重要視しているという事実。

それはオルトフォンの上層幹部達と接触した70時間の間じゅう、絶えず感じられたことであった。

米国のディーラーやジャーナリズムをさしおいて、明らかに彼らに対するより「はるかに」優遇を受けたと感じたのは、真ん前にミスター・ローマンが席を占めたパーティーにおいてだけでは決してなかった。

それは、「日本」からの客である以外のいかなる理由でもない。

わたくしは、日本が今、ある意味で世界のオーディオ界の先端に位置することをはっきりと体で感じたのである。

日本のオーディオシーンも国際化の波とうが押し寄せ、そのウズの大きさが徐々にではあるが、はっきりと拡大しつつある。

ユーザーの眼にも明らかな通り、米国の名門、マランツのマランツ・ファー・イーストをはじめ、世界最大規模のチェンジャー・メーカー英国ＢＳＲのＢＳＲジャパン。それに、ふせ眼がちにためらいながら顔をのぞかせた米国のコングロマリット、ジャービス。目下はダイナコのみであるが、傘下にはハーマンカードン、ユニバーシティをはじめ、かのＪＢＬ部門さえ擁して実力のほどは恐るべき強力な底力を秘める企業だ。

こうしてメーカー直々に日本市場をうかがう数社のあとには、あまたの面々がひかえており、さらに日本メーカーの組織や販売力を利用して、足がかりを得ようという外国ブランドや製品群は数を知らない。

今後ますます多くなるこうした海外製品をユーザーはどう受けとめるべきなのであろうか。

その答は、はからずもコペンハーゲンを後にしておとずれたスウェーデンのストックホルムでのディーラーの店先で得たのであった。

落ち着いた節度あるたたずまいにおいて、コペンハーゲンと相似たるこのストックホルムは、建物の風格や空気に、コペンハーゲン以上の「格調」というか「格式」を感じさせ、さらに広大な市内の各所で、近代のつち音に再開発を知らされる。

この街の静かな一角にあるオーディオショップで、店員に一番良いスピーカーをたずねてみた。わたくしが日本人であるために返ってきたことばとは思えない語調で、さりげなく「○○○○ブランドの900がベストだ」。○○○○は日本のビッグ専門メーカーで、スピーカー・メーカーとしても大型供給者として知られている。

彼らには、その店先にあるあらゆる国の、数多いブランドは、どれもが平均に映っているに違いない。そこには、地元北欧製という意識もなければ英国、米国製を海外製とする格差もないし、日本製に対しても同じであるに違いない。

つまり、この店では輸入品という意識はひとかけらもないのである。すべて同じスタート台に並べられ、同じ基準と判断のもとに、価格／品質、また価格／サウンドのみが比べられるすべてである。国際化というのは、こういうことをいうのである。

日本市場においても、まだ舶来品だから「国産とは違う」という言い方がまかり通り、それはそのまま認められ、抵抗されることはない。しかし、それでよいのだろうか——。

「舶来が安くなって国産と変らなくなりました」、こうした宣伝文句の裏側には、舶来だから他人のと違うという意識がはぎ取られていくことを、ユーザーの眼にも感じないわけにはいかない。他人のと違うためには、誰もが買えない高価格こそが、いまわしいけれど、ひとつの条件であったわけだ。

このよろいが、はぎ取られた時こそ、舶来はその粉飾を自ら捨てたといえるのではなかろうか。

オルトフォンの紹介を得て、同じコペンハーゲンの郊外12㎞程度にあるブリューエル＆ケアー社を訪れ、その工場の全般をひと通りながめてきた。文字通りひと通りであり、深くすべてを見ることはできなかったが、その一隅で、はからずも製作過程にあったオルトフォン・ブランドのハイパワーアンプを見かけた。

トランジスタライズされた500Wのカッティング・アンプであり、その作動中の姿は後刻、コペンハーゲンのEMIスタジオで、業務用デッキの横に置かれて灯をともされているのを見た。

正面のただひとつのVU計のみがプロ用であることを物語るラック・タイプのこのアンプは、わたくしの眼を捕えて離さなかった。

「あれは業務用だからコンシューマー用として売ることなど、まったく考えてはいない」という社長・ローマンの言葉ながら、日本で大出力アンプの流行していることを強く訴えておいた。

しかし、そのEMIスタジオでもハイパワーアンプは、音楽の原音再生にはきわめて大切であることを、担当エンジニアが語っていた。

あるいは、いつの日か、日本にもその姿を表わし、日本のマニアの望みをかなえることがあり得るかもしれない。

こうした超出力アンプが目下、日本では海外製の独壇場であるが、マランツやマッキントッシュをはじめ、新進フェイズリニア、SAEなどの200Wを越すアンプが、一時期の管球アンプに代り、高級マニアの海外製品熱を充足させるひとつになっていることは確かだ。しかし、こうしたハイパワーアンプにも、まだまだ問題点があるように思われる。それは、ハイパワーの条件が、常に一定の負荷インピーダンスのもとにあること、スピーカーのインピーダンスが高化するに従って、ハイパワーを維持することの難しさにある。来月は、この辺の状況を探ってみようと思う。


（一九七三年）

ノートルダム寺院とハイパワー・アンプ

天をゆるがすオルガンの音

セーヌ河にそったノートルダム寺院の印象は、ひと口にいって、何しろ「デカイ」ということに尽きる。

様々な角度から捉えられている写真やら、超大型カラーポスターなどで、それは、もう十分知り尽したつもりでいたのだが、こうも大きいとは、その前にたたずむまでは、はかり知ることもできなかった。塔のような正面を見上げて、肝をつぶすばかりだったが、その中に、いろとりどりの多くの観光客と共に足をふみ入れて、その伽藍のまた大きいことに、再び、いう言葉もないくらい感嘆した。

天井まで20メートル、いや30メートルはあろうか。ほの暗い天井は、細部をしかと認めがたいほど遠く、霞んでるようで、人間の作った建物の中とは思えぬほどだ。

正面のステンドグラスの縦長の窓をはじめ、明り取りの小窓が、また実に効果的で、神々しい雰囲気を創り上げており、白日の下に堂々たる外観のたたずまいからは、想像でき得ない別の豪華さに圧倒される。

この広大な陰影の中に、突如としてオルガンの音がひろがり、満ちた時には、その感激は最高潮に達した。

おそらく観光客のための試奏であろうか、わずか10分たらずだったが、その響きは、永遠に私の耳から消えることはないであろう。雄大極まりない、この建物全体をゆるがすような地鳴りすら感じられる、朗々たる響きであった。もちろん石造りの寺院が、オルガンのエネルギーでびくともする訳がないのに、そう感じさせるのはこの建物の中の大きな残響によるものに違いない。

エコーのなせるわざで、オルガンはフーガのように、次々と音が重なって積み上げられた響きが、無限のひろがりを創るのであろう。

建物の正面から鳴り始めたその音は、一瞬後、建物全体、四方から響いて、聴く者を、いや、内にたたずむすべての人間を、津波のように押し包み込んでしまう。神の前の人間の、いかに小さい存在かを、無言でさとすように。

大きな、ほの暗い遮へい空間を後にして、我に帰ったとき、あの、巨大な空間を満たした、ぼう大なるサウンド・エネルギーを考えていた。

つねに曇り空のパリは天空にそそり立つノートルダムの正面から、突如、異次元の暗い遮へい空間にいざなわれ、そのとまどいの中に聞かされる神のしらべ……。

それは、理性では考えられぬ一瞬であり、感激を伴わずして何ぞ。とうてい判断の基が、大きくずれてしまっているに違いないし、感嘆と激情とに押し流されている理性などというものは、あてになりっこない。

あとになって考えるに、まわりの人々の声にならない驚きの洩れる声が、はっきりと聴こえたことからすると、現実のエネルギーとしては、大して大きいものではないのではないか。

別世界へのあこがれ

しかし、こうした感激を、もしも違った空間で、同じほどに味わうがためには、大へんなことになるだろう。

実際の、聴取空間のイメージは、いくら目をつぶっても、そう念じても、再現されるわけはないから、いくらよく知っているつもりでも、それは空想の世界だ。巨大な建物を前にしてたじろぎ、その中に入って再びおどろき、そして音が包む、こうした感激への誘いを終えずしては、ノートルダムのオルガンの真の再現は出来っこない。

それが不可能なときには、「音」そのもので、遮二無二、おのれを包みこみ、他のすべてを遮断し尽し、「オルガンの響き」そのものに、強引に引きずり込ませてしまう以外には手はなかろう。

現実の世界が、その音楽そのものの世界とかけはなれていればいるほど、音楽の世界に落ちこむためには「音」のエネルギーが必要なのだ。かくて現代の再生技術においてハイパワー、強大なエネルギーは、不可欠となってくるのである。

ノートルダムの例は、そのひとつに過ぎない。コンサートホールのオーケストラでも、クラブのバンドでも、サロンのピアノにおいても、それを現実の場と同じ感激にひたりたいならば、その空間をすべて再現でき得ない現実においては、音そのものをより大きくしてその中に溺れることが手近かな法であり、テクニックというものだ。

最近の、再生芸術のひとつの特長ともなっているオンマイク録音そのものが、打楽器のパーカッシヴなサウンドパターンを露わに捉えており、その再現を目的とするならば、当然、このアタックの一瞬の、強大なエネルギーを的確に捉えることがまた必要となり、そのためにはディスクでさえ平均レベルの12dBアップのパワーは最小限必要であるという。平均が10Wなら40Wとなる。

この仮定はひとつの弁にすぎない。12dBでは足りないかもしれないし、平均10W以下かもしれない。

しかし、そういうことを抜きにして、最近の再生技術がハイパワーに突進している理由は、現代の社会、その中の人間の側に、より多くの大きな理由があるように思われる。

ハイパワー・アンプの方向

ハイパワー・アンプは、こうした潜在的願望の、如実な具現化商品とみられる。

米国フェイズリニア社の700Wアンプはマッキントッシュの業務用MC2300とは違って、はっきりしたコンシューマー用の商品だ。

マランツの500のように、価格的にも、外観的にも、中間的な存在とは違って、はっきり一般ユーザーを狙っていると考えられ、米国市場もこうした商品が、ますます多くなっている。

ダイナコ・ステレオ400も、その例だ。片側毎200W／8Ωというハイパワー・アンプは重量も30kgと超ヘビー級。モノアンプとして400W出力、フェイズリニアの400と同レベルでキットのためダイナコの方が安い。

しかし、こうした超出力アンプを実際に使ってみると、意外なほど、おとなしいサウンドである。400Wなどという数字が、信じられないくらいおとなしい音だ。ただ、なんとなく音のひとつひとつが明断になり、ボリュウムを上げると際限なく力が増していくという感じだ。

こうしたハイパワー・アンプでのひとつの問題点に、スピーカーの耐入力がある。400W入力という製品はないが、スピーカーの耐入力は低音域、f_0付近で極端に低下してしまい、損傷するのもこうした低域の過大入力が因となる。

したがって、トランジスター・アンプのように、全段直結の出力トランスのないものでは、必ずローカットしてスピーカーに低域入力が過ぎないように心掛けなければならない。

マッキントッシュの業務用、2300や3500などの大出力アンプはすべて出力トランスつきであるから、トランスがこうした超低域のフィルター的役目を果しているので、負荷としてのスピーカーの保護になり得るわけだ。

ところが、全段直結では直流までも出力が保たれるため、スピーカーに過大入力が加えられかねない。しかし、よくしたもので、スピーカーのインピーダンスはf_0付近で極端に上昇し、定格値の数倍から10倍、つまり80Ωにも達する。

このため、負荷としてのスピーカーは、自らを保護することになるわけだ。トランジスター・アンプは、負荷が大きくなるに反比例して出力が低下するからである。こうしたトランジスター・アンプ特有の出力対負荷特性が「トランジスター・アンプの音」の原因となっているに違いないが、それを打開することが、今後の方向となろう。そのひとつの路がA級アンプにあり、製品もヤマハCA1000を皮切りに、ビクターやパイオニア製が出てくるようだ。

（一九七三年）

スイス・バーゼルとA級アンプ

街の色彩の中に楽しさが

バーゼルの街は、おそらくスイスのごく平均的な地方都市のひとつに過ぎないのだろうけれど、例えようもなく美しく、「楽しさ」が街のいたるところにあふれる。

人間が形成する社会のひとつとして、街がある以上、それは無機的とはいえないのだが、「楽しさ」を感じるのは人間の方であり、したがってそれを受けとる人によって違いがあるわけだ。

まして、外からの旅行者にとってみれば、その行く先々に未知の楽しさを期待していくのだから、その心掛けが楽しさを創り上げてしまう。

初めて聴く音楽、初めて手もとにおいて使う再生機器などへの期待と同質のものだろう。

だが、スイスのバーゼルの街は、そうした受けとる側の心の中の「楽しさ」ではなく、街そのものの中に楽しさがはねまわってるようだ。

いってみれば、童話の中の「野原の丘を越えた町」といった雰囲気なのだ。

都会の薄汚れた空気に色褪せた極彩色のカンバンや標識を見慣れた眼には、なんとも新鮮な濡れたような色鮮やかさが、街の中のすべての色を創っているという感じだ。ちっぽけな色までが、鮮やかに冴えた透明な色彩で創られている。

その色とりどりの街に、あまり強くない陽射しを浴びながら、人々が街路にあふれている。ちょっと新宿でよく見慣れたナウなファッションに包まれた若者達が、東京ほどゴミゴミせず、のんびりと大らかに生きている、といった感じである。

バーゼルへの道は、野あり、森あり、緑の豊かなゆるやかな丘を次から次へとめぐる。地平線は、つねに遠くない丘の向こうの、点々と並んだ樹か森である。うす曇りの、ほんのりした日光があふれる空との境界線は、どこまでも起伏する丘の緑の立木が作っている。

テレビの「コンバット」に出てくるドイツの平均的な田園風景が延々と続くアウトバーンを、数時間大型ベンツのタクシーで飛ばして到達したのが、バーゼルであった。

街の中心ともいえる広場の正面に、大きな教会をはさんで並ぶ建物は、北国に共通した傾斜の急な屋根と白い壁のよく映える太く組んだ骨組みが鮮やかに赤く、いや、赤に近い黄金色に輝いていた。雪に埋れたときを想像すれば、より豪華なことだろう。

都会のどぎつい色に相当する、街の中の彩度の高い色は、その建物の黄金色以外には思い出せない。ただ、それだけなのに、なぜカラフルな印象が強く残っているのだろうか。

「楽しさ」は、街をゆく人々の足どりの中だけでなく、街の色彩の中から感じられるのはなぜだろう。

過ぎてきたドイツの都会の、鈍く重く沈んだ色合いとは、なんと対照的だろうか。

まさにスイス・ロマンドの音

バーゼルの街は、すべての色の彩度が高く、陽射しの中にあるどんな小粒の色も、小間切れの色彩もタイルのように輝き、陽の下で小躍りしているようだ。

それは、日本でよく見かけるスイスで印刷されたアルプスのポスターやカレンダーの写真のように、くっきりと色鮮やかで、まさに英デッカ盤のスイス・ロマンド管弦楽団の音と共通、といった風である。

こうした違いは、スイスが雪が多い国だからであろうか。すべてが白く掩われてしまう街並みには、カラフルな彩色こそ、その中に住む人々の望み願うところとなろう。たしかにバーゼルの夏の陽射しの中に立ちながら、晴れた冬空の中の、白く雪に埋もれた様を想像するのは難しくない。

夏でも、それは高原の空気と日光に溢れ、冬の晴天と似た日影と陽射しとを作っているからだ。雪の中では、色はさらに少なくなるが、残る色はもっと鮮度を増し、冴えた色合いをみせるに違いない。

そう思ったとき、バーゼルの空の、鮮やかな紺ぺきの色に気付いた。バーゼルの空気は、まさに山の国・スイスの空気に他ならない。山は近くないが、スイスという国自体が、山の中にあるのだから。

澄んだ空気は、ここに住む人々にとっては当り前かもしれないが、外から来た人間、まして東京からの私の場合、あらゆる風景をその街すべての中の、ひとつの建物の陰影さえも、驚きの感覚で受けとめられた。

若者の群れにまぎれて明るい街を散策し、バリーの靴とオメガのプロフェッショナル・マークⅢという新型の、まるでアクア用の水圧計みたいなデザインの時計を、心ならずも買ってしまった。

夕方、山国の気まぐれの天気を表わして、一洗のしゅう雨があった。その濡れた街と建物の色の一段と美しかったこと。ヨーロッパ一巡の中で、もっとも強く「色」を感じたひとときであった。

夕暮れの空の輝く青から紅、さらに深い藍色へ時間とともに移りゆく町も、色鮮やかなまま、深く暮色に沈んでいった。

濁りのない空気が、いかにその中のすべての物を、克明な視覚として映し出すことか。猛烈に、シャープな、鋭角の解像度を生みだすことか。

それは、すでに知識として知っていたに違いないが、体験として、強烈であった。

「A級」アンプの解像力

近頃、流行のハイパワー・アンプに、聴く者は「何」を感じ取るだろうか。

新しいトランジスターの採用によって、相対的にS／Nが極端によくなるわけだ。20W出力時で60dBのS／Nというのに対し、80W出力時の残留ノイズが同レベルであるとすれば、S／Nは66dBとなる。たった6dBの改善というなかれ、ドルビーでさえ、3dBの改善にすぎないのであるから。

加えて、そのパワーの差によるダイナミックレンジが大出力時にきいてくる。さらに、大出力アンプの高価なことから、高価格商品としての買い手に対する配慮も、より深い。回路のすべてに対する位相特性の追究が、伝送系としての波形の立ち上がりを、より優れたものにしている。

そうした高級アンプ特有の配慮が、大出力アンプの解像力をますます高いものとしている、といえよう。

大出力アンプの再生に、これを求めたリスナーは、何を期待すべきか。それは、近頃のオンマイク録音のシャープな迫力に溢れた楽器のサウンドであるに違いないし、そうした意味からすればスイスのバーゼルの風景のように、ピントの鋭い彩度の高い色彩感、それに形成される解像度こそその最たる目的ではないだろうか。

高級アンプに「A級」増幅を採り入れたヤマハのCA1000が、人気を集めている。A級アンプの良さは、技術的には、その歪率自体ではなく、歪みそのものの形であり、内容であって、もとの音のオクターブ上の完全和音の関係にある第2高調波成分だけで、歪みが作られている点にあるという。

しかし、0・1%の、つまり1000分の1の歪みの中味が、そんなに問題にはなるまいという論も、ないわけではない。

だが、バーゼルの透明度の高い澄み切った空気の中にある色彩をみたとき、僅か0・1%といえども、その内容によって解像度を通して、再生音が変わることは想像に難くない。

A級アンプの音について、B級では信号の大きさ、音の大きさにより、スピーカー側からみたアンプの内部抵抗が変わることを意味し、たとえNFによって低インピーダンスの定電圧電源とみなせるとしても、動的には大きく変わることになる。

それに対して、A級動作の出力段は一定電流のため、スピーカーからみたインピーダンスが一定であり、したがってスピーカーの動作状態が大出力時でも、小出力時でも変わらないことにあると思える。

これがA級アンプの、ローレベルでもハイレベルでも、まろやかな中にテープに似た、くっきりした迫力ある音を作っている一つの理由。だが、それ以上に、S／Nを含めた実質的なダイナミックレンジの拡大が、解像力、音のエレメントの分解能力を向上させているのであろう。

英国デッカのアンセルメの振る、スイス・ロマンドと同じ路線のサウンドは、大出力アンプによってこそ、理想へ大きく近づき、より可能性を拡張してくれる。

（一九七三年）

兵隊と市民と音楽そしてオーディオ

ヨーロッパの兵隊パレード

少なからず物騒な話だが、昨今、若者の間では戦争とか兵隊物の読物が、ますます盛んのようである。

まだ見ぬ戦争という人間社会における最大のドラマに対する「憧れ」とか、興味の対象としての風潮のあらわれであろう。

しかし、日本において眼にふれる戦争に関する一切は、遠い国の出来事で、直接的な影響をなんら持つものではないし、「兵隊」は学生運動やデモにおける鎮圧のための行動において、関わりを持つか眼にふれるだけだ。街の人々にはすべて遠い出来事だ。活字や画を通しての「知識」とか夢物語に過ぎない。

ヨーロッパの古い平和な街並みを散策した折、それは確かストックホルムだったが、市の中心にある宮殿の前の広場において、衛兵の一中隊の交替の儀式のシーンにぶつかった。

文字通り、おもちゃの兵隊といった風の、金モールでふちどりされた胸とズボンの側裳と、きらびやかな白い正装の70人ぐらいが、高らかなブラスバンドに行列行進して広場を一周、反対側に並ぶ一群と交替するというもの。

中央の、青い緑しょうのつららのようにしたたる騎上勇将の銅像といい、円形の広場をかこみ、高くはないが威厳に満ちた宮殿とその鋭柵。その広場に満ちたブラスバンドの高らかな鳴り響き。

この小さな、夢のように美しくロマンチックな儀式を、カメラを向ける旅行者よりも市民の方がはるかに熱心に周囲をかこみ、後につらなる。式が終って正門に残った儀仗兵が立ちしずまり、動かなくなってもまだ、まばたきすらしないその兵隊のまわりから去ることがなかった。

そこには、日本の軍隊にあるような暗く、陰さんな後ろめたい感じはほんの少しもない。

明るい陽光をいっぱいに浴びて、澄みきった青空のもとにくりひろげられる「兵隊さんのパレード」にふさわしい、陽気で開放的な楽しい響きが、街の広場に満ちあふれるひとときであった。

うらやましい限りの市民と軍隊との関わりように、ただただ感嘆した。

そこには、平和が満ちていた。兵隊は、街の子の、街のひとびとの憧れであり、街の象徴として白日の下に大らかに存在している。

音楽性という狭い面からこのパレードを見ると、円形に広場を囲むように配置された宮殿の建物の石の壁面が、そのままステージ背面の反響板のような役目をして、おもちゃのようにきらびやかな軍楽隊の奏でるマーチを円形広場いっぱいに満たせて、屋外らしからぬ華麗なサウンドを響かせるのに役立っている。

街の中心にしつらえた兵隊の儀式のためのステージは、それはそのまま、音響効果までも十分に考えられている、ということを知らされたわけで、音楽が市民の中に融け込んでいるひとつの現われでもあろう。

しかし、この寸劇は決して音楽とか音響とかいった狭い捉え方では見過ごしかねないもっと大きなものを示しており、含んでいるのを知らなければならない。

それは、軍隊としての威厳と市民達とのつながりを強くむすぶための儀式、祭りとしての価値だ。

兵隊とコンポへの「憧れ」

オーディオにおいて私は、豪華な雰囲気作りとともに、自分の大切なひとときを、より有意義な時間たらしめるために、大きな威厳を創造しようとしている自身を見つけることができる。それはレコードを聴きながらのグラスであり、パイプの煙や紅茶の香りであり、あるいはそのカップだ。

そうした再生音楽と直接関わりない部分も、ステレオ再生には大きな意義を持つことになる。その意義を各人それぞれが、どこに求めるか。目的を違えるかもしれないが、価値の大きさは自身の中にあり、創造のテクニックによって、より大きくなる。

その儀式の小道具としてのコンポーネントそれ自体が、重要な役割を果すことは事実だ。軍隊のパレードにおける兵隊そのもののように。コンポに高価な海外製品を集めるのも、そのひとつの現われだろうし、ハイパワー・アンプも例外ではない。

近頃話題のA級アンプも、そうした意味から価値を決めることもできよう。

A級アンプによって、実際の音の差を聴きとるという聴覚反応よりも、A級アンプそれ自体を使っているという事実。これこそマニアとしての心意気というか誇りを、自身に納得させる要素が大きい。だからといってA級アンプが従来のアンプと何等変らないというわけではない。管球アンプが石のアンプと違うのと同様、A級アンプにも違いがある。その違いをうんぬんするより「A級アンプを使っている」ということ自体に価値があり、ステレオ再生の姿勢とも受けとられるわけである。管球アンプがマニアに熱愛されるのも、その音の違い故ではなく「管球アンプを使っている」というそのステレオへ立ち向う心掛け、志向に価値があり、自身、その価値を認めているのであろう。

それは、軍隊に対し、親しみと憧れを持って接するストックホルムや北欧の国々のひとびとが、軍隊の誇りと威厳から受け止めた姿勢に通ずるものであろう。

兵隊の儀式と似た「威厳と誇り」は、ヨーロッパ各国でみられる市中の警官にもある。

ニューヨークの警官の、実用的かも知れぬがなにかだらしなさを感じる反面、ヨーロッパの国々の巡査は、実にその国の一面をクローズアップしていて面白い。

ロンドンの巡査は、威厳を作りつつウィットに満ちた受け応えをするし、パリの巡査は人なつこく、親しみやすい。

そして、そうした実務的な巡査の横顔とは別に各都市で騎馬巡査が、しばしば眼に入った。

東京の街中に騎馬巡査が出るのは、よほどの時だけだが、あちらでは日常茶飯事のようで、特に誰も、それに対して関心を持ってはいないのをみても、ありふれた出来事に相違ない。

ニューヨークでさえ、6番街や5番街には日に何度かみられる。その服装はニューヨークでは一般の巡査と特に違わず、よりピッタリした服とブーツがきれいに磨き上げられて、清潔感は並みの警官とはくらべものにならないほど、キリリとした風だ。

ところが、ヨーロッパになると騎馬警官は、宮殿の前に立つオモチャの兵隊なみに、きれいで威厳も格段だ。

ロンドンでは、例の高い毛皮の黒帽子と赤い礼装風の服をぴったりとまとって、金ピカのサーベルは、いかにもロンドンの古い建物の背景にふさわしい、古風かつスマートな装いだ。2人づれで馬のひずめの音高く、混雑するオックスフォードを悠々とかっぽする。

コペンハーゲンでは、白い服に中世ドイツのヘルメット風の、てっぺんに槍のついた銅帽を、あごひもでしっかりとくくり、黒と白ぶちの馬の、人眼を惹くいでたち。

こうして巡査といえども、外観から街の中の風景として楽しませているかのように雰囲気を醸しだす役目を自ら創造しているのか。

日本の警官のような暗い、あるいは威かく的な職能本位とは全然違った面を、はっきりと持ち合わせているのが、うらやましい限りの思い出となっている。

それは、街の人々と楽しい関わり合いを求める、といった形の具現であろう。こうした人間的な雰囲気をヨーロッパでは大切にするようだ。

威厳とオリジナリティを

こうした人間らしさの現われ、それも雰囲気作りということになると、どうも日本のオーディオメーカーのそれは、あまり得意でないらしい。海外製品のメカニズムにも、音にさえも、こうした人間らしい雰囲気作りというのを、高級品ほど強く感じられる。くり返すようだが、音にも、製品の技術にも、さらに包装の楽しいデザインにさえ、それが感じ取れるのだ。

ところが、日本のメーカーには、それを感じさせるものはないわけではないが、ごく薄い。

日本人自身は、情趣にあふれたシャープな感受性を持っているから、海外製品に対しても鋭くそれを受けとめて、それなりの評価を与える。ところが、国内メーカーの製品には受け止めたくとも、そうした風格のプラスαが少ないのである。

メカニズムだから、技術だから個人の介在を否定する、というように見受けられる製品への態度が、国産品からは感じられるのである。しかし、こうした海外製品だけのものであったはずの人間臭さ、個性介在ということが、近頃では日本のメーカーにも次第に解ってきたようである。

オリジナリティの確立がまず、この傾向のはっきりした現われとして徐々に出てきており、さらにメーカー独自の姿勢、方針、製品の在り方というものも次第にそのメーカー、メーカーによって独自の道を歩むべき方向にきているようだ。

ひとつには大手家電メーカーのステレオへの進出とか、海外製品の大幅な普及のきざしが専門メーカーをして、こうした好ましい方向に向けさせているのであろうか。

日本のオーディオメーカーが世界の中にあって、一流海外メーカーと伍していくためには、それらがオリジナリティをはっきりした形で持ち、日本製品らしい良さを、より確立しなければならないだろう。

ＪＢＬが世界を制しつつあるのも、そうした個性の強さが理由だ。パイオニア、あるいは日本の代表的メーカーが世界を質的な面で制覇するには、質的オリジナリティを、高級品にふさわしいそれなりの威厳と共に持たねばなるまい。海外を旅し、国産品を顧みて、特にそれを感じたのである。

（一九七三年）

ニューヨークの素顔とオーディオ

大都市社会の表裏

ニューヨークのホテルは、7番街に面し、五十数番街との交点に位置する古い建物の「アヴェイ・ビクトリア」だ。由緒あるらしい落ちついた内部は、ヨーロッパの雰囲気をただよわせて、古いながらも、30年代あるいは40年代のアメリカの目指していた風俗をうかがい知れるもので、そうした古きよき時代の遺産のひとつとして、ニューヨークにいた短い時間の中では、かつての米国の代表的フィーリングをもっとも感じさせる。

しかし、落ちついたというよりは、ほど遠くはないセントラルパーク沿いの新しく建ち並ぶホテルや、シェラトンなどに押されて、古きよき時代の伝統も現代には通用せずに落ちぶれつつあるというのが本音なのかもしれない。といってもマンハッタンの中心にいくらか近い地の利の良さや、割安な1泊二十数ドルという料金が取り柄らしく、日本人にはなじみも深いようだ。

小ぢんまりした部屋も、近頃日本の深夜のテレビに登場する40年代の米国映画に出てくる雰囲気を感じさせるし、さらに小さな観音開きの鉄わくの窓から見た裏窓からの風景は、かつて見た『ウェストサイド・ストーリー』や『裏窓』といった映画のシーンそっくりで、いかめしく居丈高な建物の正面のたたずまいでも裏側となると、まるで舞台裏のように、こうも違うかと思うくらい。ひしめく高層建築もその裏側は風雪にさらされ肌が荒れ色が褪せ、しみが目立ちひどく無表情だ。

都会の賑やかに飾り立てた表通りと、その裏側の素っ気なく人気を拒んだ様は、そのまま大都会の社会の表裏を極端に現わしているようだ。

こうした裏窓の眺めを含め、ニューヨークのど真ん中のこのホテルの小ぢんまりした部屋は、ニューヨークの素顔を見せていたのが、人間臭さを感じさせて居心地は悪くなかった。

それでもこの部屋の鍵は物々しく二重についていて、ドアがいきなり開けられないような鎖までついているという、今までにない警戒ぶりと、貴金属は部屋においておくと保証しないという「但し書き」とに街の治安の乱れが感じられる。ネクタイを外し、気楽なシャツ姿で散歩に出ようとしたら、連れの人に止められてしまった。そうした格好では危険だ、というわけだ。しかし、散策にはスーツ・ネクタイでは気分が出ないので、翌朝早く、人眼をはばかりつつ、気ままなひとり歩きで目抜き通りをぶらついてみた。

5番街はニューヨークというよりも、米国の象徴だろう。巨大な建物を周囲に配して、しょうしゃなスッキリと清潔で、銀座というよりは、街路の感じは霞ヶ関の官庁街で、その両側に並ぶ街なみは銀座どころではなく、大きくはないが、もっと洗練された店がショールームのように立ち並ぶ。

〝巨大〟からくる威厳

話の本筋はこれからなのだが、そうした街の中に、巨大な教会が二つあったのである。二つともこの街に並ぶ他の建物を圧するほど大きく、居丈高にそびえている。高さは30～40メートルもあろうか。

あきらかに教会と判るのは、ヨーロッパの古い町にみられるような、けんらん豪華で、周囲に天使やら聖人やらの彫刻が正面の壁面全体に飾ってあるというか、浮き彫りになっているからだが、その規模の大きいこと。これはヨーロッパのいかなるところでもみられない、雄大なスケールだ。

壁面を舞う天使の大きさは20メートルはあろうか。そこに立つ聖人は鎌倉の大仏が立ったかと思うほどである。

巨大なコンクリートの建物のまわりそのものが、そうした飾りの一切なのだ。つまりコンクリートの巨大な塑像なのである。

そういえば、ニューヨーク港の岬に立つ「自由の女神」もコンクリート製の巨像である。ロンドンの米国大使館の玄関正面の真上に、米国の象徴、巨大な鷲が翼をひろげて街を見下ろしていた。いかにも、人の手によって文明技術を使って、でっち上げられたという印象をまぬがれないコンクリート製なのだが、こうも巨大化してしまうと、なにかまた全然違う感銘を受けるのは不思議だ。

それは聖人とか天使とか、女神とかいった、人の世界とは違う心の中に存在する理想を、追い求めたかたちを持つためなのか。

巨大な教会が5番街にあるということ自体、日本人にとっては大変な驚きだ。銀座通りに面して、他の店よりはるかに大きな寺があるのと同じなのだから。

しかし、それ以上に、豪華な店やショールームと見まがうばかりの飾りつけの立派なこの通りに、少しも不釣り合いではないのも、5番街の特質というか銀座とは違う点だろう。

例の世界一の宝石店といわれる「ティファニー」は、5番街のはずれに近く、すぐそばにGMの、これまたばかデカいショールームとは対照的で、小さな、しかし気品高い構えだ。

このティファニーから200メートルもいけばセントラルパークだが、この公園に入っていったら、たくさんのリスが群がっていた。朝の7時頃とはいえ、歩く先先に群れをなす大きなリス達は人なつっこく、そばによっても驚かないのには、こっちが驚いて、つい、たじろぐ。

公園といっても日比谷公園のように手入れがよいわけではなく、自然なままの茂りさえ感じさせるが、それにしても、このリスの存在は私にとってニューヨークという町を見る眼を変えるだけの現象だった。

東京とは違った、おおらかさを秘めている、といえよう。

ニューヨークという、もっとも現代的な都市といっても、いかにも大仰な構えの教会が5番街にあり、その大げさぶりがいや味にならず、ある種の現代的な威厳さえかもし出しているのは教会であるから、または神を象った飾りつけであるからに相違ないとはいえ、なんとも妙な感じであり、さらにセントラルパークに何百匹というリスの群れが住んでいる事実にも、知っていたニューヨークとは全然違った一面を確かめたのであった。

米国メーカーの方向とオーディオのあり方

こうした人工の新しい美とともに、自然回帰の志向をも忘れないのはうらやましいばかりだ。もっともこれは今日の東京からの訪問者だからこそ強く感じさせられた点なのかもしれない。

しかし、こうした現代米国のあり方は、意外にも身近なところに、秘められているのではなかろうか。

それはステレオの製品にさえ秘められているのである。

たとえば大出力アンプがそうだろうし、今日のステレオ市場で驚くことに管球アンプの専門メーカーが生まれてくるのが米国だ。

そうした面を気づかせるのは何もマクロの眼だけでなく、製品のひとつひとつのこまかいところにも見出せる。

近頃流行のソフトドーム・スピーカーは米国で始められた技術だし、それを絶対に拒んでいるのも、今や米国の大御所メーカーのアルテックやＪＢＬだけである。

つまり、彼らは、技術を創り出しても溺れてはいない。自分自身それぞれの道を見誤ることがない、といえるのではないだろうか。

最近、こうした米国のメーカーのプロフェッショナル向けの製品が、日本のコンシューマーの間で大へん売れている。アルテックも日本ではプロシリーズがモテているが、ＪＢＬもいよいよ日本市場でコンシューマー向けとして今まで封鎖していたプロシリーズを開放する。前人気も上々のようだ。

しかし、ＪＢＬだから良い、プロシリーズだから良いというのは、あまりに自分自身を見失っていないか。決して悪いというのではないが、人が良いというから良いと決めてしまうのは、自分自身がなさすぎるといえよう。

ステレオというものは所詮、個人個人によって生活の中での受けとり方が違うものだ。むろん、音楽そのものも違うだろう。そして、それを再生すべきときに「音」自体も、どう価値づけるかが、また大きな違いとなるべきだ。いや、違わないわけはないのだが、どうも日本人は画一的に働きがちだ。もっと、自分の判断を大切にしたい。

現代米国の気質がむき出しに感じられるのは、イーストコーストではなくウェストコーストにおいてだが、オーディオ製品についてもそれが強く感じられる。

イーストコーストは、もろもろ万端ヨーロッパ志向が強いのにくらべて、大陸を横断して西にくると、米国そのものが現実だ。

（一九七三年）

サウンドと大自然との結合

大自然と融合した金門橋

サンフランシスコは静かな町である。戦後、唯一の完全戦勝国であった米国の国家的威信と誇りに基づくすべてを、根底からくつがえしてしまった人間主義、自然回帰を提唱したヤング・ジェネレーション、いわゆる「ヒッピー」の発祥の地がサンフランシスコであるのは決して偶然ではない。ジャズの戦後史のオープニングは、サンフランシスコを舞台としたデキシーランド・リバイバルであった。

その立役者もまた、当時、学生であった若者たち、ボブ・スコビーたちが目指したジャズとして、もっとも古い形のニューオリンズ・スタイルと呼ばれるものであったのも、少しも不思議ではない。サンフランシスコは静かといっても静寂ではなく、「落ち着いた品の良さ」から発するものであろうが、思索的という言葉に置き換えてもよい。

激しく変革するアメリカにおいて、おそらく、もっとも知的で理性のバランスをくずさずに保っている、といった感じである。

だから、米国の国情がある方向に堕するとき、その米国きっての伝統ある文化のうちに秘めたるパワーとしての若者が、新しい方向に米国のすべてをも引きずっていくほどの牽引力となるのだろうか。

街々は、ヨーロッパのおそらく南フランスの古い伝統をもった町並みと共通した、現代的な明るさと誇りある歴史とを併せもった空気を感じさせられる。あまり高くないバルコニーを備え、石造りを模したビルがほとんど同じ高さですき間なく立ち並び、清く掃き整えられたきれいな街路は、花が多く植えられ街路樹は青く、下町では白く塗られたプロヴァンス風とでもいいたいしょうしゃな家々が少々の庭を前に、まるで、おとぎの国の町のようだ。

それは、まるで米国にいるというより、空は西海岸一流の青さだが、まさに南フランスそのものといえよう。

国道101をシスコ市内に向かって十数分、金門橋へのインターチェンジを越えると湾に沿った道はやがて民家の密集地帯をすぎて、山あいに入る。濃い緑におおわれたルート101は、やがて夕暮れ近い薄明りになり、西の空のピンクに輝く方向に、ゆるやかにカーブしてもうひとつの山陰に入った。その時、山陰と山陰との間に、金門橋がそそり立つのを望み見たのである。

それは金色に輝いて、薄赤く褐色に沈んだ大空の中に、すっくとそびえていた。大自然の夕暮れの中に融けこもうとしている巨大な山陰の間に、その山陰よりも一段と高く黄金に輝く金門橋の姿に一瞬、息をのんだ。

それは、まさにこの世の人の手によって作られたものとは、到底、思えなかった。大自然の山塊をしのいでそびえる人工の粋は、それを作った人類の偉大さを、この上なく象徴しているかのように圧倒的であった。

新鮮さを保つ西海岸

大昔、人間が試みたというバビロンの塔もかくやと思われたが、神と競ったバビロンの塔と違って、金門橋は神の大自然の中に融合して一体化していた。神の力の中に人間の力をそえたともいえようか。成果を称えるかのように神なる太陽は、こうして日々、夕暮れ時のひととき黄金の輝きを照らしてくれるのか。けだし、金門橋の名の由来だろう。

日本人は、自然を愛してやまないという。確かに、四季の変化を愛《め》で、加えて北に南に差の大きい気候風土を備えた日本の国土は、その上に住む民族に大自然に順応して生活する多くの生活技術を施した。

街にあっては庭を山水に模し、床の間に草を飾る。しかし、日本人は大自然を細分化し、小型化して身のまわりに配し、それを装うのみだった。

古今、大自然の持つ大きなスケールを取り入れたのは、寺と城ぐらいのもので、それとて、山や川を背景として利しているものの、それを越えるという発想はかつてない。

西洋文化にあっては、古く古代ギリシャ文明、ローマにみる遺跡をはじめ、つねに、絶えまなく大自然と互角といえるほど、いや、それをいかに凌駕《りようが》するかという努力が、人智の究極として文明思想の中に潜在していたに違いない。

黄金に輝く金門橋の、山よりも高くスカッとそびえる様は、日本では比ぶべくもない。そこには「偉大なる人間」の知恵と技術と努力と、そうした象徴を見る、といわずして何といおう。

「空のさけめ」と呼ばれ、よく知られるエンパイアステート〝摩天楼〟、港の岬にある自由の女神をはじめ、米国には大自然の神の作ったもろもろに対比され得る大型文明を、調和した形で、ここそこに見ることができるのである。が、ゴールデンゲート〝金門橋〟がサンフランシスコに存在するということに、もう一つ意味が加わるのではないだろうか。

いつも「新鮮さ」というものを失わずに熱く息吹き、生きる西海岸の中にあって、米国きっての高い知性を代表するサンフランシスコの港の入口に金門橋はそびえ、初めて、かの国を訪れる人々を圧倒するだけではない。大自然に劣らぬそのスケールで、ここに住む人の心の中に意識と意欲を限りなく拡大させるのではないだろうか。

わがサウンドと武蔵野

海外を一巡したあと、私は、リスニングルームのスピーカーシステムの位置を大きく変えて、部屋の一面が大きく窓を占める面を背にしてシステムを置いた。

音楽を聴くときスピーカーに対すると、4メートルの長さで高さ1・5メートルの窓ガラスを通して、武蔵野の緑が間近だ。

秋深まる今は、樹木の葉は紅葉し、いや応なしに自然の移り変りを身近に感じられる。汚れたりとはいえ、武蔵野の秋の空は青い。

紅葉は、葉から洩れる陽ざしに輝き、風の動きに、黄に紅に輝く葉のひとつひとつが色彩あふれる光のさざ波となって、躍動する光点はさながらオーケストラのサウンドのように、大きな光のうねりと大波をくりひろげてくれる。

そして、自慢のＪＢＬのスピーカーシステムが鳴り出す。

左右のスピーカーシステムの中間に、ほうふつと浮かび出す音像は、ガラス窓越しの武蔵野の空と緑のあたりに定位するのである。そこは、大らかな自然が視像を待っているのである。

ステレオのサウンドと大自然の交錯が、ここに始まる。自然が雄大なら雄大なほど、サウンドもまた、はてしなく雄大にならざるを得まい。しかも、この新たなる光と音の交響曲は、なんと新鮮な感覚だろうか。

窓を左横にし、スピーカーと向かい合っていた今までには、このみずみずしい感覚は、これほどまでに直接的ではなかった。これほどまでに身に泌みた新鮮さとして受け止めていなかった。

音像が大自然の中に融け込んだ今、初めて、その限りなしに日々新たなる感動を与えてくれるのを知らされた。

サウンドへの欲望、可能性

音楽の現場は常に遮へい空間であり、密閉空間であった。ホールであれ、スタジオであれ、常に外界と大自然とを隔離した形でしかなかった。それは、音楽の現場として最低の欠くべからざる条件であったからだろう。

ステレオは、この非人間的な条件を打ち破ったのである。

無限に拡がる空間、それは音にだけいえるのではなく、聴取条件や、聴取環境のすべてについていえよう。ステレオ技術はサウンドだけでなく、視覚的空間においても無限空間、拡大空間を獲得し得るのである。

こうしたとき、ステレオに対する要求は、また今までにそれとは違った形のもの、異なる観点からの要求が必ず加わってくる。が、いずれにしても、大自然の中に定着させるべきサウンド・イメージに対して、限りない欲望が伴うのは当然であろうし、それが形の上の限りなき欲求として端的に「ハイパワーは必要不可欠」といい得る。

太陽に輝き映える大自然に、聴き手がサウンドと共に融合せんとすれば、サウンドは遮へいされたリスニング環境の場合の、あるいは夜のとばりに包まれた場合の数倍、あるいは10倍以上のサウンドを要求してしまうのも、また止むを得まい。

現代の社会におけるステレオの可能性は、こうして拡大され、またこの拡大は現代の技術ならば満たされ得るものなのだ。それは、今までのステレオになかった世界である。求むるに出来得なかったし、求むべくして不可能だった。

しかし、4チャンネル・サウンドを足がかりに音場拡大を目指す今日のオーディオ技術は、こうした壁を取り払った。壁は、技術にもあったし、それ以上に、聴き手の心の中にあったともいえよう。音楽の再現を今までの形にしか、求めなかったという盲点として。

米国をはじめとして、世界の若者の間でロックの野外コンサートが大成果を挙げている。陽光の下で、大自然の空気を存分に吸っての新しい音楽の現場だ。

それが可能なのも、現代のトランジスター技術ならではであろう。ハイパワーの可搬型アンプなくしては考えられないからだ。数kWの出力が、この広大な客席をとりまくスピーカーシステムに送り込まれるのだから。

生の音楽の現場を一変させるまでに、エレクトロニクスを駆使したオーディオ技術は、音楽家の側に定着している。それが再生技術において、有効な形で発揮されるのは当然の推移であろう。たとえば、純粋な屋外においてのステレオ再生という形である。

屋外は音響条件として、騒音さえなければ無響室と等価な環境だ。つまり、完全に音は周囲に吸収されて、聴く者はスピーカーからの直接輻射音しか捉えられない。机の上でよく鳴るトランジスターラジオも、屋外に持ち出すと意外なほどに鳴ってはくれない。

つまり、スピーカーの周囲に放射された音は、まったく無効であって、ただただ損失となるだけだ。さすれば、スピーカーの音響特性ひとつにしても、理想とされる指向性の良さ、前面いっぱいに拡散される音は、屋外用としてはむしろマイナスとなってしまう。屋外用は、多数の大きな面積に散在する聴取者を相手にするのでなければ、指向性の鋭いものの方が有利なのだ。

つまり、家庭用として、小人数を相手とすべき屋外用ハイファイ・スピーカーがあるとすれば、指向性は鋭くあるべきだ。

このように大自然とサウンドとを結合せんと試みれば、それはスピーカーひとつとっても、求めるべき条件は逆になってくる。

新しい形のステレオ環境が求められるようになれば、新たなる技術が要求される。しかし、今日のオーディオ技術は、これを可能にする要素を十分に秘めている。求める側が、これに気づきさえすれば。

大出力アンプの出現をはじめ、大エネルギーへの挑みは、こうして果てしないステレオ・マニアのサウンドへの望みを、限りなく膨張させてくれるのだ。

（一九七三年）

仄かに輝く想い出の一瞬——我が内なるレディ・デイに捧ぐ

最後から何番目とかのヘリコプターにやっと乗り込むことができて、サイゴンから逃げ帰ってきたというある日本のサービスエンジニアである若い技術者と会った時のことである。彼は、もう、とっくに過ぎ去ってしまったいまわしい日々の記憶を、視線で追いかけるようなまなざしで、思い出しながらいくつかの体験談をしたものだが、そんな時の強烈な印象を受けた中でも特に、ひときわ脳裏に焼きついた話がある。

限定戦争という妙なことばの証しのように米国の兵隊は朝になると兵舎から出て、トラックに満載されて、そう遠くはないその日の戦線にかり出され、夕方、日が暮れると大半のものが、また、トラックで帰ってきて兵舎で一日の戦いの疲れをいやすのだそうだ。

その日の戦闘の激しさは、帰ってきてからのレコードをかける音の大きさでも判断できるという。激しい戦いのあとは、ロックの音はひとしお高らかに響くとか。

戦闘の激烈な日の夜は、それこそどの兵舎でもそれが振動するほどにロックサウンドが鳴りひびき、耳をつんざくばかりということだ。

つまり彼らは、激しく戦ったあと、そのすり減った神経と肉体的精神的な疲労から脱出しようとすればするほど、その切実さに比例してロックの音が大きくなるというわけか。真夜中にベトコンのゲリラの狙いうちする至近弾のま近かな炸裂とともに、大きな爆発音が一瞬周囲を圧したとしても、そのロックの強大な響きは一向に変らず、それどころか、至近弾の爆発もなんのその、というふうに、ますます強大なボリュウムで鳴り続けて止むことがない、という話である。

きっと昼間の戦闘が肉体と神経とを麻痺させてしまったのに違いない、といったら、いやそうじゃない、とさえぎられた。

黒人も、白人も、昼の戦闘で失ってしまった人間性を、音楽によって少しでも早くとり戻そうとあせっているのだと。

そういえば、これと似た話にずっと以前にも接したことがある。

今はもう年老いて、若い後継者に仕事をゆずり、この十何年間かを老後として生きている熱心な音楽ファンである老紳士の話だ。

三十数年前、つまり第二次大戦の最中、まだ若かったその老紳士は、従軍して南方の第一線に、それも最前線の砲火のまっただ中で毎日を過していたときのことだという。戦闘のすんだひととき、市街のもと高級レストランに将校たちと連れ立って久方ぶりの豪華な食事をしているときだった。その耳にふと音楽が聴こえたのだ。

それまで私はね、音楽に興味をもったことなんてなかったんですよ。だから、いつもならその音楽は聴き流していたはずだったんですがね。その時は飯を喰うのも忘れるくらい、その音楽に聴き惚れてしまった。そこは高級レストランでしょう、白人用の店なんで大きな電蓄が備えられていて、それがレコードを鳴らしていたんです。ごった返した人混みのざわめきの中で聴いたその曲は、ベートーヴェンのごくありふれた交響曲だったのですよ。その時は、そういうことは一切知らなかった。だって生まれて初めて音楽というものを、自分の意志で聴いたんですからね。その時、あとでベートーヴェンのシンフォニーと判ったんですけどね。それを聴いているうち、身震いしてきて心の中まですうっと何か違ったものが入れ変ってしまったような気がしました。涙がとめどなく流れてきてね、もう食べるどころじゃあなくなったんです。

私はその時にね、人間に戻ったんですよ。たった今までは、私は人間じゃなかった、ね、そうでしょ。毎日毎日人殺しをしていたんですからね。自分で直接殺さなくたって、それだけを目的に遮二無二進めてきたんです。人間を殺すための毎日なんて、これは人間じゃあない。もう鬼か畜生ですよ、私は。でもね、その音楽に心を奪われたときに、人間に戻ったんでしょう。あれは、神の声だったんです。その時の私にとってベートーヴェンのシンフォニーは、まさしく神の声だったんです。だから私は、その時、畜生から人間に戻れたんですよ。

むろん、この時の感激は、すっかり私を変えてしまいました。その日から私は人が違ったように考え方も変ってしまった。当然でしょうね。

戦争から帰ってきてから、私は、あの時に聴いたベートーヴェンの音をたよりに、毎日毎日レコードを漁ったものです。それこそ暇を作っては、金にあかして探しました。

神の声、あの時の神の声を探し続けてきたのが、私のそれ以後の人生ですよ。でも、その時のシンフォニーは、いまだに同じものが見つからないんです。もうベートーヴェンは、シンフォニーをはじめ、あらゆるレコードが何千枚も貯まってしまいましたがね、その時のベートーヴェンにはそれっきり巡り会えないんですよ。だから今だって探し続けていますよ。もう30年以上たってしまっていますがね。

そうそう、それから私はね、装置はもうできるだけ良くしたいと思っています。だって神の声を聴くのですからね、神の声に接するときの当然の義務ですよ、これは。人間が人間を取り戻すすばらしいひとときのためには、ステレオはなるべくぜいたくにしますよ。

それでもあるとき、同じレコードだってスピーカーひとつ替えただけでもう音楽がスッカリ変ってしまうということに気が付いた。これはすごくショックだった。

あの30年前の、南方戦線のレストランの電蓄を聴いたときと同じように、すばらしい響きで、もう一度、レコードを全部聴かなければならないと考えたんです。いやあ、今までにもっともっとよい響きの装置でずっと聴いてこなかったのが、今になるととっても残念だ。今はもう先が短いんですから。年をとってしまった。でもね、ひょっとすると、私の集めたたくさんのレコードの中にあるのかもしれません、あの時のベートーヴェンが。

最後のことばを自分の人生をじっくりと噛みしめている風に結んだこの老いた紳士の顔は、とても年を感じさせぬほど艶やかに紅みを帯びて、その眼はまるで少年のように明るく輝いていた。多分、それは、絶えることなく一途に追い求めた何十年の風雪の、ただただひたむきなありかたが、この紳士を少年にしてしまったのだろう。

彼にとって音楽は、かけがえのない人生そのものになってしまっていた。

でも、考えてみると、おそらく、この紳士の体験はまれなようであるけれど、決してそうではあるまい。戦争の最中、まっただ中での事件は、死と直面していたから唐突なほど盛り上りとともに急に訪れた。しかし、多くの音楽ファンの、音楽ファンとしてのきっかけは大なり小なり同じような体験を経てきたのだ。ただそれは、戦争という血なまぐさい背景ではないにしても、全力で人生にぶつかっているときには違いないはずだ。

戦いの場は、必ずしも弾丸の下とは限るまい。男にとって、人生は、力の限りを尽すという点で戦争におけるそれと変るものではない。力いっぱい生きた一日の終りに、ふと自分自身を取り戻すひととき。それは生活の密度が濃ければ濃いほど、切実に求められるに違いあるまい。そのひとときに、あるいは神の声ともなり得る、限りない価値を秘めた音楽は、受け手の人生の深さに比例して高く、日々あらたなる感激の源として無限ともいえる。

しかもそれは、予告なしに突然訪れる。いつも、とはいわないまでも、ふいにその高まりは聴き手をおそうのだ。

老紳士の体験の例を引き合いに出すまでもなく、その突然の高まりのため、その内なる高まりを微かでも薄めることを避けるためにでき得る限り万全を期すための努力をしておこうと考え、そのための努力を尽すのは、果してぜいたくなこととといえるであろうか。

ずい分昔のこと、そう、あれはもう10年近く前だ。晩秋の風の冷たい街をその夜も、うつろな思いでさまよい歩いた。昨夜も、その前の晩も、ずっと何週間も毎晩のように新宿の裏通りを重い足をひきずってさまよい続けていた。4年近くも続いた熱い恋の終った悲しくつらい夜をまぎらわすのに、どうしたらよいというのか。

そんなときに、暗く人もまばらな、閉店近くのジャズ喫茶で、ビリー・ホリデイを聴いたのだった。

『レディ・デイ』というアルバムは、ビリー・ホリデイのデビュー間もなくのものだ。彼女は女性ジャズ歌手というよりも二度と出まいといわれたブルース歌手としてあまりに名を知られてしまっているが、古く聴きなれたその一曲、一曲が、その夜ほど私の胸に、一節、一節喰い込んできたことはかつてなかった。それを聴いているうち、まわりを気にするいとまもなく涙があふれてきた。

その一枚のレコードが終っての、閉店の静寂のひととき、涙にぬれくれてあげることすらできなくなってしまった顔をかくすように店を出てすぐ、そのまま店の前にうずくまってしまったのは、その感激をずっとそのまま続けたくて、それにひたっていたかったからだろう。

でも、その涙がそれまで胸にのしかかっていたずっしりとした錘りを溶かしてしまったようだ。4年間の人生は、その夜ではっきりと終ったことが、自分にも自覚できたのだった。

私にとって、その時から、ビリー・ホリデイは、他とは違ったものとなったのは当然だろう。でも、あの時の迫り方で、私の胸の中に喰い込んできたあのビリー・ホリデイは、なかなかつかまえることができなかった。いくら努力しても、あのほの暗く人気のない喫茶店で、ひっそりと歌っていたビリー・ホリデイは、私の前に現われてくれなかった。ずっと前から持っていたアルバムからビリー・ホリデイは永くよみがえることがなかった。

恋に破れて帰った家は、家族が去ってしまった何週間かの後で、がらんとしてすき間風も肌寒く、人気のまったくなくなってしまった冷たい空気では、とうてい音楽を、心地よく響かせることなど、できるわけもない。

久しぶりに出した米CBSレーベルのビリー・ホリデイのレコードを、黒いジャケットから引っぱり出してターンテーブルの上に乗せ、針をおろすと、旧いSPからのリカット特有のかなりのスクラッチの中に、彼女の歌はかがむようにうずくまってしまうのだった。

もどかしく、アンプの音量調節を上げても、彼女の歌は、少しばかりエネルギーを上げたとしてもレコードノイズがそれを邪魔するばかりで、どうしても近づいてはくれないのだ。

デビューしたばかりの20歳をちょっと過ぎたビリーは、後年のすさまじいまでの苦悩の果てをまだ少しも知らず、ういういしく純でうぶで、けがれない、その若さがいっぱいに溢れるほど、ひたむきに歌っている。

だから、この『レディ・デイ』は、数あるビリー・ホリデイのアルバムの中で、私が一番好きなのだが、そのひたむきな姿は、この時、まだデビューしたばかりでやっと陽の目を見始めた時だけに、輝ける未来へのビリーの高まりだったわけだ。

しかし、あの夜以来、ビリーの歌の深部にあるのは、恋に精いっぱい生きようとして、しかし、その期待にふくらむ胸を打ちくだかれた果ての、女の悲しさに満ちていたのを知った。ひたむきなのは、人間としての彼女の精いっぱいの恋心だった。

いくら音がよいといわれるスピーカーで鳴らしても、彼女の、切々とうったえるようなひたむきな恋心は、なかなか出てきてはくれないのだった。一九三〇年代の中頃の、やっと不況を脱しようという米国の社会の流れの中で、精いっぱい生活する人々に愛されたビリーの歌は、おそらく、その切々たる歌い方で、多くの人々の心に人間性を取り戻させたことだろう。

打ちひしがれた社会のあとをおそった深く暗い不安の日々だからこそ、多くの人々が人間としての自信を取り戻そうと切実に願ったのだろう。つまりブルースはこの時に、多くの人々に愛されるようになったわけだ。

音のよい装置は、高い音から低い音までがスムーズに出なければならないが、一九三〇年代の旧い録音のこのアルバムの貧しい音では、なかなか肝心の音の良さには生きてこないどころか、スクラッチノイズをあからさまに出してしまって、歌を遠のける。スピーカーが、いわゆる優れていればいるほど、アンプが新型であればあるほど、このレコードの場合には音の良さとは結びつくことがないようであった。

そうはいっても、このビリー・ホリデイのアルバムは、あの夜のふいのめぐり会いというか、再会以来、私にとってはますます手ばなせなくなってしまった数少ないものであり、しかも、そのことから、果てはレコードのコレクションが次第にジャズに片寄ってしまうきっかけになったほどだった。ビリー・ホリデイが何年か前に、アンティックばやりの最中、急に流行したりして、その名が誰かれの口に上るようになった時は、少々うとましいほどであった。もっともその底には、ビリーの本当の良さが私ほどに判ってたまるものか、という一人占めの気持が働いていたのだろう。なんと自惚れの強いことと、今は恥ずかしいくらいだが。

『レディ・デイ』のアルバムも、すでに4枚目が白くなってしまう頃、あるレコード店で、店さきのレコード棚の中に米CBSの輸入盤を2枚見かけて、人手に渡してしまうのも惜しい気がして、購入して1枚は早速手元で聴き出した。

過日、米国製パラゴンというちょっと変った大型のステレオ用のスピーカーシステムを買ったとき、もう1枚の方を出して封を切った。パラゴンはステレオ用だが、この旧いレコードの音を生かしてくれそうな気がしたからだ。

新しいスピーカーは期待どおりにはなかなか鳴ってくれないもので、曲を替えると駄々をこねた。

ビリーの歌も、初めは思うように歌ってはくれなかった。これを鳴らすのは私にとって、他のレコードとは違った意味を持っているだけに、どうしても昔のあの夜のようにビリーが胸の中に入ってきてくれるのでなければならなかったのだ。

パイオニアのエクスクルーシヴM4という新しいアンプを、そのスピーカーにつないだとき、奇跡がおきた。うるさいほどのスクラッチというか音溝の針音がピタリと収まるかのように抑えられ、ビリー・ホリデイは、この40年も前の録音の中から、生々しくもよみがえってきたのだ。

私は、この時、初めて、あの夜の感激をもう一度確かに体いっぱいでつかんだ。涙が、知らず知らずのうちにあふれてきて、ジャケットの黒いビリー・ホリデイをぬらしていた。　　（一九七五年）

あの時、ロリンズは神だったのかもしれない

その前にかかっていたレコードが終り、俄かに喫茶店の中の喧噪がよみがえった――コーヒーカップの触れあう音、いくつもの話し声――ジャズ喫茶に通ったことのある人間なら誰もが経験する、あのなんとなく、手持ちぶさたな時間の中に、僕も居た……。昭和35年頃だから、渋谷のテレビ技術学校で講師をしていた時のことである。

その頃、講義を終えると、僕は毎日このDというジャズ喫茶で時間を潰した。だから、同僚はそんな僕を見て「何が仕事なのか、わかんないね」などと言って冷やかしたし、僕の方も「もちろん、ジャズを聴くためさ……」と答えかねないぐらい、ジャズの魅力にどっぷりつかっていた時期だった。

そして、この日もまた例によって、Dの片隅に座り、次にかかるレコードを待ちながら、テーブルの上の煙草に手を伸ばそうとした……。いきなり、テナーサックスの豪放なトーンが、僕を襲った。戦慄が背筋を駆けあがる。一瞬、僕はすくむ。後は、ただガタガタ身震いが続いた。あの何か得体の知れないスゴイものに出会った時に共通する感覚……。

ソニー・ロリンズの代表的傑作であり、今でも、いやこれから後もモダンジャズの極め付け名盤と

される〝サキソフォン・コロッサス〟が、そのレコードだった。

曲は『三文オペラ』で有名な〝マック・ザ・ナイフ〟（このレコードでのタイトルは〝モリタート〟）である。しかし〝マック・ザ・ナイフ〟といえば、むしろうらぶれたイメージ。それこそ、ボロボロの酔っぱらいが、夜の街角で細かく唄う、といった曲想である。

ところが、ロリンズがこの曲に示した解釈はどうだ！　原曲の持つ微妙な色合いは一掃され、彼はあくまでもパワフルなプレイに終始する。メリハリの効いたトーンが構築していくアドリブ・パートに於けるフレージングは、特に圧巻だ。とても人間技とは思えない。

いや、確かに僕はこのレコードの背後に〝神〟の存在すら垣間見るような気がする……。天から降りてきたミューズの神が、ロリンズにひと言「汝やれ……」と告げたのではないだろうか、そうした想像が何時までも僕の頭から離れなかった。

都内のレコード店を奔走、やっと見つけた輸入盤を抱えて、僕は部屋に帰ってきた。その夜は、スピーカーを通して語りかける〝神〟の声を聴きながら眠った。

そして、翌朝早く起きた僕は、薄明の中でもう一度、このレコードに針を下ろした。前夜とは、はるかに異なる明解な感動が、僕の内部に沸き上った。〝勇気づけられる〟という表現では、少し安っぽく響くかもしれないが、何か、〝大きさ〟という絶対的価値が呼び起こす感動なのかもしれない。

その余韻の中で僕は思った。もしかすると、人間が最も感動する時間は、夜明けとか黄昏といった薄明の時間ではないかと。

それから、何週間かは他のレコードを聴く気になれなかった。だから、ターンテーブルの上には、しばらく〝サキソフォン・コロッサス〟が乗せたままになっていたのである。

考えてみれば、僕は子供の頃から常に自分を勇気づけるもの、堂々としたものに、あこがれを感じてきた。小学生時代、僕は気の小さい子供だった。何時も教室でビクビクしていた。先生にさされて何も言えなくなったり、人前で話すことがイヤでたまらない子供だった……だから、堂々としたものにあこがれた。

そんな子供の頃のイヤな性格を克服できたのは、人前で話さなければならないテレビ技術学校の講師をやるようになってからである。

そして〝サキソフォン・コロッサス〟に出会ったのも、やはりこの時期である。そこに、何か因縁めいたものを感じてしまう。

あれから15年――いろいろな転換期があった。僕は、その度にこのレコードを聴いた。苦境に立った時、惨めになった時、手を差し伸べてくれたのは、何時もロリンズのこの一枚だった。

数年前、僕がジャズ喫茶を経営していた頃のことだ。ある時、店に泥棒が入り、２００枚ものレコードが盗まれた。しかも、盗まれたのは全て、めぼしいものばかり……ショックだった。警察も、まじめにとり合わない、犯人の目星もつかない、とても店を開けるつもりになれず、ひとり店の中でポツンとしていた。その時、そばにあったのがこのレコードだった。何気なく針を下ろしてみる……。聴こえてきた。あの聴きなれた〝声〟でロリンズが語りかけてきた。

「オレだって精一杯やってるんだ。だから、君だって気を取り直せよ。そうすれば、きっと何とかなるもんだぜ……」

僕には、彼のテナーサックスがそう言っているように聴こえた。いつもこうだ。ある時はやさしく、ある時は力強く、いつも説得力に溢れたロリンズの〝声〟だ。僕は立ち上がって、店を開く準備に取りかかった。ドアの外は、すっかり日が暮れていた。

今までこのレコードには、たくさんの〝借り〟がある。だが、それをまだ返したことはない。僕にできることといえば、いつも自分のそばに置いておくことだけなのかもしれない。

（一九七二年）

変貌しつつあるジャズ

ひとつの時代が終焉を告げ、次にくるべき新しい時代が、華々しく幕を開ける。

その移り変りの時間的な経過は、なんとあわただしく、「終り」のなんとあっけないことか。

しかし、それは過ぎ去ってしまったあとから振りかえってみて、はじめてわかることであって、あわただしい過程にあっては、あるいは様々な変化の目まぐるしさに追いまくられていては、正しい判断を失いがちだ。

今日、ステレオが新たに4チャンネル・ステレオに移行せんとする趨勢が強く、日増しにその色彩を濃くしつつある。しかし、それの音楽に及ぼす影響の深さは、まだ十分には認識されているとはいえない。

ジャズを含めて、今、再生音楽は、ひとつの転機ともいえる時期にさしかかっているのである。

ジャズ音楽もまた、今、転機にさしかかっていて、新しい時代に突入しようとしている。

それは、今までのジャズという観念からははずれたものになるかもしれないし、今までの尺度でははかりえない領域にまではみ出してくるかもしれないのだが。

結論からいうと、ジャズにもマルチ情報化の新しい動きが胎動しつつあるのだ。それを痛切に感じさせたのがジャズレコードにあって70年のベストレコードとして著名なマイルス・デイヴィスの最新盤『ビッチェズ・ブリュー』であり、さらに、それと同系の演奏のライヴレコーディングとして最近売り出された『マイルス・デイヴィス・アット・フィルモア』である。

たしかに、ジャズの歴史を考えると、ジャズ音楽ほどその変革がめまぐるしく、様式と形態が大きく変るものは多くない。

その主張や核心までもが、きわめて早いサイクルで変転している。

ニューオリンズ・ジャズといわれる創生期のころからシカゴ・ジャズ、スイング隆盛期を経て、バップ、クールといった形態をたどり、いわゆるモダンジャズと呼ばれる今日のジャズ様式、そして前衛派といっているニュー・シングの若い連中のやっている先端に到るまで、ジャズは常に新しいものを追い求めてきた。昨日の急進派は今日の体制派であり、明日はそれが破壊される運命にあるのが、ジャズの移り変りの常なのである。絶え間なく限りない闘争と、変動とが、ジャズのひとつのそして最大の特質なのである。

いま、われわれがモダンジャズといっているジャズは、戦後10年近くを経てから、やっとそれらしい形態を整えるに到った。つまり50年代に入って、白人ミュージシャンによって、高度の演奏テクニックとともに、編曲技術がジャズに導入され、形式の上でも一段と充実したものになった。一時期だが白人ミュージシャンがジャズの主流に位置したのは、そのためである。その後50年代中頃から後期にかけて、多くの黒人ミュージシャン達によってジャズを黒人の手に奪回しようとする闘いが、いっせいに展開されたのである。

それ以来、ジャズはいつも強力にして絶え間ない、新進気鋭のミュージシャン達の音楽的闘争によってつぎつぎと変貌し、大きく、たくましく、若い生命力を擁してハード・バップといわれる形態にまで成長したのだ。アート・ブレーキーという名をこのハード・バップのはじめにもってくることに、ジャズ・ファンは反対するかもしれない。チャーリー・パーカーとかチャーリー・クリスチャン、あるいはマックス・ローチという名のほうがふさわしいと主張するかもしれない。しかし、モダンジャズの、黒人独特のハード・バップを代表するレコード・レーベル、ブルー・ノートで、最初に世に問うたのがアート・ブレーキーであり、その『カフェ・ボヘミア』というアルバムが偉大な闘争の、大きな初勝利ともなった。このことを考えれば、ハード・バップの旗手としてのブレーキーの存在と価値を認めざるを得ないだろう。

その後もマイルス・デイヴィス、ジョン・コルトレーンなどの、多くの黒人ミュージシャンの活躍が、さらにそのあとを受けて、今日も、少しも力をゆるめることなく続いているのである。

ところが60年代中頃から突然、と表現できるくらい突然に、起こったものがニュー・シングである。オーネット・コールマンやセシル・テイラーによって始められたこの運動は、今までのジャズをバッサリと断ち切った、といえるほどの変革だった。この前衛ジャズは、ジャズからメロディーのみか、ジャズの最大の特長、いやジャズそのものとされてきたリズムまでも、乗り越えたのだ。あらゆる呪縛から、自由を得たわけである。しかし、その後になって彼らが目標としていたのは、じつはクラシック音楽的形態を導入した、集団演奏によるジャズであることがわかったといってよいだろう。その限りにおいては、ソロによるアドリブ、即興演奏というジャズ本来の形態から遠ざかる宿命をになっているともいえるし、それが今までのジャズ・ファンにとって、近づき難いものにしてしまったという結果をまねいたともいえよう。

70年代を迎えた今日、ジャズは再び大きく変りつつある。それは、今日の、高度に発達した音響機器の側からと、ファンの側からとの両方によるものといえそうだ。

ハイファイ技術は本来、高忠実度再生という受身の形でのみ音楽に参加してきた。それが、エレキギターをきっかけに、エレクトリック楽器が数多く登場し、またその効果も認められ普及してからである。

どのバンドも、次第に音量が大きくなり、今までより電気楽器に頼って楽器のパワー不足を電気的に強化している。そしてそれを望むのは、エレキサウンドで少年期を育った、若いジャズ・ファンなのである。

もうひとつ見逃せないものは、ジャズとは直接関係ないが、日常生活の中における音楽との結びつきである。自動車王国のアメリカで、自動車の中での音楽が無視できないのは当然のことだろう。それは、すでに4チャンネル・ステレオ化のきざしがあるように、車内に音が充満するイージー・リスニング音楽である。4チャンネル・ステレオ普及の、かくれた援護射撃は、今や浸透し行き渡ったカー・ステレオであることはいまさらいうまでもないだろう。

かくて、ジャズはテープやレコードという再生媒体に依存しているかぎり、しかも今後ますますその度合を強めていくことから考えあわせて、音響機器の発達の影響を強く受けないわけにはいかないはずである。そして、その時期に合わせたかのように、4チャンネル・ステレオがスタートを切ったのである。

ジャズの演奏形態の特長として、リズムの上に即興演奏されるソロが乗っているものが、いちばんの基本である。

ソロあるいは、アドリブといわれるこのミュージシャンの主張は、聴き手との対話という形で展開される。ここではミュージシャンのすべては、ソロという単一音源として受けとめられる。つまり、ジャズでは、アンサンブルなどでソリストが、たとえ複数であっても、その情報量としては単一のものといってよい。アンサンブルのハーモニーの厚さ、豊かさなどを無視するわけではないが、それは多くの場合ジャズの真髄ではなかった。それはあくまで、ソロの引立て役としてのアンサンブルであり、とりわけハード・バップ以後のジャズではそのことがはっきりといえる。

単一音源、あるいは単一情報源から脱けきれなかったジャズは、70年代になって、大きく変った。それは今までの単一音源から、空間音場の、多重情報源のジャズといえるものだ。これは、間違いなく、ジャズの全体を根底からゆさぶっていく変革である。

『ビッチェズ・ブリュー』の成功にさきがけて、すでにそのきざしはマイルスの場合でも2年前からあった。『マイルス・イン・ザ・スカイ』そしてそれに続く『イン・ア・サイレント・ウェイ』。そしてそのあとに、テナーとこれらのアレンジを受けもった、ウェイン・ショーターの『スーパー・ノヴァ』や、ピアノのハービー・ハンコックの『ザ・プリズナー』など一連のマイルス門下のミュージシャン達の活躍。そしてそれらのあらゆるところに顔を出しているプロデューサーのデューク・ピアソン。彼はまたジャズ界で名うての先取りの名人だ。この人たちの活躍から変革が予見できるといったらいいすぎだろうか。

この一、二ヵ月の間に、ジャズ・アルバムで注目されるのが2セットある。どちらも2枚組だ。ひとつははじめにもふれたマイルスのライヴ・レコード『マイルス・アット・フィルモア』であり、そしてもうひとつは白人トランペッター、ドン・エリスをリーダーとするバンドの『ドン・エリス・アット・フィルモア』である。この中では電気楽器がつぎつぎに登場し、ものすごいエネルギーで咆哮する。

この二つに共通している点は、従来のジャズの常であった演奏の中心のソロが単なるソロに止まらず、しかも、アンサンブルも従来の演奏形態のそれとは根本的に違うものを狙っているということだ。

点音源ソロと違って、ここでは空間全体が、ジャズ・サウンドで充満している。

たしかにせまいクラブで鳴り響くたけり狂うようなロックのエレキサウンドのなかで育ってきた若いジャズ・ファンをジャズの内側に獲得するためには、納得させるためには、こうしたジャズ・サウンドでなければならないのかもしれない。

R&Bの若いファンを意識したジャズ・サウンドといういい方は、そのまま、ジャズがコマーシャルに墜ちたといいかえてもいいのかもしれないけれど。よしあしは別にして、マイルスの『ビッチェズ・ブリュー』は、そういう新しいファンに広く受け入れられていることも確かだろう。

しかし、この変革は、あくまでも来たるべくして、来たのであり、それ以外の何ものでもない。やはりジャズは、70年代に大きく変りつつあるのだ。

この『ビッチェズ・ブリュー』を聴いて、70年度のベスト・ワンという結論をすんなり出したジャズ・ファン、あるいは評論家は、どんな聴き方をしたのだろうか。これが本当にジャズとして、もっとも優れた出来であると、本気で感じたのだろうか。少なくとも私には、最初の物珍しさからさめると、そして二度三度とよく聴いてみると、実にうまい音のあつかい、アレンジだとは感じたが、「ジャズ」としての感銘度は大へん低いものだという印象があったことを隠すわけにはいかない。

これまでの点音源ソロになれ、それを期待していた私の耳には、空間に充ち満ちたサウンドは珍しく、なにか理性をマヒさせる響きはあっても、「ジャズ」としての聴きごたえは、ついに期待外れであったのだ。ジャズは、もう昔から続いてきたハードなジャズから脱皮しつつあるといえる。

マイルスが自己のコンボで、クラシック的手法と構成を導入しようと試みたのは、『マイルス・アヘッド』から『スケッチ・オブ・スペイン』に到る一連の、ギル・エヴァンスの共作アルバムであり、これは57年にさかのぼるものだ。つまり、この時期にすでにマイルスの中には『ビッチェズ・ブリュー』の準備があったともいえよう。

ニュー・シングの中で、もっとも正統派といわれ、その中心的存在であるセシル・テイラーが、ジャズ・コンポーザーズ・オーケストラにおいて試みているのも、クラシック的手法をジャズに導入したもので純音楽的な表現に近い演奏だが、そういう点からみると、マイルスの近作は、もっとも新しい行き方といえる。

このことは、マイルスの傘下にいたプレイヤーたちの活躍ぶりをみただけでもマイルスの偉大さを判断できようというものだ。前にあげた、ウェイン・ショーターの『スーパー・ノヴァ』やハンコックの『プリズナー』について、トニー・ウィリアムスも見逃せない。マイルスのコンボにドラマーとして加わっていた彼は、「ライフ・タイム」というトリオを結成して活躍を始めたが、現在もっとも注目されるべき、もっとも新進のニュー・ジャズのセンスに満ちたグループといわれている。

このグループのサウンドも、マイルス門下の他のグループと同じように、いわゆるソロを中心としたものではなく、グループ・サウンドを強く打ち出している。電気オルガンのラリー・ヤング、ジョン・マクラフリンのギター、そしてウィリアムスのドラムスという編成だが、そのサウンドは、まさに5人編成のコンボ、いやそれ以上にも匹敵する「サウンド」なのだ。

このトリオに対して、電気オルガン、電気ギターというもっとも新しいジャズ楽器を加えているという点、プレイヤーをロック・バンドから引き抜いてジャズとロックとの結合を意図したという点で、もっとも新しい方向をめざしているという解説がよくなされている。

しかし、17歳という若さでマイルスのコンボに参加したトニーの音楽性は、ジャズ・サウンドに対しても、もっと意図の深いものを目標にしていると思うのだ。それは、今までのソロ中心のジャズとは違ったサウンドの世界、いわば「彼自身のジャズ・サウンド」の世界である。オルガンの低いうなりとのたうつような巨大なサウンド・エネルギーは、トニーの爆発的な、類のないアタックと迫力のドラミングとよくからみ合い、それにマクラフリンのエレキギターのあるいは激しく、あるいは強くゆるやかなタッチが加わる。この三つのエネルギーがからみ合って創る、新しい音の宇宙は、聴くものをひきずりこまずにはいられない。

ここには個々の楽器の音はない。三つの楽器がからみ合って醸し出すサウンド・エネルギーだけがあり、しかもそれは比類のない激しさとヴァイタリティを持っているのだ。このジャズ・サウンドこそ、マルチ音源、マルチ情報のジャズであり、現代感覚に根ざしたもっとも新しいジャズ形態なのである。

戦後エレクトロニクス工学の台頭を基盤とするオーディオ技術の著しい進歩によって、再生音楽は迫真力や音楽性が格段に向上し説得力を得た。しかし、これらオーディオ技術はいままでの音楽を大きく変えるには到らなかった。影響を与えなかったというのではないが、とくに、ステレオに伴って音楽が大きく変ったという証拠はない。ジャズだけに限ってみても、ハイファイ技術はジャズを変革したなどというわけにはいくまい。

いやそんなことはない、スタン・ケントンの50年代初めのバンド、エリントンの60年代の傑作『アップ・タウン』、あるいは、ヴォーカルを伴ったベイシーの60年代のルーレットの名演の数々があるではないか、という人がいるかもしれない。たしかに、これらにはオーディオ技術の力が大きくプラスをもたらしてはいるが、ジャズを変えたといえるほどのものではない。

むしろ、ミンガスの強力なクインテットこそ、ステレオ音場というものをかなり意識したバンドであると私には思えるのだ。楽器のサウンドひとつひとつが鮮やかに輝き、さらに、全体に流れる力のこもったヴァイタリティ溢れるエネルギー。そのミンガスのクインテットのステレオのもつ効果を最大限に引き出しているように思えるサウンドにしても、それがステレオでなければならない、という確固たる必然性はない。

とはいっても現代のジャズ・シーンにおいてマルチ・イメージという感じを得るのは、このミンガスのクインテットをまずあげねばならないだろう。ひとつの音にもうひとつの音がからみ、しかもその個々はそれぞれ独立したままで、情報量をそなえ、お互いにからみ合いながら、さらに全体のパターンとしても大きなエネルギーの情報となる。こうしたマルチ・イメージのサウンド・スペースが、これからの電子音楽を含めた新しい音楽のひとつの主張となることはまず間違いないところだろう。

それはカー・ステレオを4チャンネル化し、家庭用ステレオをも4チャンネルの方向にまっしぐらに推進する底流となっており、さらに、ステレオでは変え得なかったジャズを、4チャンネル・ステレオは、大きく変えようとする気配さえみせている。

飛躍的といわれるかもしれないが、この新しい音場空間は、今までのステレオをまったく新しい音の宇宙の創造へみちびくことになることは間違いない。

再生音楽が多元ステレオを得たことによって、ジャズはいまだかつてなかった方向へその歩みを進めてきつつあるのである。2元ステレオとはくらべものにならないほどの重要性と、価値とを多元ステレオはそなえているからである。

「ライフ・タイム」トリオの、ソロというにはあまりに激しく強力な、サウンドが、おびただしく時間空間をうずめつくし、津波の波頭のようなドラムのアタックと大きなサウンド・エネルギーが重なり合いながら聴き手におそいかかるとき、今までのジャズは、我々の意識下にあった古い形のジャズは、なんと影のうすい存在としか感じられなくなってしまうだろう。

（一九七一年）

カーラ・ブレイの虚栄・マントラー

ジャズ・コンポーザーズ・オーケストラは、黒人ミュージシャン達の、民族意識の発露の結果としての独立とか思想的自立とかを目指しているという大義名分のものではなく、まったく純粋に経済的独立を目的として、ギルドに属しているジャズミュージシャン達が集まって作った演奏団体である。ということは、ニュージャズの演奏グループとしては最大の、オーケストラという形をもった大がかりなグループで、それが集団即興演奏という、新形態のジャズ志向のグループであることよりも、私にとっては、興味のあるところだ。

それというのも、この大がかりな演奏グループは、経済的拠点であるにしろあくまでミュージシャンの個人個人を、同等な立場で捉えた演奏集団であるという点で、ソリストとして特にスポットを浴びる特定ミュージシャンといえども、グループの一員としては、誰ひとり同格でないものはいないに違いないと思えるからなのだ。

なぜ、こんな突拍子もないことを考えたか、というと、この演奏グループが、独特の演奏体勢を構えているように思えてならないからだ。

ＪＣＯＡの演奏スナップが、アルバムの解説書の中に、どういうつもりかたくさん集められており、このうちの数枚は、プロデュースを受け持つマントラーを、まるで幼稚園の子供が若い先生をとりかこむような、無邪気な形で、グルリと円形に遠巻きしている。遠巻きというのは、人数が多いのと、手に手にそれぞれ楽器を持っているから、そうなっただけだろう。いずれにしろ、この録音風景は、いままで時おりふれたり、接したりしてきた演奏体勢とは、ずい分違ったものだし、マントラーを中心に、この演奏者達に放射状にむけられた10本は下らないマイクの並ぶさまも、奇異な感じで、これでよくまあ、オーケストラ的なサウンドが拾えるものだなと、録音の非常識ぶりを危ぶんだりする気にさせられてしまう。集団演奏とはよくいったもので、このグループのオーケストラ・サウンドは、アンサンブルのハーモニーをほとんど目的にすることなく、あくまで個人個人のソロを集積したものなのであろうか。そこでは「ソロ」と同じ受けとめ方でしか、集団演奏を捉えていないのではないだろうか。

オーネット・コールマンの切り拓いた集団即興演奏は、ジャズを純音楽の分野に拡大するひとつの拠り所とされスタート点とされ、ＪＣＯＡこそその具体的な成果として、もっとも注目されるべきといわれながらも、そのオーケストラ・サウンドは、あくまで、ソロの集積という形でしかなく、それはエリントン・バンドや、サド・ジョーンズ＆メル・ルイスのバンド・サウンドのような分厚いハーモニーを狙ったものでもないように思えてならない。

そうした、ひとつの単純な疑問の回答として、ミュージシャンが、すべて同等な形で参画しているＪＣＯＡの姿を、録音スナップに見出せる気がするのだ。

ＪＣＯＡのサウンド構成は、かくして、いま巷で話題を呼ぶ新しいステレオ「4チャンネル・サウンド」的といってよかろう。左様、ＪＣＯＡのそれはあまりにも、４チャンネルの存在を予測し、先取りしているかのように、私には思えてならない。

集団演奏であって、決してクラシックにおけるようなオーケストレイションではなく、ソロの集積以外のものではないので、これを平等にまとめるための妥協的手段としてとったのが、円形配置の演奏体勢なのに違いないのだが、４チャンネル・ステレオのひとつの大きな効果として、よく知られる「サラウンド」という言葉が、なんと「楽器が聴き手をぐるりと取り巻くような効果」というのだから、これはまさにＪＣＯＡのサウンドでなくて何であろう。

４チャンネル・ステレオが必ずしも音楽ファンの中に根をはやさない大きな理由は、それが不自然であり、人間の耳が前に向かってついているという自然の摂理にさからっているのが非音楽的な一面をよく示しており、後ろからの音なんて人間の耳にとっては雑音の役目しか、しないに違いない、というのが、いい分の主なものだ。

ところが、もっとも前衛的なジャズといわれるＪＣＯＡの考える音響的なオーケストラ・サウンドというのが、この非音楽的ではないかとまでいわれる、サラウンド・サウンドなのは、なにか、暗示的である。といっても、それは非音楽的なことを懸念するのではなく、逆に4チャンネル・ステレオを非音楽的呼ばわりしていた頭の旧さ、ないしは視野の偏狭さに対してであるのは、無論、言うまでもないことだ。

４チャンネル・サウンドの特長は、４つのスピーカーが聴き手のまわりに配され、それが別々の音を出し得るところにあり、これによれば、聴き手はその周囲のどの一点にある楽器の存在も的確に判断できるように、ぐるりと配置した数多くの楽器群の中からさえそれを判定でき得るはずだ。

しかし、4チャンネル・ステレオの本当の目的とされているのは、こうした楽器の方向感や位置ではなく、「音場空間」にあるとよくいわれる。

「音場空間」とは聴きなれぬ言葉だとジャズ・ファンは思うに違いないが、要するに、コンサートホールの中に満ちたオーケストラのサウンドがこれに相当するだろうし、また、昔、薄暗いゴーゴークラブの中で、部屋にうず巻いた、エレキベースのサウンドを思い起せば、もっと身近に意識できるのではないだろうか。

この空間に満ちた音響の形作る「音場空間」こそ、実はJCOAが、もっとも狙ったサウンドではないのだろうか、という気が、私にはしてならない。それは、このグループが、ステージに並んだ過去のオーケストラとは、全く異なったサウンドを持ち、それが、また、よくいわれるように、不協和音の洪水の中に、ひとつの統制とメロディアスな音の流れを形作っていく、独特のもので、音楽的実質リーダー格セシル・テイラーのソロのようなサウンド構成を持っていることから、感じられるのだ。

こうした、ソロをとり囲み、ちりばめられたクリスタルガラスのかけらのような個々のサウンドは、円形配置の演奏体勢から醸し出されるのが、もっとも効果的なのに違いなかろう。この形態がミュージシャンの個人尊重という、いいわけが創り出した白人的頭脳から発想されたテクニックではなくて、純粋に音楽的に、オーケストラ・サウンドとして狙ったものだとしたら、68年録音という時点をも考え合わせると、マントラーの感覚は、オーディオ・マニアでなくとも、驚くべきちみつな計算の上に成り立っているものであると思わせる。

つまり、彼は、4チャンネル・ステレオという新しい文明が、世間で脚光を浴びる70年よりも、2

年も早く、あらゆる点で4チャンネル・ステレオ独特の、しかもそれは従来の音楽とは全然違った形の音楽性を早くも提起し、発想していたことになる。いや、もしかしたら、マントラーのＪＣＯＡがきっかけを作ったのではないか、少なくともそのスタートを早める大きな意識を持っていたのではあるまいか、という気さえしてくる。

4チャンネル・ステレオそのものは、クヮドラフォニックとしてダイナコとＡＲとヴァンガードから協同で、米国で発売される半年も前に、実は日本ビクターの手によって日本で完成されていたし、発表会も華々しく催されていたことは、よく知られた事実である。しかし、このときは4チャンネル・ステレオとはいっても、なんと聴き手の前面に4つ、スピーカーを並べた形態であって、決していま、一般にいわれるような形での、後方からのサウンドまで考えた4チャンネル・ステレオではなかったから、実質的に高品質ステレオ、つまり従来の方式の品質向上の域を出るものではなかったといえる。

4チャンネル・ステレオが普及しないひとつの理由として、この新しいサウンド・スペースをよく知り抜いた新しい音楽の出現が遅れていることがしばしばいわれるが、4チャンネル・ステレオの発想がまだ陽の目をみるはるか以前に、マントラーの頭の中には、すでに4チャンネル的な基盤の上に成りたつＪＣＯＡのサウンドがあったに違いないのは、興味深いことだ。

ＪＣＯＡのアルバムをひもとくとき、従来のステレオ・システムではなく4チャンネル・ステレオによって、2チャンネル／4チャンネル変換用シンセサイザー、たとえば山水ＱＳ１とかＱＳ１００によって、4チャンネル・サウンドとして聴くとすれば、カーラ・ブレイの虚像マントラーが意図し、偉人セシル・テイラーによって音楽的な色彩をいろどられちりばめられたＪＣＯＡのサウンドが、まぎれもなくそのサウンドの真価を発揮するはずだ。

（一九七二年）

新たなるジャズ・サウンドの誕生

C・ベイシーとオーディオを結ぶ絆

この話はスティープルチェイスとかザナドゥとかパブロとかキアロスクオロというような録音のよい中間派（?）スイング中心のセッションの演奏の、新興レーベルをとり上げ、たとえば、レーベルのデザインがどんなふうに気がきいているとかから始めて、その演奏がいかに親しみやすいか、そうして音の良さがもたらす意味、といったようなことを展開して、ジャズにおけるこの新レーベルが何を創り出すかを説いていく。こうして、この原稿は、決してオーディオのページに対するものではなくて、あくまでも初歩的なあるいは一般ジャズ・ファンにとっても価値をもたらすような扱い方をして欲しいと私自身は熱望している。

しかし、おそらく、私にとってはなんとも残念なことに、この一文はオーディオ・ファンのためのページ、ないしはジャズ・ファンの中の大多数をしめるオーディオに興味を持った方たちの眼に触れるだけに違いあるまい。

しかし、そうぐちっぽいことを言うつもりはない。どちらかというと最近はジャズを聴き始める方の非常に多くがオーディオに対して積極的な姿勢をもっているようだし、オーディオ・ファンの多くが優れたジャズ・ファンの卵と予想することができるからだ。そこでいつものようにオーディオの話を始めよう。

さて、あまり大きな声ではいいたくないが、この一ヵ月来、私は自分の部屋で、ＪＢＬのもっとも古くからのスピーカーシステムとして存在している「パラゴン」を聴いている。

パラゴンは、今日的スピーカー技術から、まったく反対の極に在るといえるステレオ音響変換器だ。たとえば、周波数特性といったもっとも基本的な特性を測ろうとしたときでさえ、どこにマイクロフォンを置いて、いかに測るか判断にとまどい思いあぐねてしまうような非今日的、非現代技術的システムである。だからあまり大きな声でいいたくないことになる。今日のスピーカー・メーカーが基盤とし、かつしかるべき条件からパラゴンの良さが論じられるわけがないし、それのみを信じてきた今日の若いファンの頭に理解されることは到底無理というものだ。

そうしたことを承知でなおパラゴンは私にとって大へん興味のある音響変換器であること自体、少しも変らない。何よりもスピーカーの左右二つの距離というものが一定であるから、そこから得られる音像は音量だけで決定づけられることになる。しかもその音像は、聴いている位置をどこにしようが変化せずに自然な感じということが最大の驚きであった。特に、最近のマルチマイク録音の、かなりステレオ・セパレーションを土台とした意識的な音像群がこのパラゴンによって再生されると、自然な音場をかもし出して、ジャズのように音像の定位のはっきりしているものも、それが損なわれることなく、しかも自然な拡がりが得られ、演奏者の配列も自然な奥行きをもって得られる。

何から何まで、ｆ特にしてもパラゴンが良いとは決していわない。今日的、現代スピーカーシステムに明らかに劣る点も見出せるが、この自然なステージ感というか、演奏の現場の生の感じの再生ぶりはパラゴンにおいて、他に比類なくきわめてナチュラルであるといい切れる。

こう言うと、いままでのはそんなに悪かったか、と反問されそうなので断っておくが、いままでのハークネスを低音ユニットとし、２３９７＋２４４０つまり、ラジアルホーンに３７５ユニットのプロ仕様を加えた2ウェイシステムで聴いたステレオ感も、決して悪いものではないどころか、最上の質だ。

スティープルチェイスのケニー・ドリュー・トリオの『ダーク・ビューティ』を喫茶店でちょい聴きをして、すっかりマイッてやっと輸入盤を探し求めて聴いた。その時のドラムの素晴らしいアタックは、ハークネス独特の、バックロード・ホーンの冴え切って引きしまったアタックとして迫ってきた。その迫力の源は、低音域の響きとともにその立上り成分を構成するべき高音域を受け持つユニットの良さで、それがはっきりと感じられた。それは、また２３９７のストレートなホーンからの高域のすなおな輻射が、音像の確かさの根底を作っているという気がした。だから音響レンズつきの２３９５や２３９０では多分、これほどのくっきりした音像を得ることができないだろうと想像できたし、パラゴンの間近なサウンドを自身で確かめなかった4月の時点では、もっとも優れたステレオ再生音像であると信じた。

しかし、同じ『ダーク・ビューティ』をパラゴンで再生したときには、同じバスドラムも、スケールがひとまわり大きくなった。つまり、より間近に体に伝わって眼前3mほどにきた。しかもこう間近になると、トリオの各々のメンバーの音像の大きさとか間隔とかがアンバランスに感じられてくるものだが、それがパラゴンでは、より自然に、かつリアルな感じで再現されたのだった。

試みに、同じスティープルチェイスのもっと前のアルバム、『フライト・トゥ・デンマーク』では、パラゴンで再現されるのはかなり距離をとったステージとしてである。それ以上に音量を上げると音像はかえって不自然になって、肝心のデューク・ジョーダンのピアノが少々引っ込みすぎる。つまり、リアルで間近な演奏者達の再現は、パラゴンではかえって不自然な形となってしまう。

こうして、ハークネス＋２３９７ラジアルホーンの２ウェイとパラゴンとは、明らかに違う長所を持っていて、ハークネスの楽器のリアルな再現性に対してパラゴンの場合、ステレオ音像の確かさ、自然な現実感が何よりもはっきり感じられた。

そんなわけでパラゴンによって、私自身のジャズの好みの間口を拡げてくれることが、自分にも予想できるのである。つまり、ステージ演奏、あるいはスタジオにしろ、少人数のセッションが中心だったのが、編成の大きなものも抵抗なく聴くようになったし、マルチマイク独特の歴然たる左右セパレーションの極端な録音でさえも抵抗なく聴くことができそうだ。

続出する新レーベルの現況

パラゴンの良さについての技術的な解釈は、いずれまた次の機会に述べるとして、こうしてパラゴンのあの大きな湾曲板と毎日顔をつき合せて、広い木目板の中央の辺にステレオ音像を聴く毎日を、このひと夏過ごしたが、その最大の楽しみは実は、新しいレーベルのジャズ・アルバムにあったのだ。

二ヵ月ほど前から、手元にあって聴きたくなる気がうんと熟してくるまで封を切らずに置いた20枚ほどの新しいレコード。昔、私のジャズ喫茶の仕事を手伝ってくれていたジャズ・レコード・マニア、コレクターのI君がいま、ジャズとロックの輸入屋さんにいて、その眼にふれた中から、これはおもしろそうというのをあさってきたというのが、この20枚ほどの来歴である。その中で、やっぱり気楽に手をのばしたのは、何枚かのスティープルチェイスと並んで、パブロの英国盤だ。そのモノクロ（?）のジャケット・デザインの金の掛けてないところから、必ずやいい演奏と勘を働かしたのがベイシーの『ジャム・セッション』だった。

ベイシーらしいジャム・セッションのアップテンポの小気味良さ、そのリズムに乗ってベテラン・プレイヤーたちは、たとえ腕は少なからず鈍ってしまったものの、かえって現代的な一面だが、この小きざみのリズムのアタックは、パブロのもっとも大きな特長たる音の良さ、いかにも楽器の音を明確に捉えたといった風な楽器のリアルな響きが、ソロをフィーチャーしつつもこの演奏の、トータル・サウンドの豊かさをよく表わしている。

リズムの音のアタックのくっきりしたパルス、それらのリズム楽器のサウンドの集積によって出てきた豊かな、太いうねり。それをバックにして、間近に再現されるソロ、全体のサウンドのスケール感。しかもその響きの中のひとつひとつの音の定位の確かさと相互の距離、奥行の違い。しかもひとつひとつの楽器の創る音像の自然感。これはパブロのベイシーのいま出ている数あるアルバムの中でも、ステレオ感という点で最高の一枚だろう。

パブロの、いかにもピカソを象徴する幼児画風のマークが、音楽としてのジャズの純粋な感情発露を表わしているが、それはまたサウンドそのもののきっすいの美しさ、単純化した純粋さを表示しているのだろう。ジャズという演奏の構成の単純さこそ、音楽のもたらす感情のより純粋な高まりの基本として、大きな価値をもっていると考えるのは少々のり過ぎかもしれない。しかし、ジャズが若いファン、それも音楽的に未熟な初心者的ファンを獲得しやすいのは、案外こうしたことが理由ではないか。

また、オーディオ・マニアのようなジャズに未知の不安を漠然と感じつつ、なおその音の魅力に近づきたいと念ずる者にとって、このスイングないし中間派というあいまいないい方のオーソドックスなジャズは、頭脳の知性のフィルターを通して聴くのでなければ耐えられぬ前衛的なジャズとは違って、ただ、ハートに感じて自然に音として出た演奏は、ただただ、黙ってリラックスして接するだけで、ジャズそのものの楽しさを頭ごしではなく直接、胸で感じとれるという点でうちとけやすく、もっとも親しみやすい。

パブロのレーベルで、もっともアピールされているひとりジョー・パスのギターも、こうした楽器の純粋なサウンドを媒体としたすぐれたジャズ・アルバムである。特にサウンドそのもののクリアーな生々しさに敏感なオーディオ・ファンないしはオーディオに深い関心を持つ若いファンにとって、ギター・ソロを中心としたトリオやデュオは、きわめてスムーズにそのサウンドを通して音楽の核心に通ずる道を秘めている点でも好ましいアルバムだ。

つまりオーディオ的な価値もジャズとしての価値もそれぞれ並行し、表裏一体、お互いを高めることになるわけで、これこそもっとも好ましい形の優秀録音、かつ名演の、傑出したアルバムといえるだろう。こうしたアルバムはなにもパブロのみに限ることなく昔からずっとあるではないか、ということもできよう。

古くはコンテンポラリーやグッドタイム・ジャズ、新しくはインパルスということになる。前者は、実はあくまで白人社会に対する企画としてジャズを再アレンジし、白人を中心とした演奏ないしはそれを強く志向したアルバムということができる。つまり、オーソドックスなジャズというよりは、創られた白人向けジャズに過ぎない。つまりウェストコーストとかなんとか名を冠して価値づけようとした商業的所産の色合いが濃い。

またインパルスにおいて、白人一辺倒は改められたとはいえ、そのジャズ・シーンでの地位はあたかも盛り上りつつある新しい波を感じさせる点において、初心者にとって必ずしも親しみやすいとはいい切れない。となると、もっと広い意味での、あるいは古い形でのジャズ、それはジャズそのものの形をとりつつ、しかも、ジャズを求める広いファンを対象としたジャズ・アルバムは、意外なことに、ジャズの本拠地アメリカの土壌で生まれ出るには白人対黒人という社会的対立意識が企画者の側に強く根ざしていて、それがオーソドックスなジャズ・アルバムのスムーズな誕生を阻んだといえそうだ。

だが、ジャズほど急速にグローバルな形態に発展したミュージックは他にあるまい。芸術としての音楽の一角を世界的規模でガッチリと確保するのに戦後30年しか要しなかったのだから、この点ではロックはまだ未熟な音楽といえそうで、聴くものはごく若い層に限られるといってよく、ジャズほどのレベルを得るにはまだ10年は要しよう。

ジャズの場合、こうした全世界に拡大したファンの要求は、米国におけるジャズ・シーンと少々ずれているといってよく、それは日本においてもヨーロッパにおいても少しも変らないといえそうだ。

つまり、あくまでジャズが古い狭義のジャズをもって「ジャズ」としている点が、ミュージシャンとファンとの間のずれとなって出てきているわけで、そうしたずれがはっきりしてきたとき、ジャズは本来のジャズとして企画されアルバムが出る。

ジャズはいまやジャズではなくなってジャズの垣根を取り去り、もっとも新しい音楽のジャンルを創りつつある、という言葉はミュージシャンの側の希望でしかないようだ。

そこで、もっとも広い、もっとも若いファンの求めるジャズ、それが多くの新しいレーベルによってこの2年間つぎつぎに生まれてきた。

パブロもその有力なひとつだ。この新しいレーベルの共通的特長は、オーソドックスなジャズを、新しい技術にのっとった現代的な録音技術を武器として優れたサウンドとしている点だ。ありふれたことわざで例えれば「古き器に新しき酒」の逆で「新しき器に古き酒」ということになろうか。

新録音によってジャズの源流が生きかえったということができよう。サウンドの新鮮さに魅力を得て、古きジャズ・サウンドは現在によみがえったのである。

ヨーロッパにおける新旧ジャズの確執

それをはっきりと感じさせたのがパブロであり、スティープルチェイスであった。その両者ともヨーロッパの土壌から生まれたという点で共通だが、サウンドの現代性という点でもヨーロッパの現代オーディオ技術、ないしはそれを基とした感覚（センス）から発祥しているのが興味ぶかい。

ジャズはヨーロッパのジャズ愛好者の知性的なフィルターによって、もう一度、源流を確かめ、凝縮させて整理して、いかにも「ジャズらしい形態」を鮮明にした。そのためにはオーディオの、録音を含めての現代技術が大きく寄与しているといえよう。寄与というよりは積極的参加としてもよい。しかも、そのオーディオ的サウンドのセンスは西独を母体としたものであるのも注意したい。スティープルチェイスは北欧だが、北欧のオーディオ技術の母体は海峡をへだてた英国ゆずりのものより、地つづきの、西独直系の要素が濃いのはこの国のオーディオ製品、たとえばオルトフォンやB&Oといったメーカー製品の音に接すれば判ろうというものだ。

西独というと昨今のジャズ・レコードで話題をさらったECMもそうだが、ECMの場合はオーナーのアイヒァーの意志であろうが、現代ジャズを、ジャズとしてではなく、現代音楽、それも純音楽を含めた中での現代のイージー・リスニング的音楽として捉えている理論派の頭で再構成されている点で、「ジャズ・レーベル」と言い切るより「ジャズ風音楽のレーベル」というべきだろう。もっとも、これは確かに若いファンに限れば「ジャズそのもの」とは違った、新たなる音楽としての魅力があるだろう。それは音の理知的な冷たさからも感じとれる現代の新しい音楽なのだ。

こうしたECMのような、ジャズをジャズとしてではなく、新しい現代的音楽として捉えるなら、米国CBS系の新レーベル「アリスタ」もそうだし、ビクター系の「ブルーサム」もそうだ。

しかし、ここで言うのは、あくまで現代のジャズの源流ともなった、ジャズらしい狭義のジャズ音楽をめざしたアルバムでありレーベルということだ。

そうなると、ポリドール系の西独エンジャ（ENJA）、日本フォノグラムの企画するイースト・ウィンド（EW）など、かつてのジャズ発祥地である米国以外の世界の各地でうぶ声を上げたレーベルが多い。

つまり、遠く離れ、時間的ずれがあるため、最新と旧が何かとぶつかる地位にある異国での方が、より確かな眼と思慮とを得るのに有利なのだろう。ところが、米国からすれば、こうした海外レーベルのジャズへの強力なる推進は、やはり米国のジャズ界の奮起をうながすことにもなっているようだ。

あるいは「キアロスクオロ」レーベルこそ、このヨーロッパや日本の新進ジャズ・レーベルに対する反撃のひとつともいえようか。また「ザナドゥ」の新録音シリーズもそうした一連の一方の中心とももくされよう。

これら米国内の新しいレーベルのアルバムは、こうした観点からすると、日本をはじめ世界中のオーソドックスなジャズの名盤を20年来待ちに待ったファンをこの上なく喜ばす、素晴らしいプレゼントとなるに違いない。

こうしてジャズは、いま、もっともジャズらしい音楽としての形態を整えはじめた時点にさかのぼった音楽として、しかも、それが現代的なサウンドをもって鮮やかにいきかえった形で生まれかわった。

ジャズを、本来のジャズに奪回せんとするこうした努力によって、オーディオ・ファンとして期待できそうなときがいま、来たのである。

（一九七五年）

オーディオと音楽

音楽ファンにとって、この初夏（一九六七年）の最大の呼び物であったオーマンディとフィラデルフィア管弦楽団は、さまざまな感銘と話題を残して去った。

その音楽性についてはいろいろな意見もあろうが、あの鮮麗な響きは、まさに息をのむ思いという言葉がぴったり。かつて来日した海外の多くのオーケストラの中でも抜群であることに反論する人はいなかろう。

今日のハイファイ・ステレオ全盛期の音楽ファンに、ぴったり焦点を合わせたとしか思えないあの「響き」は、それだけにまた、いままでのオーケストラとは違った意味ですばらしいのではあるまいか。「花火の輝きにも似た、明滅する鮮やかな色彩、洪水のように溢れる豊かな響き」は、広くいわれる音楽性の乏しさをカバーしてあまりある、という弁は、オーディオ・マニアのいいすぎであろうか。

あの圧倒的な輝かしい音は、広く伝えられているように、選ばれた第一級のベテランの熟練せる演奏技巧に加えて、金に飽かして集め揃えた、世界一といわれるその楽器群によってこそ達せられたに違いなかろう。それは「あまりにアメリカ的」と評されている。しかし、膨大な練習量に支えられた完成度の高い演奏技術をもって、アメリカ的というのは、少し抵抗を感じないわけではない。

即興演奏を主体とし、ぶっつけ本番の演奏の中に、その真価を求めるジャズの本場のアメリカという同じ国の、ただ、クラシックという分野が違っただけであるのを顧みたとき、なにか皮肉たっぷりなちぐはぐさについて、一言いいたいのである。

しかし、名器むらがる楽器群に接することができ、その真価を確めたいということにおいて、音楽ファンとして幸福であったし、貴重な体験といえよう。

かつて、こんなことがあった。

古い話で以前にも書いたことがある話だが、大学のアマチュア・バンドが少数の聴衆を前に、ジャズを楽しんでいたときであった。トロンボーンの調子が良くないようで、演奏者はしばしば、プレイから離れ、マウスピースを外したり付けたり、楽器を大きくふり動かしていた。

そして、その時たまたま客の中にいたプロ・バンドマンが、手にしていたキングのトロンボーンを貸し与えたのであった。そして、楽器を替えたとき、その響きの、なんと大きく、なんと輝かしく、そしてスムーズなソロの快演だったことか。

当り前といえば当り前だが、楽器が良いということは、まさに演奏の質を変えてしまうものだなあと、つくづく感じ入ったひとときであった。

ハイファイ・ステレオ装置におけるように、その楽器の音色も、その価格できめられてしまうというのは、なにか抵抗を感じるのだが、この事実はいかんとも認めざるを得ないようである。

フィラデルフィア・オーケストラを聴いていて、音楽性という点はひとまずおくとして、純粋に音響的な「その響きのすばらしさ」という共通な言葉のもとに、しかしまったく音色の違ったベルリン・フィルの響きを想起したのだった。

そのベルリンの音に関して、実に明快な言葉で述べられた一文がある。吉田秀和氏が41年1月17日の読売夕刊に寄せた時評の一節である。

《オーケストラを前に指揮棒を一振りしても、ちょっと間を置いてからでないと音が出てこない。拍子ぬけしてどういうわけかと聞くと、「良い音で出ようと思うとどうしてもその前に一呼吸必要になる」（中略）そのあとに出てくる音がさすが充実した良い音なので、不平がひっこみ感心するという段どりになるのであろう。（中略）そういう出だしの「間の取り方」には、響きの良さをあわせ求める気持が働いているという事実になるとどうか。（日本の専門家達は）知っているかもしれないが、少なくともいつもそういう音になっているとは限らない。

それよりむしろ、正確を求め、気合の良さを求める気持が敏捷に敏感に働いてしまうことの方が多いのではないか。

私達の身に沁みついた伝統的な審美感というものは、ふっくらと柔かく、たっぷりと艶やかな音をなめるというよりもかたくて苦味がまじった音でもテキパキと俊敏に動く方に傾きやすいのではないか。多少ゴシゴシいっても、キチンと整って動く方向を選んでしまうのではないか。》

これはベルリン・フィルを語る言葉ながら、フィラデルフィアの欠点のある一面を衝いているという感じはしないだろうか。

そして、さらに多くのハイファイ・マニアの音楽に対する態度への痛烈な言葉としても受けとれはしないだろうか。

氏の論は、事実この後で新しい若い音楽ファンに言及しているのである。

《（中略）ここまで考えるうち、私は私達のレコード放送を通じての音楽の楽しみ方に思い当った。こういう電子工学的な再生手段を通じての鑑賞の得失については、いまはいわない。それの欠点もあるが非常に便利なものでもあり、現代の私達の音楽生活にはもう欠かせないものだ。だが、私はこういうことを経験する。

私は、学校で音楽についておしゃべりをする仕事をもっているので、教室でレコードをかけ、学生といっしょに聴く機会が多いのだが、そういうとき、レコードは、私が小さな部屋であたり近所を気にしながら、音をしぼって聴くのとはよほど違った響き方をする。誇張していえば、うちで聴くときとは筋ばり骨ばった音でしか聴けないものが、教室でゆったりと鳴り響く音として聴く時は、豊かな奥行と幅をもった響きに変ってくる。

ピアノ伴奏の独唱用歌曲でさえ、教室では、歌声とピアノが二つ別のものでなく、よくとけ合った響きになる。まして交響的管弦楽曲ともなれば、それは単に量的な拡大であるよりも、質的な変化となり、多くの声部の交錯以上のものになる。つまり、私は、そこでようやく、交響的な響きに近いものに接するのだ。

（中略）あたりに気がねして音量を小さく調節せざるを得ない生活環境にいたのでは、やせた音になれすぎて、西洋音楽の響きになじむのにぐあい悪くなるわけで、これは本当に困ったことである。

（中略）そのため一層テンポのとり方とか、アクセントのつけ方といった演奏の知的要素に注目するようになり、本当の響きの美しさを二次的に見るようにならざるを得なくなる。（中略）西洋音楽

を本当に知るためにも、私達はこのことをもっと鋭く意識した方がよいだろう。》
これはまた、なんと痛烈な、しかし、的確なハイファイ・オーディオ・マニアに対する叱言であろうか。

私は、この言葉にぶつかって、それまで自分なりにぼんやりと考えていたことが、はっきりとした形で言い表わされていたことに、眼を開かせられた思いがした。そして、これをオーディオ・マニアの側から言い出せ得なかったことに、恥じらいすら感じた。

しかし、この言葉に出会ってからは、私なりに、ひとつの目標ができたのである。

それは、「広いリスニングルームを持とう。そこで音楽の本当の響きを出してやろう」という至極当り前なことであった。ここで広い——というのは、それまでの6畳間程度からくらべての話で、大それた野望でもなければ、また実現の見通しのたたない夢の範囲でもない。

それまで多くの友人から、多くの非難を浴びながら、ささやかな6畳間が爆発しそうな——といわれるほどの音量でいつも聴いていた自分なりの、漠然とした音楽に対するあり方に、新しい確信と目標を得たことは、それだけで音楽ファンとして、またオーディオ・マニアとして生きがいを感じたものである。

昔から、自分の意志で音楽を聴き出してから、記憶に残る限り私はずっと他人様はもちろん、自分の家族に対して絶えず迷惑をかけてきた。いや、かけないことは、かつてなかった。

それは、音が大きい方が迫力があり、楽しいから——ただそれだけが理由であった。誰かと一緒に音楽を聴く、すると必ず同席の者は顔をしかめ、もっと音を小さくしよう、というか、またはだまって立って音を小さくしてしまうのが常であった。そして、最近でも「必ず」ではないが、多くの場合、同じ始末となるようだ。

それは、戦争中の高一ラジオが戦後5球スーパーになるころから、まわりからかなりはっきり意識させられてきた事実であった。

そして、48年頃の大学時代の、当時の放出軍用真空管の中から、6L6と同特性ということでとびついた807Aプッシュプルの自作アンプにおいて、ついにひとつの形となって罰が下った。シャック（いたずら部屋）のあった義兄の家から追放を命ぜられ、アンプは12インチのバイタボックス（当時東京電気〈東芝〉の下請であった日本音響電気製）と共におっぽり出されてしまったのだった。

しかし天は見放し給うことがなかった。間もなく、心ゆくまで誰にもはばかることなく、誰にも劣らぬ大音量に浸れ、音の洪水をぞんぶんに浴びるような環境を得ることができた。トーキー関係の仕事に携わることとなったのである。

そして、この頃の技術的経験が、58年教職に入るまで続いたが、それ以後の仕事にも、また続きっぱなしの趣味にも、大きな力となったのはめぐまれていたとしかいえない。

私の好きな、それは単に作曲家としてではなく、博い知識を職人気質で多くの著書を出している作家としての人間全体を含めてであるが、ストラヴィンスキーの『音楽の詩学』にこんな言葉がある。

《指揮者は聴衆との距離を考えて演奏をなさなければいけません。それは指揮者の聴く響きとは違ったものであります。指揮者は聴衆の耳に達する響きがもっとも効果的であるように演奏する義務が

あります》

音に対してこれだけ理解を示す彼の、次の説はマニアも注目しないわけにはいかない。

《音は光と全く同じで、その出発点から到達点までの距離次第で、いろいろ違った効果を示します。

まずステージの上にいる演奏者の数が多ければ多いほど、その演奏者の占める場所が大きくなります。ということは、音の出発点の数が増えるわけです。音源が増えれば増えるほど、音源相互の距離および音源から聴者までの距離が大きくなります。従って、音源の数が増すことは、それだけ音がぼやけるという結果になります。音楽においては人数が増えればそれだけ音楽が重くなり、ある種の危険を伴うことになります。

ところが、音の響きは演奏者の数を増やせば増やすほど、際限もなく力強いものとなると思っている人がよくいます。これは大間違いなのであります。人数が多くなれば音の厚みは加わりますが、それは力強くなるというのとは違います。もちろん人数を増やせば、ある程度まで、ある点までは、聴者はある心理的な反応を抱き、あたかも音楽そのものが力強いかのような錯覚を起します。つまり人数に驚くことで響きそのものまで強いように思ってしまうのです。そして鳴り響く音の集団相互の間に釣合いがとれているかのような錯覚を抱くのであります。

とにかく実際の音と音との間に正しいバランスが保たれている場合より、ただ耳の慣れだけで釣り合っているように感じている場合の方が、ずっと多いのであります。》

そして、この実例としてこういう話を加えている。

《J・S・バッハ〈マタイ受難曲〉は本来は室内楽の編成で書かれています。バッハの生前、この曲が初演された時には独唱者、合唱団を含めて総員34名によって完全に演奏されていたのであります。このことが判っていながら、しかも今日この曲を演奏する時は、作曲者の意図に逆って、なんと何百人という人数を動員するのであります。いや千人に達することも少なくありません。

けれども、このように数ばかり増やして大勢で演奏することばかり夢中になるのは、音楽の教養が全く欠けていることを暴露しているといえるのであります。》

ストラヴィンスキーの言葉のなかに、まるで今日のマルチ・スピーカーに対する批判といえそうな部分を見出すのはおもしろいが、音楽の響きの大きさが必ずしも音楽性に結びつかない点についても見逃すことができないところだ。

いささか飛躍するが、再生系においても、大きな音でただ単に響かせるのがよいわけでないことも自分なりに気付いている。そして、そこにはプログラムソースを選ぶという新しい問題が提起される。真のハイファイ再生を望むなら、たかだか30平方メートルぐらいの部屋でのオーケストラの再生は理想からは遠いものでしかない。原音再生が真の形でなされるのは、編成の小さい、たとえば弦楽四重奏とか、ピアノなどのトリオあるいはソロに究極的に限られてこよう、と思うのである。

（一九六七年）

大音量で聴くにはマルチウェイが絶対

「すべて偉大なものは単純である」

この言葉は、いまや数少ない、真のマエストロとして、音楽に心ある誰しもが認めるであろう、古今の名指揮者フルトヴェングラーの名著『音と言葉（Ton und Wort）の冒頭の第一節のテーマであり、見出しである。

この一文を依頼された際、繰り返し繰り返し「個人的な私見または主張」という点を強調されたのであったが、その初端《しょっぱな》がこの偉人の言葉で始まることに、いささかの抵抗がなくもない。

しかし、この言葉に初めて接した数年前のある冬の晩、私はその夜寒さのせいではなく、強烈な印象が背筋を走った。

「やはり音楽においてもそうだな」

と、それまで自分の内にあった考えに対する力強い裏付けを得た満足感が、次に心を満たした。

ただし、私のこの考えは、音楽においてではなく、同じ芸術ながら美術に対してであった。その数年前からカンバスに向かうのが、ひとつの楽しみでもあった私の絵が、戸棚にいっぱいになるその頃に至って、私はひとつのことが判りかけていた。

　簡単なコンポジションにより、マチュルもえのぐの色もあちこちに手を出さずに単純化して得た作品の方が、無論それがある意味で成功していることが条件であるが、より強く人々の印象に残るようだと。そして前人の多くの古今の名作といわれるものに対して、それが意外なほど単純な構成をなされていることも。すべて偉大なものは単純である。

　フルトヴェングラーにして、死の数年前の一九五四年に至って一文になったこの言葉は、おそらく彼の真理だろう。芸術がまだその形を整える前の、感情の状態において、これを思索し探究し、そしてその具象化に力をそそぎ身を砕いたときに達した巨人の言葉は、私の心を強く捉えて深く喰い込んだ。その時期の私には、この言葉がいいようもないほど迫り、切実に感じ得たし、納得したのである。すべて人間は自己完成の途上において考え、泣き、笑い、そして古人の語る言葉に耳を傾け、さらにそれを踏台として、また考える。その過程において体験し、古人の言う真理を自分の生身で体当りして確かめ得たものを、自分自身のものとしていくのではなかろうか。

　私は、自分自身を、そのきっかけとなった前人の言を原形《オリジナル》を借りて、たとえば雑誌『ステレオサウンド』第3号においても代弁したに過ぎない。関心が深いため、意欲をもって接し、得たそれが、たとえ権威ある人々の言葉であったとしても、それに自分自身が共鳴し得て、納得がいくのでなければ、誰しも自身の中にとどめて置くことはないであろう。

シングル礼賛論

〝すべて偉大なものは単純である〟

芸術に対するこの言葉をそのままスピーカーシステムに適応するのは、無茶というものであろう。しかし16㎝スピーカー・シングル礼賛論を強く提唱する『ステレオサウンド』を通じても、それがある面で大型マルチウェイに勝る点も認識する方が、筆者の側にも読者の側にも少なくない。おそらく過渡特性とか位相特性とか、その優秀性は、現在の特性グラフ上、出てこないだけであり、必ず広く認められるようになるであろう。そしてその時こそ、この言葉と同意義語が語られるに違いない。

モノーラルからステレオになった直後、いまはハイファイ・メーカーT社の要職にある、万事、合理的実務で事を処理するのが上手なS氏がいったものだ。

「大へんな世の中になったものですな。音楽を聴くにもスピーカーを二つ、アンプを二つ揃えなければならなくなったそうですね」

私はその時までステレオは進歩的であると無条件に思い込んでいただけに、この会話に打ちのめされた。そうせざるを得ない複雑さはまさに退歩以外の何物でもない。

そして、この観点からいえば、マルチウェイはまぎれもなく進歩ではなしに退歩である。その最極にシングル・スピーカー方式があるわけだ。事実、マルチウェイをさんざんいじり廻した末、遂に再びローサー・アコースタを持ち出して、以来、心おきなく音楽を楽しんでいるショパン好きの年老いた技術者を私は知っている。同じように、アキシオム80に戻ったプリバッハ・ファンが近くに住む。かく言う私自身も、一人気ままに好きな曲を楽しむ時は、大型のマルチウェイと同じ程度に、LE8Tシングルの頻度が高い。その良さは大型システムとは違った一面にある。よく小型システムに対していわれる低レベルの分解能力とか、ステレオ定位の良さではなく、無論音のバランスでもない。大型システムでも、優れた機器の正しいバランスの状態では、こういう点に関しては小型なみに十分優秀で問題はない。

シングルの良さはあらゆる音に対しての応答において、雰囲気全般の自然感にあるといえそうだ。これはなにも主観的なものではなく、多くの方も感じているに違いない。これも今日では技術的にはっきりした数字として出てこないだけの面であろう。

よく、スピーカーは装置各部の中でもっとも遅れた分野のものであるといわれ、私もそう思っていた。

ところが、決して広く考えられているほど悪いものではない、と断言しているのは、電気音響界の創始者的存在であるハリー・F・オルソンだった。スピーカー一筋に、その技術的半生を過ごしてきたこの老技術者が、RCA技術担当副社長という第一線要職から退いた直後、日本に来た折にいった言葉だ。彼をしてこういわしめた理由は、特性上ほとんど変らないトランジスター・アンプと真空管アンプとの音質の差を、スピーカーは鳴らし分けるではないか、ということにある。スピーカーを愛し続けた彼にして初めていい得るこの言葉ほど、力強く真の意味の「技術」を感じたことはなかった。

この言葉に力を得たか、またまた自室のスピーカーいじりに精を出している私自身に気づいたとき、私の主力システムは変っていた。機会あるごとにいい、またいわれるように、ハイファイは音楽再生の手段であり、それがたとえ理由の如何にかかわらず、目的であってはならない。

マルチウェイの良さ

マルチウェイ・システムは、音楽再生の目的として、その必要が生じたときに本当の力を発揮してくれるものだ。もしその必要からでなく、マルチウェイそのものにとらわれ、こだわって、これを目的としたら結果は惨めだ。

マルチウェイ・システムは、ハイファイの他の各セクションと同じく技術の所産である。それを生かすのは「正しい目的」に沿った時だ。その時として、私は次のように考える。まずハイレベルの音量が得られるという点を第一に挙げよう。つまり大きい音で鳴らすのなら、マルチウェイは絶対に必要である。しかし、大きい音でなければマルチウェイの良さが出てこないということではない。ハイレベルの音響輻射をただ一つのスピーカーで全音域をカバーすることは、今日の技術ではその形式の如何を問わず不可能である。16センチが十分優れた効果を発揮するのも、それがあまり広くない空間において、しかも、どちらかというと箱庭的に、意識的に造られた再生芸術を目的としたときだけである。

次に、特に強調していいたいのは、指向性の点である。全音域にわたって、十分な指向性を得るということは、ステレオ再生においては特に重要な意義がある。優れたスピーカーは音が前に出る、とよくいわれるが、ステレオにおいての音の拡がり、スケールの大きさ、定位の良さの大きなファクターとなっているのが、指向性であり、十分高音域に達するまで音が拡散されているかという点だ。

単一スピーカーで、これを理想的な形《パターン》とすることは不可能であるが、マルチウェイであれば、それは数が多いほど、こと指向性のみは理想的になり得る。管楽器を除く楽器の多くは、ほとんど無指向性に近く、音は四方に散るのだから、これを再生するスピーカーの側にも同じような指向性が要求されるのは当然である。日本でも古くはブラッセル万国博に出品されたパイオニアの大型システムや球形スピーカーをはじめ、ビクター最新型のＧＢ１において、その重要さが認識を新たにしている。にもかかわらず、マルチウェイでありながら指向性の点で単一スピーカーにも劣る製品がまだ少なくない。

そして3番目の発言は、マルチウェイの目的ではなく、目的のための条件であり、制約となる、位相の問題である。そしてこれを問題とすると、今度はマルチウェイのあまり気づかれていない欠点が追求されなければならなくなる。

現在のこの高度なハイファイにおける技術水準でも、判然としない問題点は少なくないが、そのひとつが再生音場における音響の位相の問題であろう。再生音の評価ということが大きなテーマとなっている今日の音響界において、この位相のことは遠回りしてしまったかのような状態である。しかし、それが再生音に重要な役目を果していることは歴然たる事実には違いないのだが。

位相を合わせるためには、輻射部は数が少ないほどよく、シングルが最も好ましい。ただし、それがあらゆる音域において理想状態とするには、その振動部は分割振動が許されないから、ホーン型か直射型においては超小口径のものでなければならない。ホーン型は再生帯域が限られ、コーン型では音響エネルギーがあまりにも小さくなってしまうであろう。

かくて、マルチウェイにおいて、この問題を追求すると、中音域以上はできることならただひとつのスピーカーに受け持たせることが望まれる。つまり低音と中高音の2ウェイシステムこそ、位相の点でより理想に近づき得るといえよう。

私の室内には、いくつかのマルチウェイ・システムが散在する。その多くは、すでにメーカーでシステムの形にまとめられたブックシェルフ型である。しかし、私が最も多くの時間接しているシステムは、アルテックの中高音マルチセルラ・ホーンと、低音用ホーンによるクロスオーバー340Hzの

2ウェイである。

この中高音用ホーン1203Bは約16年前の製品で、高域8kHzという2インチ・スロートの直径6インチ半の大型ユニット288Bが付いていたが、最近これを2200Hzまで高音域の伸びた強力型ユニットで1インチ径スロートの802Dと交換した。

この交換に際してアダプターを、数年前ホーン型で異色をみせた日野市の間《はざま》氏にお手数をわずらわせたが、暮の一ヵ月のその期間の待遠しかったこと。そして、その想像をはるかに超えたグレードアップに気をよくして、低域にアルテックの名作A7の低音ホーン825に業務用ウーファー515Bを組み込んだものを、階段のあちこちにけずりあとを残して運び入れたのだった。そして、その音は──それを記しているスペースはもうない。一流店のステーキと、場末のステーキとの違いを筆によってあらわすことができないのと同じだ。

(一九六八年)

オーディオの醍醐味はスピーカーにあり

アブソリュート・サウンド〈絶対的な音〉は存在するか

最近のアメリカの雑誌に「アブソリュート・サウンドは存在するか」といったような評論が出ていたのですが、その評論の出てきた背景というのは、米国において新しく『アブソリュート・サウンド』という雑誌が発刊され、それがこのところ台頭めざましく、その言葉が普及してきたからです。そしていままでの『ステレオレヴュー』や『ハイ・フィデリティ』といった雑誌が多少その存在を気にしだしたというところにあるようです。

アブソリュート・サウンド＝絶対的な音、という言葉の意味している、まさに絶対的な信頼感をもった音というのは、だれでもが憧れます。しかしそれが、ハイファイ再生、あるいはオーディオに存在するのかどうか。

そういったことが、この評論の根底にあるのですが、アメリカにおける既成のステレオ雑誌が、アブソリュート・サウンドというものを肯定するはずはないということはうすうす感じるのですけれども、これを読んでいくと、やはり現実の再生状態というのは、個々の家、あるいは個々の部屋のコンディション、人々の好みなどによって大きく違ってきたり、また、再生される音楽によってもさらに違ってくるだろうし、再生の仕方そのものにも違いがある、そうしたそれぞれの理由でその違いがはっきり出てくるため、絶対的な音などというのは、本来あり得ないものだろうという結論になります。

われわれ愛好家のオーディオ装置において、個々の音を求めていくと、その対象としての結論を端的に言ってしまえば、やはりスピーカーシステムということになるのではないでしょうか。なぜかといえば、カートリッジにしても、アンプにしても、すべて入力に応じた出力信号が出る。つまり完全に比例関係のある出力と入力を保つことが、優秀機器の最低条件であるわけです。したがってよけいなものがくっつくということは極端に拒否される。つまりひずみが、取り去るべき最大の目的とされるわけです。

だが、ことスピーカーに関しては、それが必ずしもそういうかたちで進められるわけではない。実を言うとそういうかたちで進められたものがほんとうによい、というふうに言い得るかどうか。そのへんが、スピーカーにとっての最大の課題であって、スピーカーに関しては単に電気特性の良さと同じようなかたちの広帯域のフラット・レスポンスとか、ひずみの低減とか、それだけですまない要素がいろいろ出てくるというわけなのです。

それは何かというと、再生している音場空間の違いというのは、スピーカーそのものにとって、もっとも大きく左右される要素だからであります。

スピーカーを聴いてみて、たとえばレベルを下げて聴く、あるいはレベルを上げて聴くという聴き方、それによっても音の出方の違いというのはたいへんに大きい。たとえば同じスピーカーを使っていても聴いている音量により、実際に出てくる音のあり方というのはまったく違ってしまう。こういうことは、スピーカーをよく使っていればだれでも経験することなのですけれど、そのへんがスピーカーを選ぶときに意外に軽視されて、単にこのスピーカーはこういう音がするというふうに、ストレートに書かれた雑誌を読むとあたまからそれを信じ込んでしまいがちです。

ところが、実際はそういう捉え方は非常に無理があるということがいえます。たとえばスピーカーを置くときに、床から持ちあげる。床から30センチくらい離す、あるいは下に台を置く。そういうことによって低音がすっきりするといわれるし、ときには下に置いたほうが低音が充実するといわれる方もいます。どちらがよいかということは根本的にはあり得ないわけで、その人の好みとか、部屋の状態によって選ばなければなりません。あるいは音像という点では妥協点をみつけるべきであります。そういうわけで、スピーカーを使うときの条件によって、その音はまったく変ってしまう。その変り方は、もちろんその部屋に直結したかたちで表われるわけで、部屋が、スピーカーにとって非常に重要な要素だということは、そういうことひとつを考えてみても十分いえるのではないかと思われます。

〝部屋の空気をいかにうまく鳴らすか〟は〝いかによいスピーカーを選ぶか〟である

海外のオーディオの文献に「自分の部屋で再生を行なうということは、実は部屋の空気をいかにうまく鳴らすかということである」というのがあって記憶に残っているのですが、これは実に端的にオーディオの問題点を見抜いている言葉だと思います。スピーカーを選ぶことがいかに大切かということは、それが部屋の中のエネルギー源であるという点です。装置全体のなかのスピーカーというよりもその部屋を考えた場合の、空気を動かすべき駆動源として、重要な意味をもつのです。車でいえばエンジンに当たるわけで、全体の良さを引き出すもっとも根底にあるのが、エンジンに相当するスピーカーであるといえるでしょう。

再生装置の中でのスピーカーは他のパーツ、たとえばプレーヤー、カートリッジ、アンプなどと対等な一部というよりも、部屋の中の音波のエネルギー源という点できわめて違った要素をもっています。

アンプやカートリッジの場合は、入力信号をそのまま忠実に拡大すればよいわけです。スピーカーの場合は、単にそれだけの機能ではとどまりません。つまり、部屋の条件が入ってくるという、アンプやカートリッジと違った部分、そのプラス機能が、実はオーディオ再生における最大の意義だと思うのです。

スピーカーにおいては、ボイスコイルに入ってくる電流、それまでは確かに入力信号波形と忠実におなじです。にもかかわらず、振動系を動かして出てくる音、その空気の疎密波という点でどんな音波でも同じではないかといえるのだけれども、実はその部屋の中の空気は、部屋の大きさや形状などによって、そのあり方は違ってくる。大ホールと一般家庭の部屋の中の空気とは当然ちがうし、密閉された小さな部屋と、そうでない部屋とでも空気の動き方はちがう。また、音波が壁にはね返って聴き手の耳に達する、そのときの状態というのはすべて部屋の状態に関わってきます。

つまりは、スピーカーの良さというのは、その鳴らされる部屋によって、すべて違った形で出てくるはずであり、それをわれわれはスピーカーの特性というかたちで知っているわけですが、実はそれはあくまで部屋の音響条件が付加され、出てきた音ということができます。

スピーカー単体として得られる特性というのは、その実体をつかむための材料としては非常にむずかしいのではないでしょうか。現実には単体スピーカーの音というのは無響室でしか聴けない。しかも、われわれはそういう状態で聴いた音に対してはまったく信用してはいない。つまり無響室でいくらいいからといっても、それが部屋の中に置かれた状態では、その良さははたして、どんなかたちで出てくるのか、見当もつかない、ということです。逆にいえば、無響室でとったデータはほんの目安にすぎない。ほんとうの音楽に直結した良さとしては、われわれは無響室でのデータを信用してはいません。つまり、スピーカーの入力に対する単なる忠実性だけでは、実用上の良さを断定できないというむずかしさをもっている、ということです。

たとえば、かりに２０００ccの１３０馬力のエンジンがあるとすると、これだけを単純に見れば、エンジンの性能のひとつとして云々できる。つまり性能の良さだけをデータから云々できます。しかし、実際はどうかというと、その車の重さ、あるいはサスペンション、それにトランスミッション、ディファレンシャルギアなどの車全体の条件を加えれば、もっと複雑な問題になってくる。いわゆるギア比ということでいい表わされるエンジンと車体との結合関係、それによってエンジンの性能は、実は静的に単一に取り出して得られた性能とはまったくちがった形の、ダイナミックな要素が加わってきます。

つまり、抵抗力を受けたときにエンジンがどう反応を示すか、あるいは抵抗力の変化によってエンジンの特性がどう変っていくか、そういうものが自動車全体としての性能をひき出すエンジンの実用的性能を表わすことになるわけです。

スピーカーの場合もまったく同じではないでしょうか。スピーカー単体を無響室で測ってあれこれといっても実際の音はわからないのと同じように、ひとつの部屋に入った場合に、そのスピーカーのいわゆるダイナミックな動作状態における良さがはじめてわかってくるのです。

話をこうしてすすめてくると、再生系の中でスピーカーだけが非常に要求度の高いもので、他の部分、アンプやカートリッジは単に物理的な増幅作用あるいは変換作用だけでいいのか、ということになってしまう。カートリッジのように、物理的振動を電気信号に変換する、アンプのように、入力信号をそのまま増幅すればいい、そういうものに対して価値を認めないのかということになってしまうのだけれど、むろん、それはそれで入力に対していかに忠実であるか、そしてアンプの場合には、重要なスピーカーを鳴らすという役目がある。また、スピーカーの方から見たアンプのあり方ということもあるわけです。たとえば、それはダンピングファクターや、アンプの出力端子から見た動作中の内部抵抗の変化など、スピーカーの鳴らし方に直接的にかかわってくる問題です。それらを考えていくと、アンプも重要な役目をもっていることになります。

しかし、それにしてもスピーカーにおける部屋との問題の大きさにくらべると、その複雑さ、問題の深さにおいてアンプの比ではない、ということです。重ねていいますが、スピーカーの場合は、あくまで部屋に直結した状態で、その良さが出てくるということです。

アンプの場合は単に大きい音を出す、したがって出力が大きい方がいい。そういうことが言い得るわけですが、むろんそれに対して大出力アンプにおいては微小音のクォリティという別の問題が二次的に起きてくるのだけれども、スピーカーの場合にはもっと複雑で、部屋による影響から避けられません。

大音量で鳴らすということから言うと、アンプは先ほどいったように大出力でこと足ります。ではスピーカーの場合は大口径を使えばいいかというと、単純にそれだけではありません。あらゆる再生形態において、もっとうまく鳴らすためにいろいろテクニックがいるわけです。たとえば、エンクロージュアひとつとってみても、ホーン型あり、密閉型あり、バスレフ型あり、あるいはバッフルあり、さらには、それらのタイプの複雑な組合せもできるからです。つまり、スピーカーの場合、単に理論として確実なる技術以上に、もっと経験とか、あるいは音楽を知った実体験とかが生きてくることになります。逆にいえば、そういうものが生かされなければよいスピーカーはつくれないでしょう。

スピーカーの音をコントロールするアンプの重要性

このへんで話を少し変えましょう。再生系の中においてスピーカーがいかに重要かということをこれほど力説してくると、いままでお前はリスニングルームにおいてスピーカーを重視する以前にアンプを重要視すべきではないか、という説をずっと唱えてきたではないか、といわれそうです。たしかに「再生系の中におけるいちばんのポイントはアンプである、アンプこそ重要視すべきである」そういうことをぼくはさんざん言ってきました。それはハイファイ先進国においても、その指向は変らないのではないかと思うのです。海外のオーディオのカタログを見ても最初に出てくるのはアンプです。

アンプというのは、最初に選ばれるべきであって、アンプこそ再生系のいちばんの基本だという考え方は、いまでもぼくは変っていません。つまり再生系全体の質をきめる上で非常に重要な部分がアンプであるということには違いないのです。けれども、それがいかなる部屋で使われるか、あるいはいかなる状態でシステムが使われるか。たとえば音量にしても、再生される音楽にしても、あるいは聴き手の好みにしても。そういう実際面を考える余地のないのが、アンプ重視のひとつのよりどころになるわけで、アンプ重視というのは、あくまでも再生系の最低の条件の、完全なる把握ということが前提になっているわけです。

たとえば、いままでセパレートタイプのステレオを使っていた、そしてオーディオに対して興味をもってきはじめた、そんなときどうすればよいか。そのときには、スピーカー以前にまずアンプを重視しろ、というわけです。アンプというのはあらゆる意味で再生系の音の良さにもっとも直接的にかかわってくる部分だからです。スピーカーの場合には、良さという以上にもっと大きい、さきほどから何度も言っているプラスアルファがあるわけです。けれどもアンプの場合は入力に対する忠実さということを考えますと、非常に正直というか、ストレートにその良さがでてくる。つまり、単純な形でその良さがでてくる。早くいえば、価格に対する質の良さというのは、アンプにおいてはもっとも直接的な形で出てくるのではないかと思うのです。

ではスピーカーの場合はどうか。

スピーカーにおける価格の差はエネルギーの大きさによってきまっていて、質そのものが値段に比例しているわけではないのです。とくに中級以上になると、その傾向が顕著になってきます。アンプの場合は質と価格はほぼ比例していますが、スピーカーはほんのちょっと質が上がっただけでも、価格はぐっと高くなるということがあります。

アンプの良さというのは、ひずみがいかに少ないか、あるいは再生帯域がいかに広いか、そういったことが良さの最低条件であるわけで、そういう良さを重視する限り、アンプは絶対的にいいものの方がいい。つまり再生を真っ正面から、純物理的に考えたら、アンプはよければよいほうがいいというわけです。もうひとつ強調したいのは、よいアンプほどスピーカーをよく鳴らしてくれるという事実です。

以上のように、アンプを重要視するというのは、あくまでもスピーカーの良さというもの、あるいは音に対する自分の好みというものをはっきりきめかねる人の場合で、まず音の良さというものをある程度以上に知るまでは、お金を十分にかけて信頼できるアンプを用意し、それで現在使っているスピーカーで聴く。そうすれば必ずや、そのスピーカーに対する自分の意見が出てくるでしょうし、もしそのスピーカーに自信がなければ、できるだけもっと単純な構成のスピーカー、たとえばシングルコーンのフルレンジスピーカー、それも大きい音でなければ口径10センチのでもいいし、16センチのフルレンジでもいい。あるいはもっと大きい音を出して聴きたいということであれば、38センチのフルレンジでもいい。20センチでよければ、世界のあらゆる一流メーカーから傑作がいくつも出ている。そういうものの中からひとつ選んで、もっともバランスのいい音、音楽に直結したスピーカーの音の良さというものを知ってもらうというのが、まず、最初の段階での重要な課題だと思うのです。

つまり、単純な構成のスピーカーを、なるべくよく鳴らすという意味での、高級アンプを用意して、まずスピーカーの音の良さというのは何か、ということを実体験としてとらえておこう、というわけです。

それによって、はじめて再生系の中におけるスピーカーの地位の重要さというのがわかってくる。そのスピーカーを、十分に自分でもって聴きこむ、あるいは使いこむことによって、自分の部屋ではそのスピーカーが、どういう働きをしているか、あるいは自分の部屋の音響状態というものを、そのスピーカーをとおして体で捉え得るのではないか、と思うのです。このことから、再生系というのはあくまでもカートリッジからスピーカーまでにあるのではなくて、その先の、自分の部屋の空気というものが再生条件の基本になってくることがわかってくるわけです。

スピーカーの音の良さ、あるいは音の違い、さらには自分の好みの音、そして、部屋の良さ、わるさなど、音響条件としての環境というものを知るうえでは、単純なスピーカーほど把握できる。そのうえで、はじめて再生系のほこ先をスピーカーに向けるというのが順序ではないかと思うのです。

というわけで、アンプ重視というのは、音の良さを知る以前のまず最低条件であって、その条件が満足された状態においてスピーカーの方に目を転ずれば、まさに何百機種、何百万円までのスピーカーがめじろ押しに待っているわけで、前途洋々です。それらに挑めば、これこそオーディオ・マニアのまさにマニアとしての真髄、醍醐味が味わえるのではないかと思うのです。

よいスピーカーほど使い方がむずかしい。よいスピーカーというのは、まず非常に広い範囲の音を非常に強力に鳴らします。楽器の持つ音域をスピーカーに要求する結果、広範囲の音を出すということは、一応よいスピーカーのもつべき基本条件になってくるわけですが、それがいったん鳴り出したら簡単に収まらない。

良いスピーカーは振動しやすく作ってあるから振動し始めたら抑えがきかないのです。その抑えをどうやってきかせるかは、スピーカー自体の良さというよりも、それを使うほうの良さにかかわります。というのは、スピーカーの強力な磁界の中にボイスコイルが入っていて、そのボイスコイルの中に電流が流れると動き出す。そして動き出せば、こんどは逆にボイスコイルに起電力が発生するわけで、その起電力によって磁気回路とボイスコイルが発電機になる、という性質があります。

つまり、入力側の電流が止まったにもかかわらず、ボイスコイルが動いていれば、こんどはボイスコイル内に電流が発生するわけで、その発生した電流によってボイスコイルはますます動きが止まらなくなります。これはマグネットの強力な磁界の中にボイスコイルが置かれた有効駆動力の大きいスピーカーほど、抑えがきかないのが実態で、一般に良いスピーカーといわれているものほど、そういう面をもっているわけです。これが、良いスピーカーほど使い方がむずかしいという大きな理由です。

では、それをよくするにはどうしたらいいか。これにはまずすぐれたアンプを使うということが第一条件になってきます。よいアンプというのは、ひずみが少なく、周波数特性もフラットで帯域も広いわけです。当然NF（ネガティヴ・フィードバック）をかけるということを採用しているはずです。そのNFの程度によって、スピーカー端子から見た内部抵抗が大きく変ってくるわけです。そうすると、スピーカーに合った内部抵抗というものがある程度要求されてくる。

たとえばダンピングファクターの数値の小さい、つまり内部抵抗の大きいアンプでスピーカーを鳴らすと、高級スピーカーになるほど響きが残るわけです。逆にダンピングファクターの高い、内部抵抗の小さいアンプで鳴らしますと、その響きが少なくなってくる。つまり非常にクリアーな音になってきます。

スピーカーから出る音はそのようにアンプひとつでどうにでもなってしまうくらい、はっきり違いがでてきます。しかし、これは組み合せるべきスピーカーによってはじめて得られるもので、アンプ単独ではなんとも判断がつきません。組み合されるべきスピーカーが高級であればあるほど、それがはっきりした形で出てくるという点で問題は大きいのです。

さらには、最近話題のAクラスアンプとか、V－FETアンプは、大きい出力を取り出したときに電流がぐっとふえるという従来のトランジスター・アンプの一般的な通例とは違い、つねに一定電流が流れているのがAクラス動作です。その電流が流れていることによって、内部抵抗の変化というのはきわめて少ないというふうに考えていいわけです。そういった動作によって、スピーカーの鳴り方はまたまた違ってくる。

たとえば、Aクラスアンプだと抑えがきいて、しかもその抑えがはっきりと抑えているという感じではなく、わりと自然な感じでスピーカーの良さをコントロールしている。引き締めているというまではいかなくて、適時、適切に手綱を引いた感じ、しかしその手綱は引きっぱなしではないから、鳴るべきときには鳴ってくれる。Aクラスアンプの良さをいうこうした言葉は、ひとつの表現法として広く使われています。

新しいオーディオ装置のテーマはダイナミックレンジの拡大

音楽の志向によって、同じスピーカーであっても要求が変ってくるし、違った面の良さも発見する、という話をしてきましたが、実は、その時代時代の技術の進歩も、音楽とからんでいることはいうまでもありません。たとえば、最近の大きな革新的な技術のひとつとして、dbxがあります。dbxという新しいデヴァイス自体も、むろん驚くべき技術ですが、そうした技術の誕生する時代の背景や、全体的な技術の進歩向上のほうも注目しなければなりません。

つまりSN比の向上が追求されたひとつの大成果としてdbxが出現したわけですが、これはSN比の向上という大目的の手段ということができるわけです。dbxの登場は、それを要求するほうに、SN比が全体として著しく向上しているという現状があるのです。

ハイファイ再生の基本にあるのは、音楽の中の音の三大要素、つまり「音色」「高低」「強弱」に対して、オーディオからのアプローチとしては「歪」「周波数特性」それにもうひとつの「ダイナミックレンジ」ということがいえます。

この前者の二つのテーマ、つまり「音色」「高低」については、いまやほとんど完璧に近くまで原音に迫っているのにもかかわらず、「強弱」となると、レコードでは50dB台、テープでさえ60dBオーダーで、生の音の110dB以上にはとても及ばぬ状況で、これに対するアプローチが残されたテーマとして追求されつつあり、Dレンジ拡大のひとつの方向としてローレベルのSN比がクローズアップされてきたというわけです。こうした今日の技術的背景は、レコードなどの新録音技術に表われており、オンマイク録音とともにSN比の改善は、ダイナミックレンジの拡大の大きな要素となっているのです。

当然、再生システムとしては新しい録音盤でのSN比の優秀さが認められるでしょうし、意図的に低騒音の条件下での再生として実現され得ることになります。

大出力アンプの流行も、実はこうした音楽制作者側のダイナミックレンジの拡大を背景に、再生側でもダイナミックレンジをフルに活かそうという大義名分への大きな目的があるわけです。また同時にピアニシモに比してのSN比の向上も、それに沿った目的といえます。

こうしたときに、スピーカーは、どう対応しているでしょうか。アンプにおけるハイレベルへの「大出力」に相当するサウンドプレッシャーという以外には、何も配慮されていないように思えるのです。

しばしば、私の大音量再生ぶりがいわれておりますが、それとても実は、ピアニシモの音をよりはっきりと聴きとろうという点をきっかけとして始まったものです。つまりダイナミックレンジの拡大というよりは、ノイズから逃げるためにハイレベルへ移行したといえそうです。

しかし、大出力化によってダイナミックレンジの拡大にも一助を得たいという結果は確かなものです。さらに最近のローレベルへの拡大がSN比の向上というかたちで進んでくると、今度は、逆の問題にぶつかります。つまりスピーカーにおいては、ハイレベルの得意なものにあっては、例外なしにローレベルは不得意なのですから。

スピーカーシステムのワイドレンジと大音量を実現するためには、必然的にマルチウェイとなってきます。そうするとそのウーファーがより大型化する。重く大きな振動系は、たとえ軽く作られたとしても、それは中音用の何十倍もあるのですからもう大変です。相対的に大きいマグネットをもっているとはいえ、その動きは軽い振動系の中音用とまったく同じように、ローレベルに対して軽やかな動きをするというわけにはいきません。

ローレベルではウーファーのみ追従性が悪くなる。つまりリニアリティの悪化です。それは大なり小なり必ず起こるもので、たとえ軽く作られた場合においてさえも起こります。再生レベルを下げたとき、そのピアニシモにおける音量バランスは、ある点を境にしてかなり明瞭に低音領域のみが欠如するというかたちになり、リニアリティ不良となるのです。

幸いなことに、ローレベルで人間の耳もまた、聴感上は低音が不足気味になる。それはスピーカーと物理的な理由は同じでしょうが、それを補うべく「ラウドネス」のスイッチを入れることが多い。つまり低音のみ強まることになり、以上述べたローレベルでの低音のリニアリティ不良は、あるいは如実なかたちでは気がつかないのかもしれないのです。

しかしSN比が良くなり、いままで以上にピアニシモの再生が頻度を加えて重視されてくれば、それは問題点としてクローズアップされてこないわけはありません。もちろんローレベルというのは、音量設定上の条件ではなく音楽の中のピアニシモという意味であり、その時のリニアリティは、すべての周波数範囲のダイナミズムの完全なる直線比例関係を断たれることになるのはいうまでもないことです。いままではこうした点は、単に漠然とした捉え方ですまされてしまったようです。たとえば、このスピーカーは、ローレベルが不得意とか、大きい音のほうが良いという言い方が通ってきたのですから。

SN比向上によるローレベルの良さという捉え方は、アンプ出力に直接関係するヒアリング時の「音量セッティング」だけに関わるのでは無論ありません。たとえば、それなりの「部屋の大きさ」「その部屋でのスピーカーとの距離」この2点こそ、じつは実用上のSN比に直結している問題点です。これはスピーカーの距離と音量とによって、スピーカーからの暗騒音《あんそうおん》といいますか、音楽が始まる前のかすかであるべきノイズが聴き手にとって、どの程度の障害となるかという点です。

これによって再生のレベルの最小点は、かなり制約され決まってしまうのではないでしょうか。つまりダイナミックレンジは、音楽のフォルテによるピーク値であるアンプの最大出力とかスピーカーの最大エネルギーによって決められてしまうという以上に、SN比によって決定されてしまい、ピアニシモのレベルをどこまで微小《ミニマム》レベル化でき得るか？　文字通りピアニシモを、現実通りに達成できるかどうかにかかってくるということをよく知っておかねばならないのです。

'75コンポーネントにみる新しい技術指向

75年のスピーカー界のひとつの傾向としてフロアー型の著しい台頭が挙げられます。バックロード・ホーン型のシステムとしてビクターのFB5をはじめ、デンオンS300&500のようにメーカー製システムとしてかつて見むきもされなかったこの方式がアピールされたのは、ひとえにブックシェルフ型にくらべて格段の大音量、高能率に代表される特徴のためです。つまり同じアンプでもより高いエネルギーを得ることによるダイナミックレンジのハイレベル側の向上と考えられます。むしろんJBLやアルテックをはじめヴァイタヴォックス、クリプシュ、ラウザーなどの海外製大型システムの高出力エネルギーもこうした面で格段に有利です。これらはすべて、大型の箱に納めることによって低域限界を拡大することができます。ブックシェルフ型のように、小さな箱でローエンドを伸ばすために低f_0を要求され、能率を犠牲にすることもないので、能率を高くできる点で有利です。

テクニクスがこの年の初頭に出したフロアー型もまた、高能率かつ広帯域を狙った点で、こうした傾向にそった優秀製品ですが、さらにこのシステムでは、各ユニット間の音響特性の位相を合わせ聴取位置を意識した点で、国産品として初めての画期的な製品でもあります。これは、日本のようにあまり大きくない部屋での家庭用としてスピーカーとの距離を十分とれない場合の重要なテーマで、海外製品にはフランスのキャバスのシステムに早くからみられます。

キャバスのブリガンタンやサンパンリーガーは、小さなバッフル板を巧妙に利用し、小さな板につけた低音ユニット、中音ユニット、高音ユニットを順々に奥まった位置に取り付け、それぞれのボイスコイルの前後関係が同一面上になるよう考慮されています。つまり、密閉型の低域用エンクロージュアの上に、中音用と高音用の各ユニットをそれぞれ小バッフルに取り付け、これらを順に奥まった位置になるようスピーカー本体にマウントして、スピーカー全体の音波としての位相を合わせようとしているのです。

さらに、２年前に話題をまいたソウル・マランツの肝入りのシステム「ダルキスト」のＤＱ１０も、こうしたことを明らかに意識した配置がなされています。小バッフル自体に音響的ローカットの役目を持たせてあることや、中音、高音の背面エネルギーを活用しようという意図など、多くの新しい試みを集約したようなこのダルキストのシステムは、大へん興味深いのですが、その中の「位相重視」はアルテックのＡ７型などに昔からみられるもので、まったく新しい着眼点とはいえないまでも、家庭用として新しい角度から意図された点は敬服してもよいといえます。

話が少しずれてしまいましたが、これらの新しいスピーカーシステムは、高能率であるか、または中音用などのユニットに工夫を加えて、小レベル再生における抜群の優秀性をみせています。重いコーン紙の低能率ウーファーによりローレベルの音ががらりと変ってしまう、ブックシェルフ型の通弊を乗り越える努力とその成果が、見て取れるのです。

こうした点で、たとえばソニーの今度の新製品ＳＳ３１５０も、いままでのソニーのスピーカーにない新しい優秀性をみせています。これは、カーボンコーンのもつアタックの良さが、ローレベルで活きてきた好ましい例です。日立のＨＳ４００も、小口径の新工夫のコーンによって、同様にローレベルの再生ぶりが抜群です。いまや新型とはいえませんがヤマハ１０００Ｍも、こうした点で、いままでの同社のシステムとは格段の良さを示しますが、これは軽く丈夫なベリリウムが役立っていることはまず間違いありません。

パイオニアＣＳ－Ｔ３やＴ５もこうしたローレベルのすばらしさの点で、かつてのＣＳ－Ｗ５さえもずっと上まわります。そういえば、デンオンの新しいＳＣ１０４も、海外ユニットを採用して国産品にはまれなローレベルにおける立上りのすばらしさを失いません。大口径のウーファーを内蔵するダイヤトーンのフロアー型ＤＳ５０Ｃも大型ながら同じ良さを感じさせます。これらはすべてローレベルの美しさと同時に高エネルギー輻射の特徴も共通で、まさに音響エネルギーのダイナミックレンジの広さを重視した製品群であることを知らされます。しかも、現代のスピーカーの最低条件である広帯域かつフラット・レスポンスをはずすこともない傑作です。

　このように75年の新型スピーカーを見ると、単なるブックシェルフ型一辺倒だった市場の商品も新たな技術を志向してきつつあるのは明瞭で、この底流となっているのはダイナミックレンジの拡大といえるのではないでしょうか。

　さて、スピーカーから限を転じて他の部分をみても、プレーヤーやアンプでもまったく同じことが受けとれます。

　ＤＤモーターによる最大の収穫はＳＮ比の向上です。つまり小音量時のモーターのノイズの激減であり、ゴロの低減に伴う超低域の雑音により信号がゆすられることがなくなったための、ローレベルの清澄さです。アームによって音が変るといういい方も、アームの共振によると考えるより、カットオフ点の移行による超低域特性の変化のもたらす二次的な全音域での音色変化と考えてよいのです。デザイン、性能ともにすぐれたプリアンプとして、よくひきあいに出されるマークレビンソンのプリアンプを例にとりますが、その再生音のきわだった良さをひとことでいえば「いままで聴いたことがなかった音が聴こえる」音の立上りの良さに加えて、ずばぬけたＳＮ比の良さを反映した、ローレベルのピアニシモの明瞭度の高いことが第一に挙げられます。

つまり、このマークレビンソンのプリの良さこそ、繰り返して述べているＳＮ比の向上に伴う、ダイナミックレンジの拡大とその結果、いままでノイズに埋もれてしまっていたひとつぶの音の獲得にあるのです。

このずば抜けたＳＮ比は、たとえば厳選した新型トランジスターの並列使用を土台にした回路技術のもたらす優秀性ですが、これだけのＳＮ比を獲得し、商品として実現した点は称賛すべきです。しかし、プロフェッショナル用にはこのマークレビンソンをもしのぐ技術が実用化されているのを知らなければなりません。クワドエイトのポータブルミキサーにＲＩＡＡのイコライザーボードＣＡ２７２０を組み込んでプリアンプ化した、ＬＭ６２００Ｒがその好例です。

さて、こうしたプロフェッショナル技術が、家庭用オーディオとして考えられ得るほどにまで、いまやＳＮ比が要求されているというのも、ひとえに再生技術でとり残された最後の難関、「ダイナミックレンジの拡大」にあるといえるのです。

こうしたＳＮ比の向上のもたらす二次的な成果は、ステレオ・セパレーションに表われてきました。秋以降の各社の新型において急に言われだしたことですが、ステレオのセパレーションなんていま頃になって、と言われそうなこの問題は、ただ左右にスピーカーを離せばよいという簡単なものではありません。つまりアンプの超低域、超高域に至るまでのセパレーションです。可聴範囲を越えるのは不要という、いままでの常識をすっかり変えてしまって、このもたらすものはステレオ音像の確かさという点で、まさかこんなに違うのかと、思わず驚嘆するほどです。たとえば例のマークレビンソンのプリアンプを用いれば、最初に誰もがそのレコード音溝のスクラッチノイズの音像？　に驚きます。二つのスピーカーのほぼ中央にゆるやかに集中するはずの暗騒音の音像は、マークレビンソンでは二つのスピーカーの後方いっぱいに左右に拡がって、ノイズが稀薄になってしまうのに気付くに違いありません。

ところが、国産のアンプにもこうした意味で、マークレビンソンにも匹敵するといえるようなアンプがなんと5万円台でもあるのです。オンキヨーのインテグラA755NⅡがそれで、アース線を左右別々に分け、プリント基板の配置配線を分けることによって達成した、予期しない成果だったということですが、メーカー製品としてこれはひとつの革命といえるかもしれません。

こうしたアンプの技術はセパレートアンプの流行のあとで生じつつある質的な向上と、価格面での商品としてのあり方に進歩を見ることができます。

それはテクニクス70Aプリアンプ、60Aパワーアンプ、ヤマハC2プリアンプなどにみられ、さらにひとあし先に山水が着手した、ユニットアンプの形態にもみられます。

プリとメインとを独立させた延長線上に、今度はつまりイコライザーアンプのみ、さらにトーンコントロール部のみ、というように細分、専門化して機能ごとに独立ユニットとしてしまう方向です。これはすでにモノーラル時代から、米フェアチャイルド社のプリアンプにみられたこととは言え今日、マークレビンソンをきっかけとして、クインテセンスやSAEへと拡大され、国産アンプにも復活しつつあるのは嬉しい成果といえましょう。

パワーアンプも、出力段をモノーラルとして作る方が超低域のセパレーションからは好ましく、さきのサンスイ9500を皮切りに、ヤマハB1をはじめ、ケンソニックM60、テクニクス60A、トリオKA7300、と続々と出てきつつあります。どれをとっても、いままで見過してきた、そうした音楽再生上の重要課題を意識した技術といえるのです。

V-FETアンプのもつ中域のソフトな豊かさや、A級アンプの低域の堂々たる安定感など、セパレーションを驚くほどに向上させており、しかもそれが豊かさの中になんと驚くべきことに、音のひと粒ひと粒の立上りの良さ、解像力の良さという点でも、格段の飛躍がみられるのは何と解釈してよいか、とまどってしまうくらいです。

高出力化をたどるアンプの問題も同じです。ケンソニックM60やサンスイBA5000、あるいはパイオニアM77のような国産ハイパワー、さらに海外製の目白押しのアンプを眺め、それらを聴けば、問題はもっとはっきりと理解できます。

そこにあるのはハイレベル時における音の解像度の良さです。いかにレベルを上げてもくずれず、微動だにしないクリアーなサウンドで、まさにハイレベルの清澄さを知らされます。

つまりハイパワーは大音量、ハイレベル再生のためばかりにあるのではありません。ローレベルのすばらしい解像力、さらにピークにおいてくずれぬ解像力の良さという、ダイナミックレンジの広い範囲での高品質再生こそ、その真の目的と言え、それ故にこそ大出力が要るのです。

しかし、こうしたアンプのもつ優秀性は、それが鳴らすべきスピーカーの方に、それに応ずる能力があってこそ発揮できるのは言うまでもありません。

さて、こうしたアンプの多くの点の向上も、集約してみれば解像力の向上、それもピアニシモのそれです。

さらに豊かな響きの中にある楽器の細やかなひとつひとつの清澄な音の粒立ちです。これはこの話の大きなテーマである微小音、ダイナミックレンジの源となるべき、ピアニシモの解像力そのものずばりに直結しているという点で、もっとも現代的な新技術なのです。

ぼくのスピーカー遍歴にみるスピーカーの音の多様性

こういう話をするのは、実はぼく自身のスピーカーが部屋の変化、あるいは環境の変化によって非常によく変わり、しかもその変り方が、よいスピーカーほど大きいということに気がついたからです。たとえば、ごく平均的な今日でいうブックシェルフタイプの2、3万円クラスのスピーカーですと、部屋による変化というのが、たとえば6畳の和室に持っていっても、洋間に持っていっても、変化しないわけではないのですけれども、がらっと変るかというと、それほどでもない。ある程度本来の期待通りに鳴ってくれるというように感ずるわけです。

それが同じ大きさのスピーカーでも、かなりお金をかけた高いスピーカーになってくると、同じ広さでも洋間と和室ではまったく音が変ってくる。どうもいいものほど使い方がむずかしいということになってくるわけで、逆に言えば、いいスピーカーを買ったら、非常によく面倒をみるというか、あるいは使いこむというか、うまい鳴らし方をすることが絶対に要求されることになるのです。

スピーカーを選ぶということは、緻密な努力と、ある程度の技術知識とがどうしても要求されるわけです。技術知識といってもカタログに書いてあるものではなくて、このスピーカーは床に置いた方が低音が出るとか、あるいは壁に接して置くと確かに低音は出るけれども、音像がぼけるとか、そういったかなり聴感的な判断力を要求される、ということです。

それに気づかないでいると、いいスピーカーを使っただけの甲斐がない。つまり、高級スピーカーを使うということは、相当なマニアとしての資格をもってからでないと、使いきれないということです。

ぼくの場合ですと、そのとき好きだった音楽によってスピーカーの変遷があり、その時その時でずいぶん変っているのです。また、部屋の広さが変ることによって、またまたスピーカーへの期待というか、選び方がすっかり変ってきてしまった。

そのへんのことをここで書いておきたいと思います。

昔、洋間というより板の間というにふさわしい、かなりちゃちな板の間で鳴らしていたわけです。そのときまで、いくつかの国産スピーカーを経て、戦前からある英国系のローラとか、アメリカのマグナボックスなどを、戦後の国産スピーカー、たとえば、ミラグラフやダイナックスなどにまじって聴いていたのですが、どうも外国製のスピーカーのもっている良さというのが非常に強く印象づけられ、傾倒するきっかけとなっていたわけです。その頃はまだラジオ雑誌でも、海外製品を取り上げることはまずなくて、単に自分自身の聴いた感じとか、外観のすばらしさだけでもって選んでいました。

たまたまその時期——学生時代からやっと社会に出たてのときなのですが、たいへんショックを受けたというか、オーディオを強く指向するきっかけになったことがあります。銀座の松屋の裏に「スイング」という喫茶店があり、ディキシーランドとニューオーリンズジャズを鳴らしていた。当時はジャズ喫茶そのものがまったくなかった頃で、店の客の半分は当時の占領軍の兵隊だったわけです。

その店を知ったのは、たまたま通りがかりに非常に陽気な音楽が聴こえてきて、ついふらふらと中へ入っていったからです。店内で鳴っている音は当時のぼくにはとうていスピーカーから出ている音には聴こえなかった。奥にバンドがいて演奏しているのではないか、と思ったくらい、生き生きした大きなエネルギーで鳴っていました。紫煙の中に入っていくと、眼の前にスピーカーがあった。それはいままでに見たこともないスピーカーでした。それが実は後でわかったのですが、アルテックの6

03Bというスピーカーで、いまの604Eのジュニア型として出ていたものです。

この38センチの、マルチセルラ・ホーンを付けたスピーカーに接したときに、スピーカーのもっている性格というか、再生装置の中においてスピーカーがいかに大事であるかということを、強烈に知らされたわけです。ぼくが大型スピーカーに執着するというのは、このときに植えつけられたもので、それ以来、スピーカーは15インチ＝38センチでなければだめだという認識を強くもっています。

その後、アルテックにたいへん形のよく似ているのでかなり無理して買ったジェンセン製の12インチは、同じようなコアキシャル型だったのです。が、それも非常に印象的で、いままでになく音楽の聴き方が充実したように思いました。603Bによって触発されてジェンセンの12インチによってそれなりに自分自身で確かめ得たのは、大型スピーカーの持っている非常にエネルギッシュなサウンドであった、というふうに言っていいと思います。

その後買ったのはワーフェデールのALCS12、12インチのアルミボイスコイル・クロスエッジのスピーカーでした。グッドマンの12インチとくらべてこれに決めました。その頃はモノーラル時代ですからもちろん一本です。

聴いていた音楽も、中学生ぐらいにワルツから入ってポピュラー、クラシックをひととおり何でも、というような時期でした。また当時はレコードを聴くというより、FEN（当時はWVTRといっていた）の深夜放送を聴きながら、ラジオを作ったりしていることが多かったのです。

聴いている音楽がはっきり固定してきたのはずいぶん後で、当時としてはある時期、ディキシーランドを聴いたかと思うと、クラシックにもどってくる。あるいはモーツァルトに打ち込んだかと思うと、ファリャとかフォーレあたりを好きになるというようなことで、かなり気ままに聴いていました。そういう意味では音楽を意義をもって集中的に聴く熱心なファンとはいえなかったでしょう。まあ、年も若かったせいなのですけれども。

しばらくたってから、同じ英国のスピーカーでグッドマンのアキシオム８０を入手しました。これは最初一本買ったときに、映画《トーキー》の仕事をとおして知っていた音とはぜんぜん違う音の魅力を感じ、非常におどろきました。こんな音が世の中にあったのか、というようなことを感じたくらい、たいへん魅力的でした。ただ、ぼく自身が当時作っていたアンプというのが、当時としては非常にパワーが大きく（普通7ないし10Wくらいのところが、30W、40Wの出力が得られる６Ｌ６プッシュプルを主体にしたアンプ）、それで聴くと、パワーを入れたときにどうも腰がくだける。ボイスコイルが底をついてしまう。いくら良いフォノモーターを使っても、ボイスコイルがヨークに当たって、アンプのローカット・フィルターでも入れない限り、とても音量を上げられない。しかし、深夜に放送を聴いている分には、このスピーカーの良さをかなり、しみじみと感じていたつもりです。声のなまなましさ、弦楽器の美しさ、小音量でもぞっとするくらいに美しく鳴ってくれるアキシオム８０には、アメリカ製とはまったく違った魅力があったと記憶しています。

それから少し経って、夢にまでみていたアメリカ製の15インチを入手したわけです。それはＪＢＬのＤ１３０で、たぶんあれは60年の少し前、57～58年ごろだったと思いますが、知人のアメリカ空軍の高官がモノーラルからステレオに変えたいと、いままでのシステムに使っていたＤ１３０をプレゼントしてくれたのです。これがＤ１３０を使い出したはじまりで、50年代に使っているという点で、おそらく誰よりも古くからＪＢＬの良さをかみしめ得たのではないかと思っています。

ＪＢＬのＤ１３０がきて、それまでのアキシオム８０とはまたちがった魅力を知りました。力強いピアノのアタックという、Ｄ１３０の、今日でももっとも得意とする音は、その当時すでに入手していた何枚かのＬＰレコードをとおして、かなり強烈に味わうことができました。ぼくの再生装置は以後、このＤ１３０が主体となってしまったくらいです。

Ｄ１３０は初め平面バッフルで使い、あとでこれを改造し、非常に浅い後面開放型の箱で鳴らしたのです。バッフルですと低音がどうしても十分に伸びてくれない。低音を伸ばそうとすると、裏ぶたを閉めた方がいい。しかし、ピアノのタッチなどはオープンにしておいた方がいいので、ほとんどその状態で聴いていました。このときに集中的にピアノ曲を聴く機会がふえ、ピアノ・ソナタやコンチェルトなどのレコードをやたらと買い込みました。アキシオム８０のときは、ヴァイオリン・ソナタやコンチェルトが多かったのが、Ｄ１３０になったとたん、ピアノにかわったのですから、装置とレコードの好みとは一対のような気がします。

そのうちに、クラシックから、ジャズのフルバンドを聴くようになってきて、それも楽器のはっきりわかるジャム・セッションを好むようになってきた。このへんから、ぼくの音楽に対する指向がかなり強く出てきたように思います。その意味では、ＪＢＬ・Ｄ１３０こそ、ぼくの今日の音楽の好みをしっかり固定させる大きな動機にもなったように記憶しているのです。

ＪＢＬとの結びつきは、こうして単なる思い出以上につながりの深さを感ずるわけですが、その後オーディオ・ファンのみなさんの誰もがスピーカーに対して迷うのとまったく同じように、Ｄ１３０以外の他のスピーカーに気をとられたり、あこがれたりしたものです。

たとえば、クラシックのコンサートに行ったときに、そこで聴く音というのはＤ１３０とまったく違う音であり、そうした逆の音もどうしても欲しくなって、それを出せるスピーカーとして、ボザークがあると感じる、そうするとむしょうにボザークが欲しくなってしまう。そんなことを常に繰り返しているわけです。ですから、D130を買った時期にステントリアンを入手して聴いていたこともあります。

それから間もなく、AR2を2本、これはたぶん62年ごろだったと思いますが、アメリカの技術屋から、いまやステレオ時代になって、これからは絶対ステレオでなければだめだ、ということをいわれ、半分は押しつけられるような形で、AR2を買ったわけです。

AR2はその大きさのスピーカーとは信じられないような、非常に深々とした低音で、その後のステレオレコードを聴くときはほとんどAR2が主体になってしまったわけです。そこでやはりAR2の良さによって、また聴くレコードに変化が出てきたのです。好きだったジャム・セッションにかわって、また編成の大きなオーケストラとか、ジャズにしてもデューク・エリントン、あるいはカウント・ベイシーなどのバンド演奏、それに歌でした。それまで歌はあまり聴かなかったのですけれども、ARになって自然な感じの歌を聴き出しました。それまであまり聴かなかったビング・クロスビーとかメル・トーメ、ナット・キング・コールといった、くつろいで歌う男性歌手の歌をやたらに聴くようになりました。それもやはりスピーカーのある面の良さを理解したときに、そんな変化が起きるのだと思います。

実はこのあたりで、家庭的な大きな変化がありました。というのは家を建て直したりして、環境もたいへん変ったのですが、部屋が大きくなった。それとほとんど同時に家族と別れてしまい、精神的にも生活もたいへんに自由な行動ができるようになった。このために、聴く音楽も強烈なものになり、また音量もかなり上げて聴く。しかもその内容も情報としてかなり強烈なものを求めるようになってきました。その頃からジャズ、それもモダンの前衛的なものを聴くという傾向が強くなってきました。

その後、部屋を建て替え、もう一本D１３０を加えてステレオにしようと決心しました。この頃はエンクロージュアが左と右とまったくそろわず、片方はプレーンバッフル、片方はいままでの奥行きの浅いエンクロージュアだったわけです。当時の仕事の関係から、ＲＣＡブランドのアルテック製と思われる１２０３マルチセルラ・ホーンに、アルテック８０２Ｄを付けて鳴らしたりしていました。

これにはアダプターを友人に作ってもらって使うことにしたのですが、スケールの大きい、オーケストラ・サウンドを非常にうまく再生してくれて感心した印象をもっています。このシステムの低域は、５１５Ｂの入ったＡ７タイプの８２５エンクロージュアを使っていました。これは、２年くらい使ってグランドピアノやオーケストラをよく聴いた記憶があります。ただ、人の声や、ある程度音量を上げた場合のジャズにおけるソロ楽器などが、どうも音像が大きくなる。そのことが理由で、完全には満足できなかったと思います。

そのときには、クラシックのプロコフィエフとかストラヴィンスキーなどの器楽曲を聴くようになっていた。一方、ジャズのほうはモダンジャズが中心になってきていたと思います。

モダンジャズを中心に聴くようになりますと、どうしてもソロが中心になってくるわけです。ところがソロを聴こうとすると、音量を実際の大きさまで上げたくなる。この場合に音像スケールが大きくなるというのは致命的な欠点です。だからといって音量をしぼってみると、今度はちょっと物足りなくなる。結局、この高音用をそのままにして、中低域となる５１５Ｂと８２５の組合せを替えようと考えはじめました。

このアルテックの825エンクロージュアは、やはり515のウーファーとよくマッチし、さすがにアルテックの歴史を感じさせられたものです。ところが、A7システムとは高域ユニットが異なった使い方をしていたので、低域はさほど問題はなかったのですが高域が気に入らない。

実は、このホーンには288の旧タイプが付いていたのですが、高域が急激に落ち込んでどうにも使いものにならず、802Dにしたわけです。

その2年ほど後で、サンスイが発表したJBLのカタログに、ハークネスがあって、これはもうすぐに注文しました。ぼくの場合にはエンクロージュアだけをオーダーして、D130を自分で組み込みました。結局175DLHもほとんど同時に手に入れ、D130と175DLHのシステムができ上ったわけです。

このハークネスは、自分のもっていたイメージと、出てきた音とがよく一致していたと思います。とくにジャズの再生では、いままでになくたいへんに満足しました。いわゆる中域、200Hzから800Hzくらいまでの、中域のファンダメンタルに相当すべき帯域は、非常に充実感をもって音像もぴしりときまって聴かせてくれました。

ところが逆に、D130と175との2ウェイは、802Dの中低域のエネルギーには及はず、少しものたりなくなる。つまり175DLHではものたりないし、802Dではどうも中低域が豊かでありすぎる。結局、そのあいだを考えて、LE85+HL91あるいは537-509というようなラインナップを考えついたわけです。

175DLHをLE85+HL91に替えたそのあたりから、ぼくはかなりJBLに傾斜して装置が変化しなくなりました。リスニングルームで音楽を聴くということに対して、かなり落ち着いてきたように思います。

１７５からＬＥ８５になって、ＪＢＬサウンドのひとつの基本的な音になじんでくるようになり、一年ほどたったときに、やはりどうしても違ったサウンドを自分の音楽の中に取り入れてみたい、あるいは自分の好きな音楽を拡大したい、と望むようになり、装置がＪＢＬ一辺倒ではどうしてもものたりなくなってきました。そこである意味では反対の音ともいうべきエレクトロボイスのエアリーズが日本で発表されたときに早速目をつけたわけです。

その当時このようにして得られた、低域から中域の充実感と低音の豊かさというのは、実は必ずしもこれだけで満足し切れたわけではなく、このときにエレクトロボイスの30㎝ダブルコーン型フルレンジシステムを、Ｄ１３０と替えて鳴らしてみて、やはりＤ１３０にもどしてしまったことがあります。エレクトロボイスの良さというのは以前から知っていたのですが、この場合にはどうもうまく鳴らせなかった。

このエレクトロボイスのエアリーズは、その後ＪＢＬのある大きな部屋とは違った部屋に置いて、これを実際に聴いている時間というのは、一時期ＪＢＬよりはるかに多かった。非常に聴きやすくて、音量を上げたときにもたいへんに音が生き生きするし、ふだんおっとり鳴らそうとするとたいへん耳あたりがいい。広い音楽ソースの対応性ももっているし、このエアリーズで鳴らすときには、非常に楽しく聴けたものです。

その後のＪＢＬのほうは、最近まで愛用の例の２３９７になる前に、ゴールドウィングをもった５３７－５０９を使っていました。その後に２３９７になるわけですが、２３９７と２３５０との比較については違った機会にも話をしたことがあるけれど、これはかなり最近の状況です。

エアリーズの良さは、なにか音楽を非常に楽しませてくれる要素が濃いことです。ハークネス＋2397にくらべればちょっと物足りないともいえますが、楽しめるのです。

ハークネス＋2397は、非常に広い指向性、縦横に対するたいへんに優れた指向性をステレオ音像の確かさの源として大切にした、マルチウェイスピーカーとしてたいへんにまとまった音です。しかもその良さは、あるひとつの方向においては究極だと思うのですが、やはり音と対決する、あるいは音を真っ正面から捉えるというような聴き方しかできないスピーカーシステムなのです。われわれは、最高のシステムのひとつの条件としてそういうことを望むわけですけれども、望みはそれだけではないですよね。

ほかにはたとえば、まったく逆の面からの、肩のこらない感じというか、スピーカーを意識せずにという言い方をよくしますけれども、スピーカーを意識しないで音楽を楽しもうという望みも一方にはあるわけですね。そういう望みをかなえてくれるスピーカーとして、エアリーズは好適でした。

その後、これはごく最近のことですが、ＪＢＬのパラゴンを手許に加えました。

これもやはりマルチウェイスピーカーのまた違った面の良さ、たとえばマルチウェイスピーカーのもっている音に、音全体の融合を加えた良さというか、音楽としての音というものを考えているのだと思います。そういう意味でパラゴンは、現代のスピーカーとはちょっと違った良さをもっているのではないかと思います。

こうして、ぼくのスピーカー遍歴を振り返ってみると、ＪＢＬにしてもずいぶんいろいろとユニットを替え、あるいは箱を替え、あるいはさらにそのあいだに他社のものを使ったりと、いろいろな模索をしながら聴いてきたわけです。

ＪＢＬの良さというのは、他のスピーカー、たとえばＡＲを使い、あるいは一時期、録音評のモニターにＬＥ８Ｔなんかを使ったこともありますけれども、そういうような変遷をしてきたことで初めて発見できたといえます。それからまたアルテックと併用したときに、アルテックの良さも改めて認識し、そしてＪＢＬの良さも違ったかたちで認識する。さらに部屋が変ったときに、同じスピーカーでもまったく違った魅力を発見する。そういう多面性を味わってきました。

最近は、聴く音楽がジャズにかなり片寄ってきて、楽器のソロを間近に聴きたいという要望が強くなったために、当初は縦長配置にしていたスピーカーを、いまでは横長配置にして使っているわけです。これによって、聴き手とスピーカーの距離は３分の１くらいに近くなり、せいぜい２ｍぐらいしかない。かつては５ｍもあったのが縮まってしまった。それによってスピーカーの直接音が非常にふえてきたわけで、音のクリアーな感じは格段に強くなっています。逆にいえば部屋の響きはすっかり抑えたかたちになった。それどころか、部屋の響きをある程度殺そうという意思もありまして、かなり重量のある家具を配置したりしました。あるいはスピーカーの反対面に凸凹をつけるために、ある程度の重さも必要なので、本がどっさり入った本箱を置くとか、そんなようなこともやってみたのです。

部屋の環境が変れば、スピーカーのエネルギー分布も当然変ってきます。あるいは聴き方も変ってくる。つまり、スピーカーというのはまさにオーディオの楽しみの真髄というか、オーディオの楽しみを追いかけてきてわかったことですが、結局はスピーカーがオーディオの楽しみのいちばんの対象になるし、そのスピーカーを活かすためには部屋の模様変えもしなければならないのです。あるいは部屋内における配置を変える。配置を変えるということは、結局、部屋の住み方を変えてしまうわけですけれども、その住み方さえ音を中心に変えてしまう。あるいは、置いてある家具調度品も必要とあらば替えなければならないくらいになります。それほどスピーカーを活かすということはたいへんなことです。だからこそ、スピーカーはおもしろいのだと思うのです。ただ単純に、床に置くと悪い、上げるといいという、その程度のものだったら、スピーカーの楽しみというのは非常にちっぽけなものではないかと思います。

その部屋において配置を変えることによって得られる楽しみは、アンプとかカートリッジとかではとうてい考えられないことなのですけれども、スピーカーにおいては、それによってその良さが俄然活きてくるか、あるいはその良さがまったくマイナスに働いてしまうということもあり得るわけで、それだけに相当の覚悟をしなければ取り組めないことになるわけです。しかし逆にいえば、そういうことがついてまわるからこそオーディオの醍醐味、あるいはオーディオの楽しみの究極にある、大きくて限りない深い世界を知ることができると思うのです。

（一九七六年）

私のオーディオ考

「ボクのアメリカ建国二〇〇年」

「ジョージヤ」と、その店はいう。副都心新宿から中央線で十数分、吉祥寺は若者の街、学生の集まるところとして、すっかりアピールされたが、その若者の間でいう「ジョージ」を、そのまま名とした南口のビルの3階のちっぽけなレコード店だ。「いやそうではなくて、アメリカ建国二〇〇年にスタートしたのと、ジャズやロックの原点としてのジョージア州をもじった」と店の若者達はいっていた。

中野で、もう8年も前の数年間、当時都内ではロクな音のジャズ喫茶がなかったので、これぞジャズ・サウンドと意気込み、まだこうした場所で姿を見かけなかったJBLのスピーカーのジャズ喫茶をやった。その時に手伝ってくれた早稲田大に入ったばかりの伊藤くんは、あの何年かを通し、ますますジャズ意欲に拍車がかかり、本格的な磨きを経てジャズにのめり込んであげくの果てが、この「ジョージヤ」だ。

ジャズのこれはという珍しいレコードがどこよりも速い。ときどき、ひょっこりと家にレコードをかかえてきてくれたりする。

ところで、このジョージヤにふと立ち寄ったら、米国ＣＢＳの初期のＬＰ群がならんでいた。近頃のジャズ・レコード屋の傾向として、コレクター好みのマイナー・レーベルが圧倒的に多い。でも、米ＣＢＳはもっとオーソドックスなジャズ・オーナーでもあったからＣＬ５００番台から８００番台はまさにジャズの源流から本流に移り変るあたりを基本的に網羅している。

もうすっかり摩り減ったチャーリー・クリスチャンのダブル・ジャケットを見つけたとき、ふと「建国２００年、いまのジャズ・サウンド、クロスオーバーもエレクトリック・サウンドも悪かないけれど、今年は少し旧いところを、米国盤でもう一度聴き直してみるのもまんざらじゃあないな」という気になった。

レコードの積み重なった棚に眼を通すと、あるある。ビックス・バイダーベックの３枚組、フレッチャー・ヘンダーソン、ビリー・ホリデイの２組の３枚揃い、それにＣＬ８００番台の珠玉ともいうべきルイのVol.1～4と、続々と出てきた。この辺は、幻の名盤ブームのはしりで日本盤も割に早くから出ているのだが、輸入盤はそのかげにかくれてレコード店でもしばらくご無沙汰だったのじゃないか。ルイにしたってＲＣＡレーベルのもっとも旧い初期のものや、デッカの後期のアルバムにも傑作が少なくないけれど、なんといったってジャズはＣＢＳだ。

ルイの真当《まっとう》なところはＣＬナンバーに限るのは Ｂ・Ｇ《ベニー・グッドマン》 と同じだ。でも、こうしたあたりの米国を代表するジャズ・レーベルＣＢＳなのに、最近の輸入レコード屋ではお目にかかることが少ない。もう25年も前、ずい分買いあさった頃と、いまとＬＰはほとんど値段が変らなくて、あの頃の３５００円から２８００円になってても給料をはたいてレコードを５、６枚買うのがやっとだったのになあと考えると、両手にかかえる量が増えがちになるものだ。

ところで、こうしたアメリカを代表する音楽、ジャズの30年代から40年代前半にかけての演奏は、いったいどんな装置で聴いたらよいのか、なんていうことだって、考え出したらきりがないし、いかにもアメリカ建国200年の今年にふさわしいテーマかもしれない。むろんモノーラルといっても、あえて、わざわざモノーラルのシステムを別に揃え直す必要もあるまいが、しかし最新の機器の中にだって良いものもあるし、不向きなものもあるはずだ。

30年代までのアコースティック録音の演奏は、ホーン・スピーカーシステムで聴くと、思わぬすばらしい音で鳴ってくれるものだ。ホーン・システムなどと言わず、アコースティック蓄音器と言い直してもよい。少なくともいまどきの平均的評価の何十万円のシステムで聴くのよりも、桁違いに生気をとり戻して演奏者が迫ってくる。これは一体何が理由か。それとも私の好みだけなのだろうか。

もっともこのことは一般的にも通用しそうで、ひとつの現われとして、50年代の中頃までは、つまりステレオのきざしがオーディオ界にちらほらする以前には、高級スピーカーというと例外なしにフロアー型のオールホーン・システムであった。もっともそれは高級レベルのスピーカーとして、というよりも、アコースティック方式の高級大型蓄音器の後継者として、ホーンは前提条件だったのかもしれない。

米国の一九五五年の『タイム』誌創刊何十周年とやらの特集の中で「究極のスピーカーシステム」としてJBLの出たばかりの「ハーツフィールド」が紹介された。こうした米国における代表的一般誌でさえ、ホーン・システムの大型フロアー・スピーカーを認めている、というのが、この時代の良識なのであった。もっともこの記事がきっかけになってJBLは以後、驚くべき躍進を遂げるわけだ。

このハーツフィールドはすでにしばしば紹介されているが、65年までの約10年間、JBLのトップランクの高級スピーカーシステムとして存在し続け、ステレオ用スピーカー「パラゴン」の出た後にカタログからは消えてしまって、もう11年経つ。パラゴン同様に、完全なるホーン・スピーカーであり、JBLとしては家庭用の最も本格的なホーン・システムであった。

ハーツフィールドは、コーナー型の折返しフロントロード・ホーンの箱に、130Aの強力型、150－4Cが納まっているし、中高域にはゴールドウィングの537－509が、375でドライブされる2ウェイだ。

昨年夏、パラゴンを自分の側において鳴らしてみて約10ヵ月、JBLの旧い姿勢の中にある「良い音」の一端に触れたあと、JBLのホーン・システムの原点としてのハーツフィールドが、私のもっとも気にかかるスピーカーシステムとなった。パラゴンの良さとしてその独特のステレオ感とか音像とかが大きなファクターとなるが、それ以上に、本来のホーン・システムとしての「音」そのものにも強く印象づけられたのである。

いまさら、と思うかもしれないが、JBLと付き合って20年、当然のことといえるし、D130の平面バッフルからバックロード・ホーン型の「ハークネス」、さらに「パラゴン」とさかのぼっての経験から、JBLとして最も完璧なるホーン・システム「ハーツフィールド」を身近において、じっくりと鳴らしてみたいと乞い願うのは宿命かもしれない。

76年初頭、建国200年の年始めに、この願いはあっさりとかなってしまった。オーディオ・フェアが東京で開かれるようになって2年目か3年目だったろうか、輸入ディーラーの展示コマの片すみにすばらしいマホガニー仕上げのハーツフィールドが周囲を圧して据えられていた。初めて見るハーツフィールドの端正な風格に圧倒され、その次に眼もさめる輝かんばかりの音に驚倒した20年前の記憶は脳裏にカッチリと焼き付けられていて、それが昨日のことのように網膜と鼓膜によみがえる。今年の初め取材のため、もう10年にもなる住みなれたリスニングルームに来られた客に「コーナーのある部屋が欲しい」という話をしたそのときは、すでに意中の人ならぬ、意中のスピーカーとしてハーツフィールドが、私の胸の中に厳然とあった。コーナーのある「部屋」が1ヵ月のうちに「家」にまで発展してしまって、コーナーのある二つの部屋を含む五つの部屋が加わることになった。

この新しい家の玄関先いっぱいにひろがる広大な植木畑の、梅林の白い花が黄ばんで、桃色のうららかな花が艶を増してくる頃、ハーツフィールドは四人の若い腕でかばわれつつ小さい方の部屋のコーナーに据えつけられた。

「ハーツフィールド」自体は、ステレオ期になっても7年間は存在し続けたのだから、後期の製品であれば左右まったく同じものもあるわけだ。しかし、わが家のハーツフィールドは両方とも、少なくとも20年前のごく初期の製品らしく、仕上げも昔の印象と少しも変らず、日本でよく見かける明るい色のブロンドコリナとは違っていた。一対になっていても、ステレオ以前の製品らしく左右の仕上げ・外観はむろんのこと、なんと内部構造の一部さえ違うものだった。一方は後から心ない者の手によって原型とはほど遠い塗装を加えられてしまっていたのが残念であるが、少なくとも同じ50年代でも4年ないし5年ほど後に作られたと見られる。一方はまったくオリジナルのままの外観であった。正面右下端の小さな金属プレートの文字、JBL-Signatureのくすみ方も、いかにも年代の経過を感じさせた。同じＪＢＬの数年前のクラシック調の「ヴェロナ」にもこうしたブロンズ調のマークが付いていたが、ハーツフィールドの方はいかにも本物であった。

おそらく56年か57年製、つまり20年前の製品だろうし、もう一方はひどい仕上げで塗り直してあるが、もっと古い型であるのは、内部ユニットやタイプで打った銘板ならぬ紙を貼ったネットワークでそれが判断されたし、組立て用のいくつも開け直してずれたネジ孔が物語る。

建国200年の年に、20年前の米国の代表的スピーカーを、それもＪＢＬを入手したのも因縁だ。パラゴンの場合もそうだったが、こうした大型のシステムというものは、どうも部屋とのなじみがむずかしい。なかなか一筋縄で機嫌よく鳴ってはくれないものだ。おそらく、それは単なる気のせいとか、期待が大きすぎるためとかいう漠然とした理由ではなくて、本来の音響エネルギーが大きくて、部屋の造作を響かせてしまうためだろう。パラゴンのときにも、重量級のパラゴンに匹敵する重さの家具をあちこちに配して、やっと気に入った低音が出てきたので、だからハーツフィールドだって手こずるのは承知していたのだが、どうやらハーツフィールドはパラゴン以上の難物らしい。

低音は、それはもうパラゴンの比ではなく、冴えて力強く引きしまって、しかも量感もある。いやありすぎるといえようか。だから、それが問題点で部屋の壁がビンビンと弾かれたように鳴ってしまうのである。部屋の窓を開け放ちさえすれば、この壁面の鳴りはずっと収まるには違いないが、それでは今度は低音の量感がずっと抑えられてしまい、高域の輝かしい迫力がずっと勝ってしまってスペクトラム・バランスの上で低域不足となる。

基本的に、このハーツフィールドの置いてある部屋の問題であるのだが、十分な広さがないため、家具を周囲に置くこともかなわない。できれば部屋の壁全面を板張りにすればよいが、ハーツフィールド自体の支払いに追われ、いますぐとはかなわぬ状態だ。そこでひとまず、ハーツフィールドの背面のコーナーを1インチの板ででも補強し、一対のハーツフィールドの端から端までの4mあまりの床を、せめて半間の幅で厚板を張ることにでもしよう。葉桜の頃までにはなんとか恰好がつき、ハーツフィールドも多分機嫌を直すだろう。

ところで、この20年前のスピーカー、今日聴いてみても、音の生き生きとした見事な生命感を感じさせる点で比類がない。特に小編成の楽器とか歌とかの単純な構成の音は実にリアルな再現性である。

先日、マイクロ精機の作った朝顔型ラッパのついたアコースティック蓄音器を聴いたが、SPレコード専用の一切のエレクトロニクスを省いたこの再生システム、なんとリアルな生命感だったこと。むろん音量調節なんか付いてないから音は出っぱなしで、SPレコードからの音量の大きいのにびっくりするほどだが、何より力強い一音一音の躍動感が、ブックシェルフ型のスピーカーの音とは全然次元の違う迫力を感じさせる。こうした真実味はいったいどこからくるのか、入力に対する音楽的エネルギーの大きさというなら能率になるが、能率ということになると、その語源としては楽器の姿勢そのものが感じられることになる。スピーカーにもやはり楽器と共通の部分があるのかしら、あるとしたらそれはどの程度までの音の良さに関係するのか。いや、ひょっとしたら音の良さのすべてに能率がからまっていそうな気もする。

ハーツフィールドは、ぼくに改めてそんな疑問を創ってくれた。

さて、ジョージヤで買ってきたルイの、ホット5やホット7は、このハーツフィールドで、それはもう信じられないほどリアルに、ほほのふくらみまで彷彿させるような真実性でコルネットを響かせてくれた。ビックス・バイダーベックのコルネットの響きの中には、幼ないときの夕暮の空を見るときのなんとはなく物悲しい記憶に似たたまらない哀愁が溢れていた。白人のくせになんでこんな音を出すのかしら。パラゴンのある部屋のレコードの溢れた戸棚の隅から、先日なつかしいレコードが出てきた。ＣＬ５００、つまり米国ＣＢＳのポピュラー系の最初のＬＰだ。たしかクラシック系はオーマンディとフィラデルフィアの、なんだったっけな。ポピュラー系は、むろん40年代を終ろうとする当時の米国社会の代表的ジャズともいえる「スイング」の王者ベニー・グッドマンである。チャーリー・クリスチャンを含む「ベニー・グッドマン・コンボ」がタイトルの赤いジャケットだ。ＣＬ５０１がベニー・グッドマン・オーケストラ。こっちは青い色違いのジャケット。

このノイズに埋もれた30年代録音の、むろんＳＰリカットの文字通りファーストＬＰは、ハーツフィールドにより、いままでになく生き生きとした音で高らかに鳴った。アメリカ建国２００年を祝福するように。

（一九七六年）

オレのバックロード・ストーリー

ＪＢＬのユニットを愛用しているファンから、よく相談される中で、もっとも多いのが「バックロード・ホーンを使いたいのだが」というもので、それは相談というよりは、その結論が、いかに正しいかを確かめるためのものであるらしいのは言葉のはしばしからも判るのだが、そうしたやりとりの中で一番気になるのは、箱の中でもバックロード・ホーンが「一番よい」と決めつけてしまっている点だろう。「一番よい」などと至極あっさり結論づけてしまうのも気にかかるが、それ以上にその結論への過程が、ひどく単純な発想を基として済まされているに違いないことが、どうにもがまんできないわけで、ましてＪＢＬのユニットを使っているほどのファンであるのに、センスのない考察の、ひどく短絡的な点が気にくわない。

大体、この世の中に「一番よい」などというものがあるんだろうか。こんな単純なことが判んないのかしら。

こっちの面からみればいくら良いことでも、裏側からみればだめなことに違いないのがこの世の常だ。だから、それが「一番よい」かどうかは、それをどういう視点で捉えるか、によって違ってしまうことであるし、そうなれば、一番よいと決めてしまう受けとる側の内側にこそ「良い」ための根拠があるのであって、バックロードそのものが「一番よい」というわけではなくなってしまう。

バックロード・ホーン型の数少ない製品、ＪＢＬの「ハークネス」の、正式のディーラーたるサンスイの弁による日本での第一子輸入品を買って以来、この7年間も使っているということから、しばしばバックロード・ホーンの相談を受けるのだろうと思うが、私自身、バックロード・ホーンが箱としてもっとも優れているとは考えていない。ハークネスを使い始めた7年ほど前には、仲間の誰彼となく「あんな箱をいいと思ってるなんて」と言われたものだが、なにもすべての点でいいとは当人だって思ってはいなかった。少なくとも正弦波の単音による周波数特性に関する限り、バックロード・ホーンは、たとえばバスレフレックス型にくらべてあまり低い音までは出ていないし、決してフラットな周波数特性というわけではない。

ＪＢＬの箱にしても型番Ｃ４０ハークネス以前に、Ｃ３５というほとんど同じサイズの、奥行だけ５cm浅いバスレフレックスの箱があった。

こちらはＣ４０よりも10年近くも前から存在していたのであり、バックロード・ホーン型は少なくとも家庭用としてはハークネスの出る以前では、かなり特殊なものであった。

もっとも特殊な立場におかれた最大の理由は、外側を四角な箱型のままで、その中にホーンを組み込むことの難しさが大きな理由であったろうけれど。

話がだいぶずれてしまったが、もう少々ずれたついでに付け加えておきたい。

それはこうしたホーンロードの箱というものはその構造上、大へんにめんどうで量産し難いということが、バックロード・ホーンがスピーカー・ボックスとしては特殊で、したがって高価な地位から誰でも使えるものにまですることを拒んだ最大の理由であった。つまりバックロード・ホーンは、それが出現以来、常に、箱としてはもっとも高価なものであったわけである。

それをぐっと親しみやすく手軽なものとしたのがCW《コンスタント・ワイド》ホーン方式である。つまり、間口の寸法が一定のホーン、四角い箱の中を数枚の板で横方向に区切り、どこをとっても間口いっぱいのホーンという比較的簡単な構造とすることによって、バックロード・ホーンは高嶺の華からファンなら誰にでも手の届く存在となった。

つまり低音用ホーンロードのエンクロージュアとして実用性の高いものとなったわけだ。そうした過程から判るように、バックロード・ホーンは、低音をホーンにした点に大きな特長があり、プラスもあるわけで、特長ある音もホーンロードゆえに得られる。

こんな当り前なことをなぜ言うのかというと、先にも述べた通りバックロード・ホーン型の箱を、他のたとえばバスレフ型などにくらべて周波数特性がよくないとか低音がのびていないというような、ホーン・スピーカーの良さを度外視しての判断を下す者が少なくないからだ。それもよく技術を知る高いレベルのオーディオ・ファン達でさえ、けなす者がいるからだ。

f特はこんなに悪い！

バックロード・ホーンだってホーンには違いない。

だから、低音ホーンとしての効果はホーンの長さと、ホーンの開口の寸法によってロードのかかる、つまりホーン効果の低域限界が決まってしまう。そうした数字的データはすでにいろいろ言われているし、ここではそれを述べる目的ではないので省くとして、ホーンが長く、開口の大きさが十分でないと、低い音まで有効ではない。しかるに今日のオーディオ技術の狙う低音の限界点は、昔の手巻ゼンマイモーターの蓄音器の時代とは違って進歩しているので、低音も20Hzぐらいまで再生しようかというようになった。そんな低い音のための低音ホーンは巨大な寸法で、とうてい家庭用の範囲の寸法どころでは収まらない。つまり時代の要求は、ホーン・スピーカーの実用限界をとっくに超えてしまっており、それを実用的寸法で実現できるのは、バスレフレックス型か、または密閉型になってしまっているのである。

周波数特性の低音限界という点のみを考えただけで、ホーンロードはもはや家庭用になり得なくなってしまっているのが、今日のオーディオ技術なのだ。

バックロード・ホーンというホーンロードの中の一変形であるこの形式は、以上のような低音限界以外に、もっと大きな問題点がある。それは、ひとつのユニットの前面から輻射される音響エネルギーと、背面からのエネルギーの両方を生かすという点にあり、背面のエネルギーにホーンロードがかかることにより効率よく低音感を得ようというプラス面は、そのままマイナス面を生じてしまう。

背面からの音は前面に対して逆相であることによるエネルギー相殺だ。

ホーン開口部でちょうど逆相となる音、つまりホーン長が1・5波の周波数「340/ホーン長＝周波数」で計算される音で、ユニット前面のエネルギーとホーン開口からのエネルギーは逆相のために相殺されてしまうことになるわけだ。

もっとも、そうした現象はホーン長が半波長の音、つまりその相殺されてしまう音のちょうどオクターブ低い音に関しては、逆にユニットの正面の音と背面から出たエネルギーが開口部では正相となり、相加わってエネルギーとして2倍になるわけである。

こうした現象は、バックロード・ホーン独特のもので、これは周波数特性を測ると、はっきりと出てくる。

つまり、低音のある周波数では急峻なる谷が生じ、そのオクターブ低い点ではピークができるはずだ。

もっともこれは測定点がスピーカー・ユニットのあまり近くではかっきりせず、ある程度離れていないと、開口からのエネルギーが相殺され、あるいは相加わるように出てくるものではない。

しかも、ごく低い点ではもともと、なだらかな低下のあるのが普通だから、ピークといっても、それほどはっきりしたものではなくなってしまう。そうした現象はかなり具体的である。実例としてハークネスのような1・8mの長さのホーンでは、次の周波数340／180≒190、つまり190Hzで必ず鋭く深いディップが周波数特性上に生ずるはずであるし、そのオクターブ下の95Hzにはなだらかになってしまったピークが出てくる。

つまり、この周波数特性の示すものは、今日のハイファイ・オーディオ技術の狙わんとする「フラット・レスポンス」とは似ても似つかぬものであるに違いない。

これがバックロード・ホーンの実体だ。

あるメーカーがバックロード・ホーンを試作したとき、より低い低音まで狙った。当然のことながらホーンを長く、開口を大きくした。そうして出来上がった箱からはとうてい低音感は出てこなかったという。これはたとえばホーン長を2・6mとしたら、低音感を感じやすい130Hzにディップができるため迫力がなくなり、そのオクターブ下の65Hzというピークからは低音感というより、振動のみを感じさせてしまうため不自然な音になってしまうのだろう。

JBLのハークネスに限らず多くの海外製バックロード・ホーンのほとんどすべてが、1・8m、つまり6フィートの長さを持っているということは、こうしたバックロード・ホーン独特のピークとディップとをうまく使いわけるためのノウハウであるように思われ、それがバックロード・ホーンの、特に大型の場合には、絶対的な条件のようにさえ思われる。こうして、バックロード・ホーン特有の音は、その動作上の必然性から生じてくるように思われる。

しかし、それではバックロード・ホーンは、今日の「フラット特性重視」から考える限りちっとも良くないではないか、ということになってしまう。

事実、バックロード・ホーンは、確かにいかにもバックロード・ホーンらしい低音を響かせる。それは、フラットとはほど遠い低音の周波数特性によってもたらされるものだろうか。

もしそうだとしたら、精密なるグラフィック・イコライザーでも使って、低音域特性を変えたら、はたしてバスレフ型でさえもバックロード・ホーンの音になるのだろうか。

答えは「ノー」である。

つまりバックロード・ホーンの音は、いま述べたような周波数特性だけのせいではない。そしてバックロード・ホーンの音の中で、この周波数特性以外のために生ずる部分こそバックロード・ホーンならではの優れた部分、音としての特長といってよい。これは今日のスピーカーの測定によっては決して出てこない面であり、だからこそ、多くの人に正しく理解されることのない面なのである。これは、バックロード・ホーンだけの特長でもある。

バックロード・ホーンは優れたバッフルだ

技術進歩の発達しつくした今日でも、スピーカーほど変った新型の出る分野は他にない。アンプもカートリッジもプレーヤーだって、常識となっている基本理論をくつがえすような新型やアイディアは出てこないものだが、スピーカーの場合はそれまでの常識とは逆のものだって出てくる。家庭用として、指向性が拡がっているほどよいとされているのに、鋭いから良いのだという新型さえある。

バックロード・ホーンの良さの最大点は、スピーカー・ユニットの振動板の背面が開放状態にされていることによる、振動系の動きの自由度の高いことだと私は思う。

こうした点でもっとも優れているのは平面バッフルだ。正面と背面とが変らない状態にある。振動系からみて、平面バッフルの場合、さらに背面の音が室内に反射して高いエネルギー源としての効果も加わることになる。

いずれにしろ平面バッフルの音は、箱型で背面を覆ってしまったバスレフや密閉箱とは違って実にのびのびと鳴ってくれる。その音の粒立ちの良さは例えようもない。立上り、立下りともクッキリとして、クリアーなことこの上ない。

よく「平面バッフルを使っているけれど、近いうちにバスレフにするつもり」などという話をされる人がいるが、低音の延びばかり気にせず音のひと粒ひと粒の解像度をよく聴いたら、平面バッフルの方がずっと良いことに気付くのにと残念に思うことがよくある。

平面バッフルを私は長く使っていたせいか、そうした良さが箱になってからまったく失われてしまうのが長い間気になって仕方がなかった。

ハークネスを用い始めたとき、それがバックロード・ホーンとしての良さの最大点として私には受け止められた。低音から中音の粒立ちの良さは、バスレフとは比較にならず平面バッフルに匹敵する。これぱっかりは、耳で確かめる以外になく、それ以外、どんな説明もできないわけで、そのため音の判る方以外には、言葉ではとうてい判らせられるものではない。

もっとも、それでは、音楽再生において、そこまで解像度を要求する必要があるかどうか、という点が新たなる問題として浮かんできそうだ。なぜならもしこれが肯定されるとすると、バックロード・ホーンの方がバスレフよりも良いことになってしまうし、これは現代のハイファイにまっこうから対峙してしまうことになるわけで、それはどうも大変な問題となりそうだ。

そこで最初に述べた言葉を想い起こしてもらおう。つまり「良い」というのはある面から見たときに「良い」ということで、同じことが視点を変えれば「悪い」結果となる。バスレフの低域まで延びたフラット特性をとるか、音の粒立ちと立上りの良いバックロードをとるか、それは音楽の聴き方、その中の音の捉え方で変ってくる。

一般的クラシック音楽のように、コンサートホールでの演奏が聴き方としての源にあり、再生はその理想としてコンサートホールの再現にある、という場合、これは音の立上りを望むよりもフラット特性をとるだろう。立上りの鋭い音が、音源から離れた聴き手に捉えられるわけもないし、また再生上にもその必要性がないからだ。

ジャズや、あるいは間近かな楽器の音を、そのまま再生しようという場合には、こんどは音源から近いだけに、音のひと粒の再現性は重要だし、立上りは再生上、大きなテーマとなってくる。

だから、ジャズ、打楽器・ピアノも含むソロを間近かな感じでリアルに再現するときにこそ、バックロード・ホーンのサウンドは限りなく頼りになるし、本当の力を発揮してくれることになる。

付言すれば、今日の再生音楽のためのソースは、ますますオンマイクになり、それは現実の聴き手よりももっとずっとクリアーな立上りのよい音を捉えているのである。

（一九七五年）

CWホーンシステムをつくる

まえがき

某月某日、H君の訪問。

大学出で、学校時代を通じてロックバンドのリーダーとして、ベースを弾いたりドラムをたたいていたり、むろんピアノも弾きこなすという、かなり本格派のプロミュージシャン志向だったオーディオ・マニアのH君がやってくる。

「スピーカーを作ってみたらすごい音が出るのでぜひ聴きくらべたい」といって持参したのがなんと、『ステレオサウンド』誌15号工作室のスパイラルホーンであった。

「板もずい分値上りしましてね。材料代だけで1万円近くもかかった」とのことで、スピーカー・ユニットはフォスター103Σ。さてアンプにつなぎ、手元にあったブックシェルフ型と聴きくらべると、H君の顔色はなんとなく冴えない。

「うちで聴いてたときは、もうひとつのよりもっとずっと力のある低音で、ベースの音程の違いや指の動きにつれていままでは判んなかった音も、はっきり差が出たんだけど」

「いままでは判んなかった方がひどいのだろうけど、そのスピーカーは？」

「パイオニアR70ですよ。ジャズ向きというんで選んだんだけど、低音の力がなくて」

「そこで力強く出るこのカタツムリ型ホーンっていうわけね」

「しかし、ここで聴きくらべると全然低い方が出てないんだなあ」

これもパイオニアの新型ブックシェルフCS－W5。

「せっかくまる一日かかって作り上げたんですよ。置き方を変えてもだめかなあ」

厚板の机の上にのせたり、板張りの床の角に押しつけたり。

「やっぱりこんな床を伝ってくるようなベースの響きは出ないな。ビリー・コブハムのドラムが冴えたスティックさばきは判るけど、こういうドスンというベースドラムの力が全然ないなあ。どうしたら出ますかねえ、この自作システムでは」

「こりゃあ、だめだよ、出っこない。この小型のホーンではしょせん、この上ついた低音がせいいっぱい。いくらやったって出てない音は出せないな」

「聴いてて、いいなあと思ってたんだけど……。低音がこれだけ入ってるのを聴けないんじゃあ、ちょっとガッカリしちゃうな。エレキベースがこうも違うと判ると、とてもロックは聴けないな」

「そりゃあ103がこれだけ鳴るんだから悪くないよ。でもやっぱり本当のハイファイじゃない」

103は103の使い方があって、その範囲で使えば最高の、何にも負けない抜群の音を出してくれる。しかし、103に対してオモチャみたいなホーンを付けたら、せっかくの103の十分のびた低音域は、中途半端な低音でしか響かなくなってしまう。もし103を十分低い音まで出そうとするなら、バッフルか、密閉箱か、バスレフでなければならない。

というわけで、この新シリーズの幕が開く。

レジャー時代の永くうとましくもてあます時間を、ドゥ・イット・マイセルフ、セルフメイキングという単純な発想じゃなくても、ことステレオにおいては誰も持っていないものを使えるというのはカッコイイもんだ。個性派コンポーネント・ステレオのひとつの究極に、自作派の位置する理由がここにある。

自分の手で創るということ

オーディオに限ったことではないが、どんな趣味においても、自分の手で創るということでの喜びは大きい。しかし、もっと重要で意義があるのは、その喜びだけでなく、趣味そのものに対しての理解が深まり、非常に広く、深く、熱いものになる。それは物を見る眼や考えるところが、深く徹するところから出てくるからだ。創ろうとするところには、通り一遍の知識ではすまなくなり、すみずみまで眼を光らせ、僅かでも聴き逃さじと耳をそば立てる。つまり物に接するのに緊張度がまるで違う。

「オリジナルまたは原形」のすべてを知り尽しておこう、という意識が強く働くからだ。

自作する側の内側には、少なからぬ経済的な理由が内在するのが常だ。良いものは高価だし、そんなに高くては買えない。しかし人並みに、あるいは人以上に良いものが欲しい。それが自作をうながす大きな力となる。

だがもうひとつの理由、それこそ自作派の大義名分だ。

他人《ヒト》とは違うのボク。

これである。みんなと同じものを持つのは味気ない、というところからスタートする。実際にはどうかというと、昨日まで皆と同じものでないと気になって仕方なかったのに。いわく、全段直結ＯＣＬからはじまって、ＤＤ《ダイレクトドライブ》プレーヤー、ソフトドーム……。ひと通り判ったが、そのつもりになったときにある限界を感ずる。そしてそこに到達する。

他人とは違うのボク。

それからアンプは真空管になり、古典的なアンティック真空管を追いまわし、時代がかった古き良き時代の、といってもステレオ初期ぐらいの高級パーツ、超大型システムを目標に選ぶ。理由は他人の持っていない稀少価値。

ここらあたりが、自作派と懐古趣味的収集派との分岐点になる。積極的で技術に強い、あるいは強くなりたいと願い、技術志向が強く、労をいとわず少々の冒険も辞さない。それが自作派だ。

何を創るか

ところが、自作派もひとつの弱いところ《ウイークポイント》があって、本来、技術に強いといって最初から精通しているわけがないから、自作にかかるとき手強そうなのははじめから避けてしまう。なるべく組みしやすく、しかも、もし失敗しても大してマイナスを背負いこまないように、金がかからずに安く作れるものを対象として選んでしまいがちになる。

しかし、考えてみれば大したことのない素材が、いくらどうやってみてもすばらしいものに変身するなんてわけがない。技術というのは超能力とは違うから実に正直で、最高《サイコー》のものというのはどうやってみたところでまあまあのところからは生まれ出てこない。

つまり自作派の対象物は、常にまあまあのものとか、価格にしてはいいね、という程度のいわゆるコスト・パフォーマンスの点で良いという、実用品的性格の強いものとなってしまうようだ。

考えてみれば、自作派のネタとしてのこの種の記事にも、真の意味でオーディオの「高級品」といえるようなものは、いままでになかった。

自作派の志向するところをあまりによく編集者が知りぬきすぎていて、それを基として自作の対象をきめ、推めるからだろう。

しかし、よくいわれるようにオーディオというものは、趣味としては他に比類ないくらい高いレベルでのぜいたくさを秘めている。

ステレオとは音楽とその人の心との接点に位置し、その人にとってこの上ない大切な、豪華な、人生においておそらくもっとも崇高なひとときを演出すべき道具だ。その道具に対して、まあこのくらいならいいや、と妥協してしまうのも決して少ないことではない。だが、敢えてそれでも、どうしても妥協は我慢ならぬとすべきではないか。もしも、その人にとってそれが人生における最大のひとときと信じ、そう願いたいのなら。

そこで、自作派といえども、こうしたオーディオの本来の姿をよくみつめて、対象を選ぶことがこれからは好ましいのではないか、というところにこの新シリーズの工作室の意義があろう。これからはますます余暇も増えようし、時間はたっぷりある。じっくりと、本当に良いものを作り上げよう。

自作派マニアでなくても、何かを作ろうとするときに考えるのは、「買ったら高いけれど、作るのなら費用としてはそれほどでもなく、出来上がると高い価値を持ったもの」だ。

つまり、骨折りそのものが高い価値を持ったものということになる。

ホーン型のエンクロージュアやホーン・スピーカーほど、ぴったりとこの条件に当てはまるものは他にない。管球アンプだって、パーツ代がすごい額となる点で足もとにも及ばない。

スピーカー・エンクロージュアを創る

スピーカーのエンクロージュアを自作する、というのは簡単な大工仕事ができる程度のコツで、まあ誰にでも、といえるほど作り得る。しかし、ホーン型のエンクロージュアとなると、誰にでも作れるというわけではない。だが、それを作り上げるコツは、実は仕事のうまい下手ではなくて、ただただコツコツと、長続きする努力をなし得るかどうか、のひとつに限る。無器用な手でも、正しい設計のもとで正確な、まっとうなホーン型エンクロージュアは作れるのだ。

自作派としては、少しぐらい手間どっても、商品として割高の大型エンクロージュアなどは作りがいのあるものだが、特に最近のメーカーの製品としてはめっきり少なくなった、ホーン型のエンクロージュアなんかもってこいだ。ホーン型国産品は山水から1種、コーラルから2種あるのみだし、むろん高価だ。

しかも、どのエンクロージュアも年々上昇気味の人件費で、当初よりもかなり値上りしているのも事実だ。

もっともこれは日本に限ったことではなくて、ＪＢＬのシステムやエンクロージュアでも、３年前にハークネスをカタログから落している。以前あったＣ３４バックロード・ホーンもすでに6年前に姿を消したまま。プロ用だってシステムとしては出ていない。いまのメーカーの体制ではこうした複雑な構造で手のかかるエンクロージュアは、もうすっかり敬遠される存在となっているわけだ。

山水のＳＰ７０７Ｊは、こうしたＪＢＬの肩代り製品として大々的なスタートをきったが、やはり手間のかかるエンクロージュアは格子グリルとウォルナット仕上げとはいえ、価格の上でかつてのＪＢＬのＣ４０と同価格、しかも常時品薄というマーケット状態が、この種のエンクロージュア製品としてその地位を保つのにいかにめんどうなことかを物語っている。

ホーン型の特長として、低域のエネルギーの大きいことがなによりも挙げられるが、その低音の質の高さもむろん他のエンクロージュアでは得られっこない。フォスター１０３を入れた小さなホーンも、その良さはその点にあるのだが、なんといっても音の立上りがすごくいい。それは、小さい振動板によるものだが、平面バッフルとホーンロードとが瞬間的な大入力のピークにもよく即応してくれる。一度こうした音の本質的な良さを知ると、バスレフ型を使う気がしなくなるくらいだ。

CW型バックロード・ホーン

だが、まともなホーンはそのままでは自作ができるほど簡単ではない。そこでこのCWホーンが注目されるのだ。ホーン型では、精度を高く設計して細部まで手をぬかずに正確に作る、ということが特に要求される。

もう5年以上も経つが、ＪＢＬのバックロード・ホーン・ハークネスをそっくりモデルとして作ったことがある。

あらゆる寸法を正確に作り上げたが、ただ板厚のみをＪＢＬでは19㎜だったのを30㎜の厚い板にした。したがって総体的に内部容積、したがってホーンの長さも断面積もほんの少しだけ小さくなるには違いないが、板厚だけでこんなに違う。当り前かもしれぬがホーンだからガッチリ作ればよい、と信じていたが、そのときに教えられたのは理屈と実際の商品とは違うんだなあ、ということだった。

そうなると、ホーンというのは一体何を基準にし、何を頼りにして作ったらよいのか初心者でなくったって迷ってしまう。板を薄くして響かせた低域は、ホーンの特長でもある歯切れの良さを失うに違いない。しかしそれが現実の商品としての製品だ。

そんなとき、昔の古い米国オーディオ雑誌である〝AUDIO〟誌55年11月号に、「CW型バックロード・ホーンの作り方」の記事を見つけたのだった。書いているのがミスターD・P・カールトン。本文の中や注釈によると、彼は一九三九年〝QST〟誌12月号のE・E・コムズ氏のエクスポーネンシャル・ホーンの製作記に惹かれて、そのホーン製作の手伝いをしてそのすばらしさを知り、CW型バックロード・ホーン・エンクロージュアという作りやすい形として発表したのだ。

今日CW型バックロード・ホーンとしてもっともよく知られているのは、JBLのハークネスと呼ばれるC40であり、縦型のC43とさらには15インチユニット2個入り大型のC55がかつてあった。

現在ではプロフェッショナル用としてC43をややモディファイした4530、さらにC55を基本とした4520がある。この他に、昔から英国ローサーのシステム、ローサー・アコースタが小型ながらCW型のバックロード・ホーン・エンクロージュアだ。

ホーン型はなぜいいか——その理論

スピーカーは、どんな急激な立上りに対しても、またいかなる周波数にもそれに応じなければならないから、振動板をなるべく小さく作るのが好ましい。重く大きいものは振動し難いし、しても急激な変化には追いつき難い。だが、小さい振動板は音が小さい。その小さい音をホーンにつけて拡大しようとするのがホーン・スピーカーだ。ホーン型というのは、ホーンの開口の面積全体が空気の疎密波を放射することになるので、逆にその大きな面積に小さな振動板でエネルギーを与えることになるから、振動板は小さくてもユニット自体では大きな力が出せる、ということが肝要だ。

結論からいうと、ホーンがスムーズに動作した場合には振動板の面積と、開口部の面積の比だけ、輻射面積拡大の作用があり、その拡大に反比例して、振動板は力が加わるよう動作を強いられるということになる。

さて、ホーン自体がスムーズに動作するためには、ということが今度は気になってくる。振動板から出た音はホーンに沿って前に進むにしたがって音圧が徐々に下がり、遂に開口から空間に放射される。音圧が徐々に下がるその下がり方がもっとも自然なのは、エクスポーネンシャル・ホーンと呼ばれる双曲線カーブが特に好ましいということになる。音響ホーンは、基本的にはこうしたエクスポーネンシャル・ホーンのかたちをとっているものが多い。

このエクスポーネンシャル・ホーンでは、ホーンの喉のところから一定の距離xだけ離れたところの断面積が、次の式で表わされる。

断面積＝のどの断面積×emx

mはひろがり係数と呼ばれるもの。

eは自然対数2.718……。

ひろがり係数mによってカットオフと呼ぶ低音の下限周波数が決まる。

低域遮断周波数＝m×音速×1／（4×3.14）

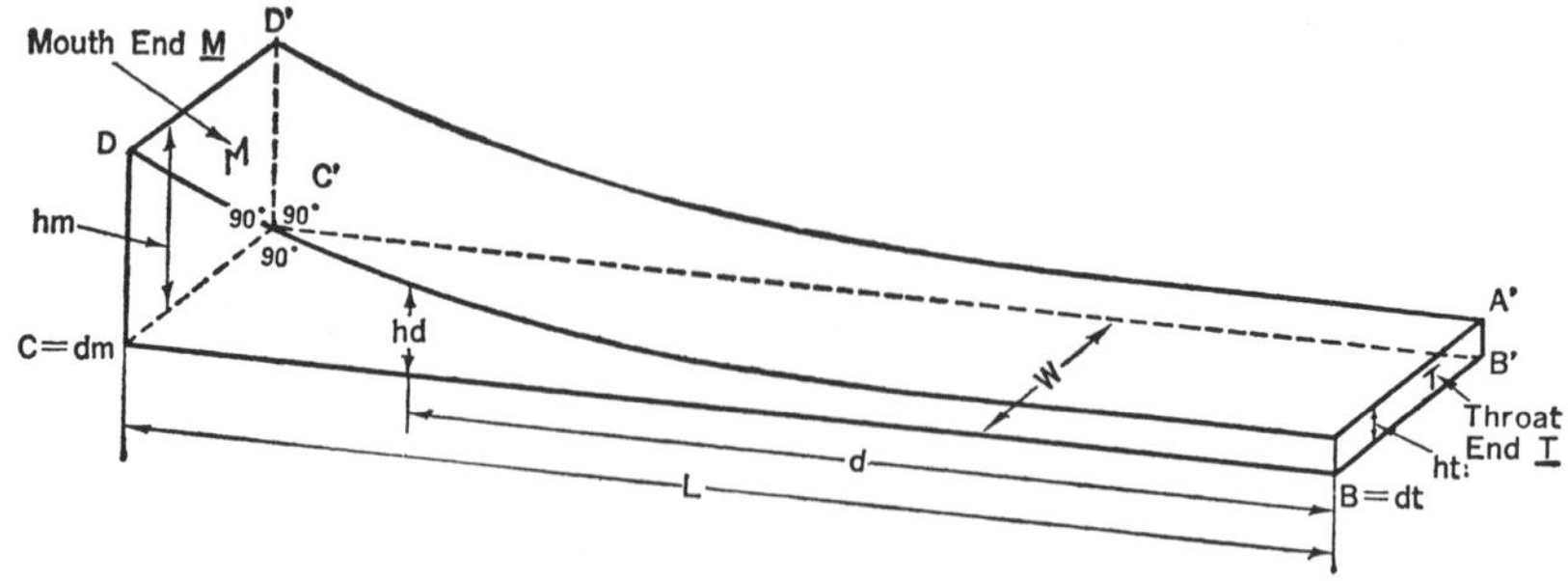

CWホーンの基本展開

ひろがり係数＝4×3.14×低域遮断周波数×1／音速

　こうして計算された遮断《カットオフ》周波数は、実は無限に長いホーンに対してで、現実のホーンのように寸法が決まっていると、開口の大きさでも遮断周波数は制限を受けている。それは開口の周囲長と等しい波長となる。つまり、開口の周囲長が使用周波数の波長より長ければよいということになる。

　実際には、CWホーンをさらに折り曲げ型としたものでは、フレアによる低域カットオフよりも開口部によって低域限界を制限されることが多い。

　実際にホーン・エンクロージュアを作る場合には、丸いホーンより断面積が四辺形の方が作りやすい。

　さらに、すべての辺が徐々に変化するものよりも、二つの面を平行な形にしたホーン、つまり一定幅（コンスタントワイド）のエクスポーネンシャル・ホーンとしたものの方が作りやすい。その上、このホーンを折り曲げ、たたみ込んで、なるべく四角の箱型の中に押し込んでしまう、という形にすれば製作はずっと容易だ。

CWホーンの設計（〝AUDIO〟誌55年11月号より抜粋）

この断面は矩形で、高さはスロートから開口まで、長さに沿って指数関係をもって変化する。この種のホーンには、CWホーンという名称がつけられてきた。この種のCWホーンでは、いったん長さとフレア率が決まると、幅は指数布置を変えることなく、ホーンからホーンへと変えることができる。

〝CWホーン〟の基本展開態様は、前頁に示してある。L、W、ht、hmの値は、以下において述べる。ホーンは、次の二つの実用的な理由からたたみ込まなければならない。最も明白な理由は、ホーンを便利な大きさと形をしたエンクロージュアに合せるためである。もう一つの理由も同じく重要であるが、ホーン自体が低い周波数帯域を伝達するという点にある。しかしながら、ホーンを適当にたたみ込むことにより、ドライビング・スピーカーは、重要な中音域の直接放射用として用いることができる。

本機は、このエンクロージュアに取り付けられた、たたみ込み式エクスポーネンシャル・ホーンで長さLが6フィート、一定幅Wが17インチである。断面は矩形、断面の高さはのど部でht1／0・75インチから開口でhm10インチまで変化する。対応する断面積は、30～170平方インチである。マクラクラン氏によると、この寸法のホーンには、25Hzの低周波カットオフがあるという。このホーンでは、併用する8インチ・スピーカーの低音域を制約しないよう、慎重に設計した。

〝CWホーン〟のこの型では、オープン・オルガン・パイプとして働くときに、基本周波数frが約

90Hzとなり、また主要ハム周波数60～120Hz付近で、ホーン共振を避けることができるように考え、長さLを定める。定式すなわち、

fr=1100/2L

（式中frは90Hz、毎秒1100フィートは、空気中の音速である）を用いると、Lの算出値6フィートとなる。

CWホーンの使用ユニット

このCWホーンは、使用ユニットとして二つの8インチ（20㎝）のフルレンジ型をいくつか指定している。55年の時代で19年前だからいまでは名前さえ残っていないストロンバーグ・カールソンとか、パーモフラックス、スティーブンス、ユニバーシティなども記されているが、今日も現存するエレクトロボイス、ジェンセン、アルテック、ジムランシング、それにフィリップスなどは使える。アルテックは403Aフルレンジ、エレクトロボイスはSP8Bフルレンジ、リチャードアレンはニューゴールデン8T、国産ではコーラル・ベータ8、パイオニアPE20などが使用を薦められる。

JBLの製品としてはLE8T、そのプロフェッショナル版2115、さらに、ややポピュラー型のD208、そのプロフェッショナル版2110がある。2115以外はインピーダンスが8Ωのみで、それを2本用いるとなると、並列接続しか薦められないのでシステムのインピーダンスは4Ωとなる。

8インチが2本という変則的な使い方をしている理由を考えると、スピーカーの収納箱の大きさ自

体がきわめて浅いため、奥行き寸法が長いものはすべて避けねばならぬ。しかもせっかくのホーンの最大特長でもある歯切れのよい音は、振動板が軽いほど有利なのだ。

実際に、20㎝では有効面積で30㎝クラスの半分だから、30㎝ひとつと同じ面積となり、しかも価格的に一般的にはずっと安上りになる。その上、奥行きの心配はない。一般にホーン・ドライブ用としてコーン型を用いるときは、
☆振動板が丈夫で軽いもの
☆マグネットの強いもの（磁束密度）
☆ボイスコイルの有効体積の大きいもの
（コイルの直径の大きいものほどよく、またロングボイスコイルは好ましくない）
☆f_0はあまり低くなくてもよい。
（f_0の極端に低いものはロングボイスコイルでだめ）

判りやすくいえば、f_0が少々高く能率が高いほどよいことになる。

そうなると、ハイエネルギーを狙ったＪＢＬのプロフェッショナル・シリーズなんかがもっとも好ましいということになる。

16Ωインピーダンスの２１１５が第一推奨という理由は、高能率に加えて、並列で８Ωとなり、あとから高音用を加えようとするときに、ネットワークにも困らない。

トランジスター・アンプでは、負荷インピーダンスが低い方が大きなパワーを送り込めるが、逆にその場合、アンプの出力トランジスターへの電流が大きすぎてアンプの出力段保護回路が動作し、アンプ動作を停止してしまう。８Ωを２個並列にしてインピーダンスが４Ωになる場合、そうしたトラ

ブルが音量を上げると頻発してしまうことが予想される。2110その他8Ωユニットの場合は、そのための注意が必要だ。

二つのスピーカーを用いると、その音は二つの中央から聴こえてくる。だから、ひとつでも二つでも同じだとはいえない。中高域では、二つ以上のスピーカーの場合、それぞれの振動板の位相のずれも問題となる。いくら同じに作られていても、高域では理屈通りのピストンモーションをしているとは思えないし、そうすれば分割振動による高域の位相特性は著しく悪いものとなる。

フルレンジか、あるいは低音用高級システムへの第一歩として、本来2本のドライバーを、はじめ1本のみで動作させ、あとから2本目を購入して加えるやり方は、初心者にとってなじみやすいといえよう。さらにもっと高級化し、完壁となる高級品への道、それはJBLの音響システムと同じように2ウェイにする——LE85をHL91ホーンと組み合せたものなど、まっさきに薦めたいが、反面、金もかかるし購入し難い。自作の中高音ホーンも考えられる。

バックロード・ホーンの場合、最低音域に対してはホーンロードとして作用し、開口面からカットオフ周波数付近の低音域が鳴り響いてくれるが、その付近から高い音域に関しては、ほぼユニットの高音域特性そのものが働く。ホーンロードがどのくらい上限の音まで及ぶかというと、それを納めるスピーカー収納部の容積の大きさなどが影響し、たとえばあまり大きな収納容積は逆に、ある程度高音減衰の効果をもたらしてしまう。そうはいってもそれはなだらかな周波数特性で、ほぼスピーカー自体の周波数特性できまる。

しかし、ホーンロードの低域のエネルギーは中域以上に比べて格段に大きいから、平均音圧レベルは低域で上昇し、周波数特性として低域で十分なパワーを感じさせる。それは入力信号で考えると、振幅の大きい低域で十分な音が出れば、当然アンプのボリュウムは上昇させないですみ、それがアンプの動作状態を軽くすませるので、アンプ自体の歪みは減ることになる。

ＪＢＬのハークネスをこの８年間使ってきて、理論的にあいまいな点が多いながらも、それなりにバックロード・ホーンの味の甘さや辛さを誰よりも知っているつもりだが、轟くような低音が、よく聴かされる小型の密閉型やバスレフとは全く違って、冴えた力強さを秘めている。これは、ジャズを間近なプレゼンスで再生すると、実感として受けとれる。それはずばりアタックの迫力の魅力だ。20㎝ユニットによってハークネスと同じサウンドを期待できるのが、このＣＷホーンなのである。

（一九七四年）

私とＪＢＬの物語

ＪＢＬが変ったのか、私自身が変ったのか、近頃はＪＢＬの新しい製品《プロダクツ》に接しても、昔ほどの感激はなくなってしまった。

ＪＢＬでも私でもなく、変ったのは世間かもしれない。世の中が物質的に豊かになり、めぐまれたこの頃だ。私自身もその中にあって忙しくなり、音楽に対する接し方が、かつてとは違ってきたのかもしれない。いや、確かに自分は変った。若かったあの頃とはすべて違う。

昔は、買いたくても、それに憧れても、容易には自分のものにはならなかった。いまは、欲しければ、すぐにでも手元における。いや、欲しいとまでいかなくても、単に「あれば良い」という程度でも買い込んでしまう。欲しくて欲しくて、それでも買えなくて毎日、毎日、そのスピーカーをウィンドウ越しに眺め、恋いこがれてそれでも容易には買えなかった。だから手に入れたときは、感激も強く、その感激にひたりながら聴いた音は生涯忘れられっこない。

いまは、そういう環境が欲しいけれど、過ぎし過去は現実の問題としても不可能だ。来てしまった道はもう戻れっこないし、昔、苦労して辿《たど》り、足を引きずって歩いた道が、やたらなつかしい。

「あれを鳴らしたら、いいかも」と熱の上ったところで入手しても、堅いボール紙の包装さえとかずに部屋の隅に転がし、忙しさにまぎれて幾日か経ってしまう、というのが常だ。封を切るのももどかしく、箱の底に顔を出したユニットをなでまわした頃がなつかしい。

若かったあの頃が、うらやましくさえある。物質的な豊かさは、精神を貧しくしてしまうというのは、たぶん真理だろう。

しかし、それにしても、JBLも変った。L26ディケイドが猛烈に売れ、世界的にすごい人気となると、L26をシリーズ化し、L16普及型からL36高級品を加えるという。

この三種が従来のランサー・シリーズにとって替って、ブックシェルフ型の主力となろう。スタジオ・モニターとして従来からの4320もまたシリーズ化されてクロスオーバーを変えた。スタジオ・モニターも新たに大型の4350が、新たなるJBLのブランド・イメージ的背景を担って登場した。ひとたび引っ込めたアクエリアス・シリーズが再び、角柱型のアクエリアスを大型化した形でアクエリアスQとして登場した。たぶんHK(ハーマン・カードン)製だろうが片側300Wの大出力アンプがプロ用アンプの戦列に加わった。こうした一連の動きを見ると、最近のJBLもまた変りつつあるし、昔とは変ったと思う。

現代は、古き良きものがそのままの形で保たれたままでいることを拒否しつくすのか。

D130

D130が名ばかりのジュウタンを敷いた8畳の洋間、というより板張りの部屋で鳴り始めたのは、57年の11月末だった。

ひと晩中、ウェストミンスター・レーベルの「幻想」を鳴らし続け、初冬のおそい朝が白みかかって、寒くて、毛布を引っ張り出した。

D130は、プレーンバッフルの、たった1メートル足らずの角板に取り付けられたままだったが、自作の6L6GPPの、30Wのアンプで床を響かせた低音が這い上がってくる感じで体を震わせた。

D130がこうして手元にあるのは、僥倖《ぎょうこう》みたいなものだった。

池田山の奥の接収家屋にいた、アメリカ空軍高級将校の居間の本箱に取り付けられていたD130の音は、最初その広い洋間に足をふみ入れたときに、本物のグランドピアノの姿を探しまわった視線の記憶とともに生々しい。

ステレオに改造してくれないか、と人づてに依頼され、スピーカーをパイオニアの15インチ2本に取り替えて、余ったD130。大きくうなずきながらオーディオフィデリティのレコードのステレオの音に満足した老軍人が「ウォンチュー？　OK、プレゼント！」と上きげんの気前良さがあったからこそ、名前と姿の良さとに惹かれていた願いにも近い憧れが満たされたのだった。重くて、五反田の駅のまだせまい階段の途中で、手を持ち替え、持ち替え、自慢気にむき出しのままのD130は、そうでなくても人の目を惹いたが、自分の部屋で音を出すまでのもどかしく、長かった帰路の道すがら。

このD130のおかげで、プリアンプは再三、作り替え、12SL7から12AX7に、それもやっと手に入れたフィリップス製ECC83にたどりつき、トーン回路なしのイコライザーだけに、ボリュウムとローカット・フィルターと、12AU7のカソードフォロアー付きになった。一番の難点は、いままでのグッドマンでは何の気にもしなかったモーターゴロが、どうにもならぬくらい目立ったことで、それはまさにコーン紙の大ゆれという形で眼についた。ストラヴィンスキーの『春の祭典』からさらに『兵士の物語』に、それからファリャの『三角帽子』にと、D130になってから、聴く音楽も、不思議なことに小編成の器楽曲に移ってきた。

もっとも、それは、その頃、昭和30年前後に、そうしたレコードに新しい録音の優れた、いわゆる楽器の音の分離のよいのが多かったためかもしれない。

そう、そのD130が一番力を発揮したのはピアノであった。多分、今日の標準では高音がずいぶん足りなかったはずなのに、ピアノのタッチのきわ立った音、フルコンサートの床を圧するような低弦の響き。それは、いままでのスピーカーには到底なかったパワフルなエネルギーを、直接体に感じさせた。

それに、もうひとつ、その頃、すでにハイファイ録音を実現していた、リヴァーサイドや、ブルーノートのディキシーランドが、無類に力強く鳴った。もっともディキシーランドでは、グッドタイム・ジャズのボブ・スコビーのフリスコ・ジャズバンドや、ファイアハウス・ファイヴ・プラス・ツーの方が、音はずっとクリアーで輝かんばかりの高音や、低音の豊かで圧倒的な響きは、ただ音だけでさえそれに酔いしれるほどだった。

D130は、その頃やっと這いまわっていた長男が、センターのアルミ・ダイアフラムを指先でついて大きく凹ませてしまって、その時ばかりは声も出なかった。苦労して、セロテープの接着力によってなんとか元に戻したが、凹んだ跡には泣くに泣けず箱に入れることを思い立ったが、これがまたひとすじ縄ではいかなかった。2・5㎝厚の堅いラワン板を見つけてきて、昔、家具を作る手伝いをしたというトーキー屋仲間に頼んで作ってもらった箱は、50×90×120cmとかなり大きく、カタログから見つけたC34風の密閉箱であった。しかし、このぶ厚い箱をもってしても、D130の高能率、高エネルギーが補強でガンジガラメの箱をビリつかせた。後蓋の補強桟をよけて開けた2cm径のいくつかの孔が20個ぐらいになったら、やっとビリつきがおさまり、バスレフ的なゆたかな低音の響きと変ってくれた。

しかし、このときはっきりと悟ったのは、ピアノの力強さは、貧弱な平面バッフルにかなわないという事実だった。

だからいまでも、JBLにおいては、バスレフに入れたハイエフィシェンシー系を私はかたくなに拒む。4320も含め。

D130は、手元にはむろん1本しかない。パイオニアをやめたときに手元に残った38cmのPAX15BというD130的外観上のフィーリングを持ったスピーカーをステレオ用として使おうと試みたが、形は似ても、音はまるで違って、とうていステレオとはいかず苦心の末終ってしまった。

D130が1本だったためと、たとえばグッドマン・アキシオム80やワーフェデール・スーパー12の、当時手元にあった他のいかなるスピーカー2本によるステレオとくらべても、D130の格段に大きいエネルギーと、リアルな楽器の再現性には及びもつかないのに、ステレオはあきらめてしまった。62年（昭和37年）になるまで、ステレオはおあずけになってしまった。

62年に入手した、AR2とADCポイント4によって、やっとステレオを実現するまでJBL・D130はそれ1本で十分だった。いかなる音楽を楽しむのにも自作の箱に入ったD130×1本の方が、はるかに魅力ある音を、響かせていた。

この原稿を書くのに、古い自作の箱を思い出し、物置から引っぱり出してみたが、前縁がホンの心持ち、上にそっているだけで、昔と少しも変らず、陽の光の中に懐しい姿を現わした。湿気とカビで白木《しらき》の板は昔の悪戦苦闘のあとがところどころ、色濃く変色していたが、何もかも昔のままで、スピーカーのない大きな取付け孔だけが懐かしくも虚しかった。このＤ１３０はその後、アルバイトが高じて半年ほど没頭したフェンダー・アンプの故障修理の際に、断線していたＤ１３０Ｆと、乞われるまま交換して貸して、そのまままぎれてしまった。手元には断線したＤ１３０Ｆが、１本残っただけであった。

そのフェンダー・アンプを使う当時のロック・サウンドの有名グループのミュージシャンのところに何度も足を運んだが、そのＤ１３０は遂に二度と戻ってこなかったし、そこでＪＢＬと私は中断した。

１７５ＤＬＨを加えて、２ウェイにしようかなという夢もまったくはかない夢でしかなくなった。当時、家庭も、子供も捨ててしまった自分自身の、その日暮しの人生の、明日も定かではない生活の底で、それはあるいは幻の自覚の上だけかもしれぬたったひとつのささえ。それを断たれてしまったのであった。

オーディオは、ＪＢＬがなくなったのとともに、我が身から崩れ去ってしまったのかと運命をはかなんだ。

Ｄ１３０が私に残してくれたものは、ジャズを聴く心の窓を開いてくれたことであった。特にそれも、歌とソロとを楽しめるようになったことだ。

もともと、アルテック・ランシングとして41年から5年間、アルテックにあってスピーカーを設計したジェームス・B・ランシングは、映画音響の基本的な目的たる「会話」つまり「声」の再現性を重視したに違いないし、その特長は、用途は変っても自ら始めた家庭用高級システムとハイファイ・スピーカーの根本として確立されていたはずだ。

JBLの、特にD130や130Aのサウンドは、バランス的にいって200Hzから900Hzにいたるなだらかな盛り上がりによって象徴され予測されるように、特に声の再現性という点では抜群で、充実していた。

ビリー・ホリデイの初期の録音を中心とした『レディ・デイ』は、SP特有の極端なナロウレンジだが、その歌の間近に迫る点で、JBL以外ではたとえ英国製品でもまったく歌にならなかったといえる。

JBLによって、ビリー・ホリデイは、私の、ただ1枚のレコードとなり得た。そして、その後の、自分自身の空白の一期間において、折にふれビリー・ホリデイは、というより『レディ・デイ』は、私の深く果てしなく落ち込む心を、ほんのひとときでも引き戻してくれたのだった。

AR2は、確かに、小さい箱からは想像できないほどに低音を響かせたし、二つの10cmの高音用は輝かしく、現在のARから考えられぬくらいに力強いが、歌は奥に引っ込んで前には出てこず、もどかしく、『レディ・デイ』のビリーは雑音にうずもれてしまった。

JBLを失ってその翌々年、幸運にも山水がJBLを売り出した。

D130ではなく、ずっと安いこともあって、LE8Tを、2本買い入れた。

それで、AR2と並べて、歌はLE8Tでないと、どうにもならないのを改めて知らされた。

聴くのは、もうジャズが主体となり、時折、プロコフィエフとフォーレであり、ファリャであった。ただ、ストラヴィンスキーは、なぜかジャズのすぐ後に聴いても違和感なしに接し得た。

夫の戻るのを願いつつ家を建てて、それも狭いながらわがままきわまる間取りで、2階には12畳強の洋室ひとつという家が出来上がったときに、妻は2人の子をつれて去った。

そのときには、本当にビリー・ホリデイを知っていてよかったと心底《しんそこ》思った。そして、D130でなくてもよいけれども、それはJBLでなければならなかった。

C53に入ったLE8Tは、歌において十分満足できたし、レンジも広く気に入ってはいたが、D130とくらべてJBLサウンドというには、あまりに違った形でしか私に迫ってこないのが物足りない、というより、どうにも我慢できなかった。

D130のサウンドでなければ、あのパワフルなエネルギーでなければ、私のオーディオは元に戻ったという気が全然しないのだった。

たまたま家にきたN君が断線したまま置きざりのD130Fを見つけて修理をすすめ、それを新品に替えてもう1本のD130とともに、つまり2本の新しいD130をクルマにつんで翌々日にはきてくれた。彼が神様のようにさえ思えた。

片方は平面バッフル、片方は箱という変則的な形であったが、D130がこうしてステレオで鳴り始めた。

67年の暮だった。

D130が再び我が家で鳴り出した。

それも、別れた妻の最後の亭主孝行ともいえる12畳の、多分誰にでもいばれるくらいのリスニングルーム風の作りの部屋で、私の手で鳴り始めた。乗り始めたクルマとD１３０のジャズとで、この頃のひとりボッチの私の24時間はそれなりに結構楽しく過ごせたと思う。が、なにか生活にポッカリと空いてしまった穴は、バッフルからD１３０を外した孔のようでもあったが、D１３０は私の心のうちに夢を育ててくれたのだ。もう一度、オーディオへの熱い息吹きとやる気を起こさせた。

　D１３０という15インチ・フルレンジ・スピーカーは、J・B・ランシングが独立したときの主力製品であった。本来フルレンジなのだから当然、１本のみで、そのまま音楽再生用として十分使用できるわけだが、それがデビューした50年代直前の頃の、つまりLP初期での条件としては十分でも、今日のというよりも、50年代後半以後のレコードに対しては、やはり高音域が物足りない。D１３０自体５０００Hz以上ではかなり急激に出力が低下し、８０００Hz以上ではさらに急激に減衰してしまう。だから今日の録音水準を考えると、そのまま1本でフルレンジ用とするには物足りず、高音調節《トーンコントロール》で相当のハイ・ブーストをしなければならない。

　しかし、そういう状態で使うなら、フルレンジ用としてセンター・ダイアフラムを持った単一の振動板による音響輻射のため、マルチ・スピーカーよりも音像の定位がシャープではっきりと確立している点が、他にかけがえのない大きな利点となる。これは音源として周波数対位相特性がよいためだし、そういう良さをそなえた16cmなど小口径フルレンジと少しも変らない。その上、大型コーンのため音響変換器《アコースティック・トランスデューサー》としての能率の高さ、エネルギーの絶対的な大きさという点では格段の良さを発揮する。つまりジャズやロックの再生のような、間近な楽器の再現性の上では、同じ音像定位がいいといっても小口径スピーカーの比ではない。ジャズにおいて優秀な理由である。

　ところで、こうしたD１３０の本来の良さは何にあるかというと、大きくいってそれまでのスピーカーに比べ、アルテックを通して得たに違いない映画のサウンドの基本たる「人声の帯域の充実」という点と「入力に対応する音響出力のリニアリティの良さ」の2点にしぼられ、これはそれ以後のJBLの圧倒的良さの伝統ともなる。

その技術は、強大なるマグネットと、4㎝という大口径ボイスコイルによる強力なる駆動力と、それを実現するためボイスコイルが磁気回路のヨーク幅の半分しか巻いてないので、過大入力に対してもクリップがごくなだらかで、大音量時の直線性が抜群にいいためだ。

そうしたD130の本来の良さを十分に認めようとせず、「高音が出ないから高音用《トゥイーター》を加える」というのは、音像定位の優秀性を捨て去るようなものである。私自身、D130をただ1本で再生していた期間が10年近くと長いが、その間、トーンコントロールで高音を補正しただけだ。高音用をつけたいという気が起きなかったのは入手し難いという理由もあるが、特に日本の家屋のように間近で聴く場合、それ以上に音像の定位の良さが欲しかったからだ。D130はできれば2ウェイでなくて、1本での良さをもっとよく知るべきだ。そう痛感しているから、よく人にすすめるのだ。

とはいうものの、自分自身はユニットの魅力にとらわれた。

175DLH

山水がJBLを扱うようになって、JBLの優れたユニットが割に容易に入手できるようになって、まっさきに狙いをつけたのは、高音用の175DLHだった。

175DLHは、まるで出来損《そこな》いのタケノコみたいだった。遠い宇宙のどこかの星に生えているかもしれない金属製のタケノコだ。

この妙な恰好は、ホーンの前に付加された音響レンズのためだ。
音響レンズとはＪＢＬのつけた呼び名だが、それはまさに凹レンズのように、その後からの高音エネルギーを、このレンズの前方の90度の範囲に拡散する。そのときの仮想音源はまるでレンズ前面の中心にあるかのようだ。

１７５ＤＬＨの音響レンズ以前に、こうした着想はなかった。ディフューザー（拡散器）と呼ばれるものは、スピーカー前面にハの字型に開いた縦長の細い板をおいて、音波をその板に反射させ回折させることによって音波を左右に拡散する方法は昔からあったが、パンチング・メタルをホーン開口の前面に重ねて、その小孔群による拡散作用を利用したのは、１７５ＤＬＨが初めてである。

１７５ＤＬＨ以前は、ホーンで指向性を拡散しようとする場合、マルチセルラ・ホーンという方式を採用していたが、これは拡散性と寸法とが比例して、形が寸法的に大型になる。パイオニア入社以前に、映画館の音響設備の仕事をしていた関係で、映画館のスクリーンの裏に設置する大型システムの高音用として使われるマルチセルラ・ホーンを以前から持っていて、アダプターをつけ、アルテック８０２Ｄユニットを装着して使っていた時期がある。ウーファーは、当然シアター用の標準機であったＡ５用の５１５Ｂを用いた。

しかし、マルチセルラ・ホーンは、たしかに指向性は拡がるものの、その拡散された音波の仮想音源は、マルチセルラ・ホーンの開口からかなり奥まった位置になり、ウーファーの振動板位置に比べて、聴取距離がホーンの方が遠くなる。そのため、楽器の再現性において、音程により、高音ほど奥に引っ込んでしまう欠点が気になった。それを補うには、マルチセルラ・ホーンはウーファー箱よりずっと突出して配置しなければならない。Ａ７においてもウーファーの前のショートホーンは、ホーンとしての効果よりも、ウーファーのボイスコイルを、高音用のホーンの仮想音源点たるホーンネックと、聴き手から等距離に配置する必要があったからである。その点、マルチセルラ・ホーンはA7の箱をもってしても、ホーンを前方に約70㎝は突出して配置することが要求されるし、そうなればホーンは天井から吊るす以外に、この14畳の部屋で使う道はない。

それにマルチセルラ・ホーンは300Hzカットオフの大型のため、中低域での音が良く、クロスオーバー以下の音がよく鳴るが、音像が大きくなりがちで、再生レベルをよほど下げないと、不自然なくらいに大型の音像を結ぶ。ピアノなどではスケール感がよく出るが、アルトサックスやトランペットなども、楽器が大型化したように感じられるのだ。特に歌はひどく、歌が大きく響き、50㎝ほどの大きな唇《くち》になって困った。

175DLHを気に入った最大の長所は、何よりもこの点にあった。つまり175DLHによる音像の大きさが、いままでのマルチセルラ・ホーンのようにふやけずに、小さく焦点を結ぶという感じであった。

低音用のスピーカーとの配置にしても、175DLHはそれ自体の最前端の位置に音源を感じさせるので、ごく普通の、箱に組み込んだユニットの上に高音用を載せるだけでよい。ボイスコイル位置を等距離に合わせるための努力を意識せずにすむ。

こうしてマルチセルラ・ホーンが175DLHに替わったことにより、それまでよりマイナスになったのは、ピアノのコンサート・グランドのスケールの大きな響きと音像が得られなくなったことだ。また175DLHの方は、ステージの奥行と広さの感じは出るが、オーケストラの大編成の和音がゆったりした感じに欠けるのも気になった点だ。

しかし、他のあらゆる点で、175DLHははっきりと家庭用としての良さを発揮した。たとえば、高音域のレンジの広さ、高音の立上りの良さは、ほぼ同一サイズのアルテックの802Dのときよりも数段の差をみせた。

特にジャズを聴こうとするとき、どうしても間近に鳴るソロ楽器の音をクリアーに出したいと願うと、アルテックのマルチセルラ・ホーン+802DよりもJBL・175DLHの良さがぴったりだった。

175DLHによって、音像の鮮明な焦点と、音のひとつひとつの立上りの良さを実感として体験したのだった。

175DLHの特徴のあるパンチング・メタルを重ね合わせた音響レンズは、たしかに指向性を拡散するのに大きな力を発揮した。このパンチング・メタルの間隔をたもち、かつ、音波がホーン内部に反射するのを防ぎ、しかも、ホーンの開口以後に適当な音響抵抗として作用させて、不完全ながらホーンの延長として動作させる、という一石三鳥以上の働きをドーナツ型のフェルトに受けもたせているのだ。

ところが、このドーナツ型のフェルトはパンチング・メタルの周辺だけでなく、かなり全面的にホーン開口に蓋をするような形でフェルトが入ることになった結果、ホーン前面へ出てくる音波を、開口付近で吸音減衰させることになり、そのまま能率を低下させながら、ホーンの高音のどぎつさを家庭用としてやわらげているといえる。この音響レンズは、このようにJBL独特の技術で長所に満ちているが、問題点もないわけではない。

音響レンズを付けたもうひとつの有名なホーンは、中音用ユニット375に組み合せるべき537

-500と呼ばれる中音ホーンとその音響レンズで、この場合、175DLHと構造的に同一で、寸法のみ4倍ぐらい大きくなっている。

375+537-500もしたがって、175DLHとほぼ同じ特長と問題点があるということができるのだが、それにしても原形の175DLHがJBLのオリジナル2ウェイの高音ユニットとして果した役割は大きいし、そのままJBLの以後の成功に直接結びついていることは確かだ。

ところで、こうした175の良さは、私自身初めから知っていたわけではなく、初めは形の変った高音用ユニットなので、その外観的なデザインから受けた迫力に惹かれて手元で鳴らすうちに判ったわけである。何よりも先に、その外観の特徴的な風格が、つまりデザインに期待を持てたし、サウンドはその期待にそむかなかったのだ。何よりも象徴的なのは175DLHが、JBLのマークである「!」印の形そのままだということ、いや逆かな、175DLHの横顔をそのままJBLのマークとして用いていることが、175DLHのJBLユニットの中の位置というか価値を示しているということである。JBLのサウンドが好きになったら必ず「!」マークが気に入るし、そうすると175DLHが欲しくなる、というルートが自然に拓《ひら》けるのであろう。

C40

175DLHがN1200ネットワークによって鳴り出してくれると、こんどはいよいよウーファーの箱が気になってくる。JBLにはC35という縦型のバスレフ型、これはワク型の足がついたものでサランは黒っぽい落ち着いた風格のものと、それに当時改めたばかりのアルミの引抜きの脚を付けたバスレフ、C37があった。

両方とも同じ寸法の内容積をもっているが、すでに述べたように、バスレフ型の過渡特性の悪さ、つまりスピーカーの基本共振以下に選ばれた箱自体の共振によって周波数特性を半オクターブ低域に拡げるというバスレフ型は、そのまま箱の共振が立上りでの時間的な遅れや、立下りにおいて尾を引くという傾向がつきまとう、という点から気に喰わない。楽器の間近な再現ではドラムやメロディー楽器に対してかなりはっきりした立上りのよい響きを要求することになる。

そのためバスレフ型では不満足なのだ。D130の2本目の支払いが終り、175DLHの2本の支払いのめどがついた時点で、山水／JBLにこんどは箱を依頼した。

家庭用の箱として手頃な大きさのバックロード・ホーンのC40である。

大きさはC37とほとんど同じ大きさで奥行きのみ少し深く、とうていバックロード・ホーンとは思えぬ小ぶりのC40。

平面バッフルに次いで、バックロード・ホーンは、立上りや立下りは優秀な特性だ。C40はしかし、山水もまだ注文したことがないとの由で、それではどんなものか判らないが、ともかく注文してとりましょうということであった。昭和41年の暮だった。

四ヵ月ほどでC40が我が家にやってきた。まだ見たことも触れたこともないからといって山水のJBLセクションのメンバーがぞろりと揃ってやってきて、箱の中を開けて構造を見たり、寸法を測ったりして、楽しみながらC40の中にD130を取り付けた。

C40に入れたD130の低音は、力が強いけれど妙に低音にくせがあって、一定の音程でどすんどすんと響いた。たしかに低域のエネルギー感は満ちているが、低音限界はあまり低くない感じであった。

高級品ほど鳴らし難いのが常だ。あまりに期待と違う結果に、かえってファイトを駆り立てられることになった。

どうあってもD130でいい低音を出してやるぞ。

そこでまずオーソドックスに考えて、低音域をいろいろ替えられるように、N1200をやめてマルチアンプ駆動を試みた。

これなら低音用アンプそのものの定数を変えて、たとえばダンピングファクターを選んでみるとか、低音のブーストを図るとか、その周波数を変えたり、ブーストの量を変えたりと試せるわけで、それによって高音域まで影響されることがないよう、チャンネル・デヴァイダーでアンプ入力を分けてしまおう。

C40は開口の周囲の長さと、ホーンのカーブから計算して90Hz以上にしかホーンとしては効かない。そのためホーン型として高能率を期待できるのはその少し下、80Hzぐらいなもので、それ以下は単なるバッフルとしてしか作用しない。もともと低域レンジとして、大きな箱にしてはあまり低域まで出ず、大型バスレフの方が低音まで、少なくともオクターブ下までは出るだろう。だからアンプでブーストしてみようというわけだ。

苦心して自作のデヴァイダー・アンプとトランジスターのハイパワー・アンプとでやっと鳴り始めた低音は、明らかに箱全体が共振して出てくる超低域としてほぼ50Hzまでは楽に鳴ってくれる。箱自体の共振が65Hzほどで、それはハイパワー・アンプで無理やり鳴らすと、轟《とどろ》くように出てくれる。

JBLのプリSG520のワイドレンジの周波数特性はこうして低域から高域まで、つまりC40と175DLHによって活かされてきた。

しかしN1200にすると、40W／40WのJBL・SE400ではどうしても低域が頼りなくなってしまう。そこで、なんとかハイパワーの良質なパワーアンプを物色し、当時すでに100W／100Wを実現していたおそらく唯一のアンプ、マランツのモデル16を選んだ。マランツは球のプリ、モデル7のみが手元にあったが、パワーアンプはモデル16が初めてであった。しかしすでに米軍人宅のあちこちでよく聴いていたので、ためらうことはなかった。

ところで、マランツ16を用い出してから、試しにということでN1200をLX5にしてみると、なんとウーファーの鳴り方にかなりの差が出てきて、LX5の方がD130の輝きある中域がより鮮やかになる。オリジナル001システムは175DLHとN1200と130Aウーファーだが、それはD130よりもずっとおとなしい響きだ。LX5にするとD130がより広い帯域において大きなエネルギーを輻射しているのが気に入って、このときからN1200をLX5に替えてしまった。

さて、175DLHは前述の通り、高域において音響レンズのため、音色的におとなしくされているが、それは音響レンズそのものを外してみるとよく判る。以前の175DLHは音響レンズを取り外せたので試しやすい。ところがレンズを外すと、当然のことながら指向性が鋭くなる。鋭くなるのはまあ、いいとして、なによりも困るのはホーンの穴の奥から音が出てくるという感じで、ウーファーの音源と距離的にずれて気になる。

特にシンバルを聴くと、ドラムは前で鳴り、シンバルは奥に引っ込んだ感じが強く、ドラマーの定位が変になって困る。トランペットやトロンボーンは金管でホーンそのものと似ていて気にならないのだが、サックスのユニゾンや、特に女性の歌は響きが奥からやってくるという感じで、どうにも我慢ならない。

それでHL91というホーン／レンズをマークした。このホーンはDLHとほとんど同じだが、レンズはこれまた新しい構造だ。

スラント・プレートと名付けられた斜めに傾斜した板が並び、正面はホーン開口まで切れ込んでいるが、その切込みの奥、つまりホーン開口にぴたりと仮想音源が焦点を結んだ感じは175DLHの音響レンズよりも鮮明だ。しかも175DLHのホーンそのものの音、つまり音響レンズによる音のうすまりが全然ないままで指向性が拡散されるという感じだ。

そこではっきりと知らされたのは、音響レンズがいかにホーン型の高音をソフトに衣がえさせてしまっていたか、という点であった。

これは、ある意味では「家庭用」という大前提のため、特に昔のオフマイク録音のソースの側を考えれば当然かもしれないが、今日のオンマイク録音のソース側を考えれば、175の音をソフトに仕立て上げる必要性はないといってよかろう。

そこで、試しに使ったHL91からひとつのステップを企てた。つまり175をHL91プラスLE85と替えよう。

LE85は、かつて175DLHの強力型として存在した275のマイナーチェンジ型で、275が指定カットオフ周波数が800Hzであったのに対して、LE85は500Hzと使いやすくなっている。

175は1200Hzだから、LX5と組み合せるのは間違いといわれるかもしれないが、家庭用としてあまり大音量の再生をしないならば、ユニット自体の許容範囲が500Hzなので使用は差し支えない。

175DLHに比べてLE85+HL91は、それこそ高域の力強さ、輝き、緻密さという点で価格差以上の開きがあり、少なくとも楽器の音を間近に再生することを目的とするなら、LE85でなければならないと断言したい。

C40の豊麗な低域は、LE85で見事にバランスがとれるという感じであった。

昭和45年にジャズ・オーディオと名付けたジャズ喫茶を始めたが、このメインシステムとして、C40をそのままそっくり自作したバックロード・ホーンに入れたD130と、LE85+HL91の2ウェイを採用した。プリはSG520、パワーアンプはティアックのAS200のパワー部を流用した。SE400よりハイパワーで、低域はこの40W/40Wのティアックの方が力強かったからだった。

東京のジャズ喫茶は当時、まだ音がひどく、私の考えるまともなサウンドでジャズを聴かせてやろうと気負って始めた、ファンと自分自身のための溜《たま》り場だった。

LE85は2年もたたずしてまた手を加えることになる。別に不満があったわけでもないが、常に未知なる音を追いかけたくなるのがオーディオ・ファンなのだ。

HL91ホーンを375用のスラント・プレート型拡散器のホーン537-509に替えようというわけだ。LE85のスロートは1インチだから、375用2インチへのアダプターをなんとか作り、それを介して375用のホーンをLE85で鳴らすわけだ。

これは思いがけず大成功であった。中音域から中低域にいたる音域がぐっと充実してはっきりと中域の厚みが加わった。

この改造は、いまは2327という2インチ／1インチ・アダプターで容易に実現できる。

この場合もLE85は500Hzクロスオーバーの状態だが、音色的にはまるでクロスオーバーを下げて300Hzにしたくらいに差が出たし、明らかに良い方に音を向上でき得た自信がある。

この自信が、それ以後のホーンをいろいろと替えて音の向上へ結びつける方向を開いたものであった。

ただ、LE85のダイアフラムは二度破損した。チャンネル・アンプとして300Hzクロスオーバーで試した時期が一度あり、このときにオーバードライブしたためだ。ジャズ喫茶ではいつもフルボリュウムでがんがんと音を出していたのと、クロスオーバーが低くて、ユニットに音響負荷が加わらなかったための過大振幅でエッジに相当するタンジェンシャルがばらばらになったのだった。

LE85は何回かの破損を経て、プロ用が発表になった際に、LE85のプロ版2420と交換した。2420はLE85よりハイエンドで明らかに高域を強調した音で、ジャズ・サウンド向きといえようか。

さらに、そのプロ用の良さというか違いをもっと追いかけたくなって、375のプロ版2440をついに買い入れた。ついに！　375は2ウェイとしては無理だったが、2440はハイエンドが明らかにかなり強められていて、2ウェイでも十分聴けるという見込みのもとに2440への道を踏み切った。

2ウェイ構成ができるという点を見こして375のプロ版2440を用い出したこと。これを537-509によって鳴らしていたが、さらに飛躍的向上を目指して指向性のよい2350ホーンを考慮したのだが、たまたま見つけた木製ホーンの2397ホーンの寸法図を頼りに同じ構造のホーンを自作実験したことはすでに『ステレオ』誌（一九七三年十月号）に記した。

しかし、自作ホーンということでなにか自信がなくて、2440との2ウェイシステムそのものを正当評価できなかった。

むろん、いち早く2397を注文したが、入荷待ちのその折、2350を使ってみようかなと漠然と考えていることに気付いた。他人ごとみたいで変な話だが、2350は安くはないし大体あまりに大きすぎるのと、それ以上に気になるのは、この種の扇形《セクトラル》ホーンは仮想音源の位置がセクトラルのかなめに来るので、ウーファーを同一面（聴取位置に対し）に配置しようとすると、ウーファーの箱をアルテックA7みたいに箱の前面からかなり後退させる必要が生じる。家庭用として、スピーカーシステムの位置が聴き手から遠くない場合、こうした高音用の振動板位置はどうしてもウーファーと等距離に置かなければならないのだ。家庭用として「巨大」といえるほどの中高音ホーン2350は、ハークネスと組み合せるにはあまりに不適当なのだ。しかし、その電気特性の示す優秀性は、私にとって魅力的でありすぎた。あとのことはなんとかなるだろうと、2350を購入してしまった。

2350はスロート・アダプター2328と組み合せなければならないが、このアダプターのせいか、2350と組み合せた2440はハイエンドが激減してしまう。2350の広指向性を得るためにか、ユニット自体の磁気回路を貫通した形のショートホーンをスタガーするためにか、2328アダプターは内側が球状となっている。ここで音響エネルギーが四方八方に乱反射するのが理由なのかもしれぬ。2350は2440本来の高域の輝かしさをすっかり失ってしまった。

たしかに中低域での豊かさという魅力は惜しいのだが、2350はだから家庭用における2ウェイ用のホーンとしては不適当だ。

　そこで、ふたたび５３７－５０９の音響レンズを外した形で、指向性の拡散をなんとか得られないかと試してみた。パラゴンの例を試験的にいろいろとやってみたが、反射のためのゆるい大きな球面さえあれば、中高音ホーンを左右に離して内側に向けて配置させる方法は、いろいろとおもしろい資料《データ》を蓄積できる。

　ただ、あまりに多角的なファクターが多すぎて、どの程度離すべきか、どの程度の球面に反射させるべきか定かではなく、自信を持てる鳴らし方はおそらく数ヵ月いや半年ぐらいの試聴を経なければ結論が出まい。

　しかし、パラゴンを参考にぜひ試みたい方法で、興味を惹く。

　ところで、そんなことをくり返しているとき、やっと待ちに待った２３９７が手元にきた。本物を見て、これを模して自作したホーンがいかに不完全であるかを思い知った。２３９７は内側を五分割しているついたてが、飛行機の翼の断面のように流線形でエクスポーネンシャル・ホーンを形成していたのである。予想していたアルテック５１１Ｂホーンのような単なるついたてではなくて、精密なるマルチセルラ・ホーンとなった完璧なＪＢＬ製品だった。

　５１１Ｂよりひとまわり大きくペッタンコなホーン２３９７と組み合せた２４４０は、繊細な、鮮明な高音ユニットとなった。いままでのいかなるホーンよりも２３９７は、ハークネスとのいかにもバランスもよく、木製ホーンらしく鮮やかさの中に品の良いやわらかさをたたえているのである。

　ＬＸ５相当といわれる３１１５ネットワークとの組合せで鳴るこのユニットは、少々品が良すぎるくらいだが、それはプロ用ネットワーク特有の、高音用のレベルがかなり抑えられているせいかもしれない。

2397は当然のことながら、ハークネスとの組合せに際してはセクトラルの部分を前方に突き出すような形で配置するが、2440の重量が木製ホーンよりはるかに優るので設置しやすく、いかにも機能的で、見た眼も非常にシャープで音もすがたも2350の比ではない。

なんといっても嬉しいのは、2397ホーンになって、スクラッチがきわだって目立たなくなった点だ。スクラッチだけではない。一番好きなレコードであるビリー・ホリデイの『レディ・デイ』が本来持っているSPのシャーシャー・ノイズまでも、低く抑えられて聴ける点だ。ビリーの若々しい生《うぶ》でひたむきな声が、いっそう可憐さを増したことには何にもましてたまらなく嬉しい。いままでいかなるテクニックでも達せられなかったレディが若返ったのである。

とはいっても2397、こんなに気に入っているのだが、これが決して最終的な形とはなるまい。マランツ16、ケンソニックP300、ダイナコ400と大出力アンプで鳴らすたびに、その低音の迫力と、加えて高音の良さも微妙に変るし、最近加えられたテクニクスのSU6600によって、また、高域の緻密さを加えた。そうなればなるで高音ユニットに2405を加える以前に何かを替えることになるだろう。何かはまだ私にも判らない。それが何か定かになるまでがまた限りない楽しみだ。

（一九七四年）

ベスト・サウンドを求めて

JBL2397と2345と

「岩崎先生のお宅ですか。こちらステレオサウンドのHですが。ごぶさたしました。あの、突然なんですが、お宅の2397、あれはいつ頃からお使いでしたか？　JBLの、そうです、中音用のホーンですよ。え、それで、あの2397を使いだした理由ですけどね、なぜ2397にされたんですか。

音がいい、フーンやっぱりそうですか、いいですか。いい音だと判断しているわけですね。あたりましたねそれは。正解ですね。大正解ですよ」

彼は、その何日か前に、アメリカの取材から帰ったばかりだ。その彼からの突然の、本当に面喰うような電話は、僕が一年前ぐらいから使っているJBLの中音ホーンが、あちらでも評判の良いことを報せてくれたものだった。JBLのテクニカル・インフォーメーション・コーディネーターのM・ヘクター氏が「2397ホーンは、家庭用として、とても良い音を出してくれる」と言っていた、ということだった。JBLの内部の者がその音の良さを保証してくれたようなもので、この電話は、僕にとって嬉しい報せだった。

ところが、である。そのM・ヘクター氏とやらは、編集子H君とのやりとりの中で、同じ中高音のホーン2345について、あまり好ましい評価をしなかったということだ。

問題なのはそのH君、2345をずっと愛用している大のロック・ファンなのである。彼は、M・ヘクター氏が2345について的確なる評価をしてくれなかったことで少々不満だったのは、そのときの電話の声からも明らかだ。いや少々どころではなく、大いにだろう。

JBL2345ホーン

2345、つまりツウー、スリー、フォー、ファイブ、というカッコいい型番を与えられているホーンを読者はご存知だろうか。23ナンバーで始まる四ケタ番号は、JBL・プロ用の中高音ホーンだ。そのあらゆるホーンの中で2345という名は、決して偶然につけられたものではなかろう。このナンバーのもつ響きの良さ、語呂のスムーズさは、それだけでも商品としての魅力を持ってしまうに違いない。名前が良くて得をするのはなにも人間だけではない。オーディオファンがJBLにあこがれ、プロフェッショナル・シリーズに目をつけ、そのあげく2345という型番、名前のホーンに魅せられるのに少しも変なところはあるまい。マランツ7と並べるべくして、マッキントッシュのMR77というチューナーを買ってみたり、さらにその横にルボックスのA77を置くのを夢みるマニアだっているのだ（実はこれは僕自身なのだが）。理由はその呼び名の快さだけだが、道楽というのは、そうした遊びが入りやすい。

話がへんな方にそれてしまったが、2345というホーンの名前を気に入っただけでも買いたくなるものだ。しかし２３４５は決して名前だけではない。ＬＥ１７５とかＬＥ８５、あるいは２３１０とか２４２０といったプロ用の、高音用ユニットにマッチすべく作られたホーンの中で、ドライバーユニットとホーンの中間に用いられるアダプターや、音響レンズ、拡散器などを付加することなく、十分に優れた指向特性を獲得しているラジアルホーンは、この２３４５だけであり、つまり、このホーンは名前どおりに重要な地位にある。

音響レンズや拡散器として、蜂の巣と呼ばれる形やスラントプレートがきわめて優れた効果をもつことはよく知られており、それがＪＢＬの中高音や高音ホーンとしてのオリジナリティある魅力を創っているのは確かだ。しかし、その拡散構造のもつ、それ以外の影響は、果して皆無だろうか？ それは、そうした拡散器のない方式、たとえばマルチセルラ・ホーンや、ラジアルホーンと呼ばれる型式のホーンが出てくるようになって、初めてくらべることができるわけだ。

２３４５は、こうした意味からもマニアとして実に興味をそそられる、というよりも関心の深い高音ホーンなのだ。２３４５は、指定クロスオーバー８００Hzで、それはスラントプレートをもったＨＬ９２と、用途として同じ相当品といえるし、蜂の巣形レンズの１２１７－１２９０（新パンフレットには、ＨＬ８７として載っている）とも、２分の１オクターブしか違わない。その大きな違いは、２３４５ではホーン開口部に音響抵抗となり得るようなものがない！ つまり、音はホーンから全く邪魔物なしに出てくるわけだ。

こう書いてくればＪＢＬマニアならば誰しも買いたくなってくるだろうし、Ｈ君の場合、彼のまわりにこの２３４５の価値を見抜いた者がいなかったことも、彼の買い気に拍車をかけたに違いない。

彼は２３４５を人知れずオーダーし、それが手元にくると、早くからしまい込んでいた秘蔵のＬＥ

８５と組み合せた。それは、すばらしいアタックある中域以上におけるサウンドエネルギーを発揮していたはずだ。

　おそらく彼は、２３４５のすばらしさを誰よりも早く確かめたひとりであることを自覚し、自信をもつとともに、その裏付けが欲しくなったのだろうと思う。しかし、ＪＢＬの、Ｍ・ヘクター氏の返事は彼の期待どおりではなかったという。彼の電話の声はそうした情況を露わにして、語尾がつぼまっていた。２３４５を彼がオーダーしていたことを知っていた僕は、ヘクター氏のことばをそのまま信じられなかった。家庭用としてなぜ２３４５が好ましくないのか。

　不幸にも、その話の頃、もう四ヵ月ぐらい前だったが、ディーラーに２３４５はなく、ヘクター氏のことばがずっとひっかかったまま、２３４５への関心はつのるばかりだった。まして、このときのＪＢＬのホーンは、コンシュマー用として３７５用の蜂の巣としておなじみだった５３７－５００、あるいは金色の拡散器をもった５３７－５０９はすでになく、その豊富な陣容はプロ用へと移ってしまっていた。

　ところが、この夏以来、ＪＢＬがこうしたプロフェッショナル用に限っていたホーンをコンシュマー用としてぞくぞくと復活させているという。

　そりゃあ、そうだろう。蜂の巣にしたって黄金の翼にしたって、ＪＢＬファンなら一度は手にして、そばに置きたい魅力のかたまりだ。ＨＬ８８として復活したが、前の型番５３７－５００といってぴんとこないファンがいたとしても１７５ＤＬＨのホーンの兄貴分といえば判るだろう。つまり蜂の巣形音響レンズをホーン開口部にそなえた強力無比なる中音用ホーンなのだ。鉄製の強固なる丸形（コニカル）ホーンは、デッドニングなどはしていないが、どう叩いてみても、とうていホーン鳴りなどしそうにない。パンチング・メタルを17枚重ねた音響レンズは、単なる拡散器というより、ホーン開口部につけた音響的バッファーの作用もして実効ホーン長を長くしているに違いない。それに家庭用として適切なるエネルギーにするため、積極的な音響損失をも、もたせてあるといえる。

つまり、単なる拡散器ではない所産なのだ。HL89としてリバイバルした黄金色の翼にも似た旧537－509は、型番から受ける印象と違って、レクタンギュラー（矩形）ホーンだ。このホーンと拡散器を一躍著名にしたのは例の巨大なるコーナー型システムである「ハーツフィールド・D30085」だ。一九五五年に『タイム』誌で「究極のスピーカーシステム」といわれたやつだ。

理想の、夢の、システムの中高音用がこの537－509ホーンと375の組合せだ。

さらに、最新のJBLホーンのラインナップに出てくる新顔HL92も気になる。この一見HL91を7㎝ほど延ばしたホーンがマニアにとっても気になるというのは、スタジオモニターの最新型4333、4341の中高音用ホーンこそ、このHL92であるからなのだ。それは名作HL91の、より正統的な考え方から生まれたLE85の理想的ホーンともいえようか。

新陣容のこうしたさまざまなホーンを、ずらりと並べてユニットとの組合せを聴きくらべ、その音の良さ、特長などを確かめたい、あるいはその中から自分の好みを見つけたいと思うのは、JBLのユニットを志向する者にとって、強烈なる願望といってよいだろう。

こうした実験的な試みをするのに、いまやチャンスなのだが、そのチャンスを狙うのは、オーディオ・マニアの内なる高まりとして当然だろう。話がすっかり水平に進んでしまった。ここで縦方向に戻そう。

JBL 2397ホーン

JBLのプロシリーズの価格表の中に2397という割安のホーンがあり、それは、どうやらHL97という名称でJBLが一九六九年にキャピトル・スタジオに納めた木製ホーンと同じものであるということがわかった。さらにこのホーンは、昔、といっても一九五〇年代の初め頃、すでにウェスタン・エレクトリックの製造部門として稼動していたアルテックで作られていたモニター用の中型のシステムに付いている木製ホーンとほぼ同じ寸法の同型ホーンと近似していた。

2397を使い出したのは、そうした予備知識を手がかりに、未だ見たこともないというインポーターのサンスイに2397を注文したことがきっかけだ。四ヵ月ほど待って到着した木製の扁平ホーンは、果せるかなウェスタン・ブランドのシステム720Aについているのと同型であった。

この2397と前後して買い求めた300Hzカットオフの大型ラジアルホーン2350と聴きくらべてみた結果、2397だけが居座ってしまった。

JBLラジアルホーンとして最大の2350は、しかし果して本当に真価を発揮していたかどうか。それはそのときの簡単なつなぎ替えで十分に確かめ得たかどうか。2440ドライバーユニットとの組合せは果して理想的かどうか。さらに大鳥の翼にも似た間口1mにもなんなんとする2395はどうだろうか。HL90としてコンシュマー用に加わることになったこの2395のホーン部分は、パラゴンの中音用ホーンとまったく同じ楕円形開口のホーンで、これもまた鉄製のすばらしいホーンなのだ。

いや、こうしたJBLの数々の中音用、中高音用のホーンを、うまく使おうという場合に、もっともひっかかってくるのはそのクロスオーバーだ。

２３９７を使い出したときに、ＬＸ５からプロフェッショナル用の３１１５に替えたら、予想に反して中音のレベルが、ガクッと減衰した。音色バランスでは良かったが中音の解像力で物足りなくなり、大型のハイパワー用の2倍の価格の３１５２にしたら、俄然中音域が生きかえったことを経験している。

さて、そうなると、中音ユニットと低音ユニットとの組合せを試すときに、ネットワークについていかに考えるべきか、いやネットワークそのもののあり方をどう判断すべきか、というところまで問題としてはさかのぼってしまう。そうせざるを得ないのも、これはマニアであれば当然であるし、こうした疑問から派生する、さらに大きな疑問は避けるべきではないだろう。

ＪＢＬの製品としてのネットワークにしたところで、コンシュマー用のＬＸ５相当の16Ω用と思われるプロ用の５００Hzの３１１５は、高音域の減衰量はＬＸ５より6dB分マイナスだし、Ｎ１２００の相当品３１２０は、高音のみ16Ωユニット用で、これも減衰量はＮ１２００よりも大きい。つまりプロ用とコンシュマー用とでは、高音減衰量が変るので音色バランスが異なってきてしまうのだ。

さらに困るのは、プロ用のドライバーユニットはすべて16Ωだが、コンシュマー用ドライバーとしては３７５のみが16Ω、ＬＥ８５とＬＥ１７５は8Ω。したがって、高音ユニットの16Ω専用に作られたプロ用ネットワークは併用するわけにはいかず、ネットワークの選定には大いに苦労してしまう。

ベストサウンドへのアプローチ

現代のハイファイ再生が、フラットレスポンス、低歪率の二大原則を最終目標とする限り、スピーカーはマルチウェイにならざるを得ない。なぜならば、シングルコーン、シングルユニットにおけるハイファイ再生は、まず再生機器自体にかなり大幅な制限を受けることになるからだ。スピーカーの口径が大きくなれば、高音域は落ちる。口径が小さくなれば、低音エネルギーが落ちる。しかも口径が大きくなるにつれて、より高音域における指向性は明らかに悪くなる。

こうしたことからも、スピーカーの構成は、高音域に小口径のユニット、低音域に大口径ユニットを配する2ウェイ、さらに中域の指向性の改善を目指せば、当然3ウェイというようにマルチシステムが必然的な要求で作られることになる。

もうひとつ加えるなら、一般家庭において、きわめて広い範囲のダイナミックレンジを獲得しようとすれば、どうしてもローレベルにおけるリニアリティ、ハイレベルにおけるリニアリティ、それぞれを両立させなければならない。その場合にもやはり適当な大きさの適切なる中音用ユニットが必然性をもってくる。

単に低音用に大口径をもつ2ウェイシステム、という方法であると、大口径の受持ち帯域は、いわゆる音楽再生上の中音域——200〜1000Hzぐらいの範囲となり、再生の最も重要な帯域を、大口径ユニットが受け持ってしまうことになる。これによるローレベルのリニアリティのマイナスはおおうべくもない。つまり振動系自体の重さが、どうしても微小信号に対してのリニアリティを確保できなくなるからだ。

となると、中音用の帯域は、もっと振動系の軽い、できれば、もっとも重要な帯域であるだけにもっとも強力なるユニットによって受け持たせた方が、より理想に近いということは歴然である。

3ウェイシステムが2ウェイシステムに勝る点は、おそらくこうした中音域における広いダイナミックレンジの、ローレベルからハイレベルにわたる広範囲でのリニアリティの良さということに尽きるのではないだろうか。むろん指向特性の改善もいままでのもっとも大きなテーマであり、それの解決策としての中音ユニットの開発というのは、もっとも常識的な判断であった。だが、今日のようにソース側のレベルの拡大、つまりダイナミックレンジの広さから考えると、中音域におけるローレベルのリニアリティの良さというのはいままで重要視されなかったが、今日ではもっとも大切な再生上の問題となるであろう。

ローレベルにおける低音域のリニアリティに関しては、幸いなことに人間の聴覚上の低音特性の劣化、つまりラウドネス特性といわれているものによって示される如く、音楽的な意味でのローレベルにおいての低音エネルギーは、決して中音域と比例して下がるという必要がない。つまり音楽再生において低音エネルギーは、中音域のレベルダウンに比例するというわけではなく、低音域のみはかなりのレベルのまま再生されなければならないということになる。したがって低音でのローレベルは、あまり問題にならないことになる。

いままでの3ウェイの必然性というものは、ハイパワー、あるいは音響エネルギーのハイレベル再生において、サービスエリアの拡大ということを非常に重要視したということが、その大きな理由だと思われる。それは中音エネルギーの十分なる供給と、それに伴う指向特性の改善と、その二つだけが常識的に3ウェイを求める根拠になっていたといえるのではないかと思う。しかし、ここで問題にしたいのは、今日のようなダイナミックレンジの広いソース、ましてdbxあるいはドルビー、あるいはこれからまた生まれるであろう数々のノイズリダクションの誕生によって、ピアニッシモのSN比が良くなればなるほど、ローレベル時のリニアリティがこれからはもっと問題になってくると思われる。しかもその入力信号自体、レコードにおいても50あるいは60dB以上に拡大される時代であるから、ハイレベル、それも過去においてなかったほどのハイレベルからローレベル、これも過去になかったほどのローレベルの、極端に広いダイナミックレンジ全体に対してのリニアリティを確保しなければならない、ということが家庭内においても問題になってくるはずだ。

そうした場合には、2ウェイではおぼつかなくなってくるといっていいのではないか。たとえば2ウェイにしても、クロスオーバー200Hzとかのなるべく低い周波数を選ぶ、ということになれば、いま言ったような意味での3ウェイにしなければならない根拠はうすれてくるのだが、実際には400~700Hzのクロスオーバーを可能ならしめるような高域ユニットというのは、おそらくハイエンドの確保はまずむずかしいと思われる。さもなければ肝心の中音域のハイレベルでのエネルギー確保がむずかしくなる。いずれにしても2ウェイではむずかしいのではないだろうか。

いままでマルチウェイシステムの一番の根拠というのは、それぞれのユニットのもっているピストンモーションの範囲を使う、という言い方をしていた。ピストンモーション領域であれば理論的な動作範囲であるし、周波数特性においてもほとんどフラットに近いといえる範囲であるから、それを求めるという意味で、きわめて妥当な言い方である。

しかし現実に理想的な、もっとも理論的動作をしているといわれるピストンモーションの範囲だから、それで良いといえるかどうか。実際はそれだけではないという点に、スピーカーのむずかしさがある。この、理論と実際という問題は、いつまでもつきまとうのではないだろうか。

リニアリティ重視の3ウェイ

今回、ここでマルチウェイシステムを実際にくみあげる根拠としては、あくまでも中音域におけるローレベルからハイレベルへのあらゆる点でのリニアリティがいままで以上に重要視される、という点を強調したい。

市販の実際のユニットを見てみると、12㎝あるいは16㎝のシングルユニットによる、もっともシンプルなシステムが、非常に評判が良い。それはある意味ではマルチウェイシステムのもっている良さをしのぐとまで言われることがままある。その良さというのは、果して何であろうか。それは実は、いま言った中音域のローレベルからハイレベルへ、とくにきわめて低いレベルでのリニアリティの良さというふうに断言したいのだが、いかがであろうか。つまり大口径ウーファーの持っている2ウェイ、あるいは3ウェイのローレベル再生における良さにくらべて、小口径シングルユニットの音楽的な中音のローレベルでのリニアリティの良さは意外に多くの方が気がついているはずである。

で、逆にそうした良さを、なんとはなしに感じさせる卑近な例としては、テレビあるいは小型FMラジオがあるが、さらにシングルコーン、小口径ユニットにおける再生ぶりの良さを高く買っている方は、そうした意味でのいままでのシステムの弱点を、逆に知っているということにもなるし、それはそのままそうした3ウェイシステムの新しい考え方による良さを認識でき得る立場にあるといっていいのではないだろうか。

問題の多いネットワーク

さて、マルチウェイシステムを使う場合には、当然スピーカーに送り込まれてくるアンプ出力を、低音、中音、高音の各ユニットへ分配するという、つまり、ネットワークが必要になってくるわけである。

ところで、このネットワークは、非常に多くの問題点、あるいは釈然としない部分、したがってそれはもっと純理論的に追求しなければならない部分をかなり明瞭に持っている。それは何かというと、ネットワークの設計には入力側のインピーダンスと出力側のインピーダンス、つまりアンプの出力インピーダンスがネットワークから見れば入力になるのだが、それとネットワークの出力インピーダンス、つまりスピーカーのインピーダンスとが、理論と実際で必ずしもマッチしないというところに大きい理由があるように思われる。

たとえばスピーカーひとつとって考えると、スピーカーのインピーダンスは8Ωという公称値に対して、実際8Ωといっているのは、日本の規格でいうとただ一ヵ所のみ、あるいは二ヵ所、つまり400Hz前後のもっともインピーダンスの低い点が8Ωであり、それより低い、あるいは高い周波数になるに従ってそのインピーダンスは上昇していくというのが常である。

これから判断できるように、ネットワークの出力側につながるべき負荷は、純抵抗とは違って周波数によってかなり大幅に変化する関数で表わされる負荷となるわけで、そのへんが最も大きい問題点を作り出してしまう理由といえる。

たとえばネットワークに8Ωの負荷をつなぐといっても、これはネットワークの製作、あるいは開発途上においては純抵抗としての8Ωを挿入した状態で設計する。そしてその状態でカット・アンド・トライをする。つまりあくまでも純抵抗負荷を想定して、すべてが進められるわけだが、実際には純抵抗負荷とは全く違った周波数によって大幅に変化する負荷がつながれるわけで、つまり純抵抗のように一定でなく、周波数による関数がそこに入ってくるわけで、当然分割特性および分割周波数はズレることも予想されるし、その辺がネットワークの大きな問題点となってくる。

さらにネットワークの大きな特徴として、インダクタンスL、およびキャパシタンスCによって作られる素子自体は、現実には、Lによる、Lを作るときに入ってきてしまう直流抵抗、およびリーケージインダクタンス、つまり実効インダクタンスにはならないもののインダクタンス分といったものが付帯してしまうので、これをどう考えるか。当然これは理論値には入ってこないマイナス面であり、それをいかに少なくするかということが、理論どおりのものを得る大きなファクターになる。

そうしたわけで、ネットワークのもっている問題点というのは、簡単にいうと次のいくつかの項目にまとめることができる。

①コイルを形成する銅線内部抵抗による直流抵抗分のもつロス。このロスによって単なるロスだけでなく、この直流抵抗は、アンプとスピーカーの間に直列に入ってくることによって、見かけ上のアンプのダンピングファクターを大幅に低下させることになる。

②コンデンサーの持っている周波数特性自体が、純粋な、理論的に完全なコンデンサーとして以上のものを多く含んでいるためによる影響力。これはおそらくあまり多く知られることなくすんでいるだけに、チャンネルデヴァイダーを推進する気運の高まるこの頃、そのコンデンサー内部の銅線の問題点は、意外に大きくアピールされるようになるかもしれない。

③空芯コイルでなく、アイアンコア、またはフェライトコアを用いた場合のコイルのもつ、電流によるインダクタンスの変化。つまりダイナミックレンジに対するリニアリティ。これも大きく問題になり得るであろう。しかも、この問題点のより複雑なことは、インダクタンスの変化によっ

て生ずるクロスオーバーの移動。これはかなり明瞭な事実だけに、問題点はより複雑になり、よりネットワークに対する否定的な理由を作り得ると思われる。

最高のシステムはやはりチャンネルアンプ

ところで、こうしたネットワークのもっている基本的な問題点とはまったく別に、つまりそうしたことが理由というわけではなく、近ごろネットワークではなくチャンネルアンプを用いるという機運が、プロフェッショナルユースにおいて出てきている。これは問題としてはもっとも単純かつ簡単なことで、低い周波数をクロスオーバーにしたい場合、そのインダクタンスは非常に大きくなり、それによるネットワーク自体のコストアップがきわめて大きいために、それを避けるという、あくまでもコスト上の問題に他ならない。

つまり250Hzに対するネットワーク、そのコイルのインダクタンスは数ヘンリーに及び、キャパシタンスも数十マイクロファラッドに達する。たとえば700Hz、800Hzクロスオーバーにしていたときにくらべ、インダクタンス、容量とも8倍ぐらいの大きさとなるわけで、それが大幅なコストアップを招くこととなる。つまりそのコストならば、チャンネルデヴァイダーを用い、アンプを独立させたほうが、はるかに安く上がり得るということで、チャンネルアンプが登場したといえよう。

インダクタンスが増え、キャパシタンスが増えれば、先ほど述べたインダクタンス、キャパシタンスのもつ弊害もより大きくなるわけで、そうしたことも低い周波数をクロスオーバーに選んだ場合のネットワークを避ける大きな理由になり得るであろう。

さて、ネットワークを使わないマルチウェイシステムは、信号をどこで分配するか。そのヒントは、ＪＢＬの新型スタジオモニター４３５０にある。

そう、エレクトロニック・クロスオーバーアンプだ。プリアンプからの出力を、それに続くべき電子回路によるチャンネルデヴァイダーで周波数帯域を決め、何台かのパワーアンプでそれぞれのユニットをドライブするチャンネルアンプシステムだ。

最高のシステム、それはマルチチャンネルアンプである。ということは、ＪＢＬ４３５０が示している。この方式によって絶対的に、断然有利になるのは各ユニットをパワーアンプに直結できるので、お互い理想的動作をしてくれる点だ。

アンプの目的は、スピーカーをより良く鳴らすためということだと考えれば、アンプに直接スピーカーが接続されるマルチチャンネルアンプは有利だ。直線抵抗分と位相特性を変えるリアクタンス成分とのかたまりのクロスオーバーネットワークを背負う従来の方式は、いまや宿命的とすら感じられる。

ベストサウンドのためのスピーカーはどう選ぶか

さて、この辺でスピーカー選定のいくつかのポイントをあげておこう。この場合、いくつかの私なりのポイントが自分の内側にはあるわけである。

それはまず、家庭用の今日におけるハイファイ再生のあり方の基本として、超広帯域再生、低歪み、ということを考えると、しばらく愛用していたバックロードホーンにおける特性上の問題点を避けてみようという気になったことだ。このバックロードホーンの特性上の問題点というのは、背面からの音圧が、フロントの音圧を打ち消す部分にある。一定周波数において、ちょうどフロント成分と逆相成分の音波がホーンの開口から出るということになるわけで、それが大体ホーンの長さが2分の1波長になる周波数、つまり1・8mあたりのところに、ひとつの大きなディップが出てくる。

そういう周波数でのフラットレスポンスを実現できないという点が、バックロードホーンの唯一の欠点ではないかと思う。そうした欠点を補うのが、現在もっとも多く見られるバスレフレックスのエンクロージュアではないかと思われる。むろん、この場合でも問題点がないわけではない。これはすでにバックロードホーンのときにも触れたが、過渡特性に対する問題点があることはあるのだ。しかし、ごく低い周波数に対してのコーン紙の動きは、別にそれが再生上何らロスにならないというのが楽器のもっている特性なのだから、バスレフ型を使うことも一応納得はできるわけだ。

そうした意味をも含めて、プロフェッショナル・シリーズのフロントショートホーンつきの4560を、かなり意識して選んだわけである。

そして、二番目には、このエンクロージュアに適合するウーファーは何だろうか、ということだ。三番目に、非常に多くの中高域用ホーンの中から、フロントロードホーンに適合するホーンは何か。大体においてホーンの長さが一致する、したがって振動板の位置が、聴き手からの距離に対してほぼ同じ位置に保たれやすいラジアルホーンが、かなり有力な候補として浮かぶ。

さらにそのホーンにマッチするユニットは、何か。

もうひとつは、高音用としての75あるいは、それのプロ用としてホーンをモディファイした2405、さらにこれをコンシュマーユースとした077、そうしたものの正体をつかんでみたい。

そしてさらに、エレクトロニック・クロスオーバーアンプは、どれを選んだら良いのか。その違いは使い勝手だけだろうか。

こうして、JBLの各ユニット、最新パワーアンプ、クロスオーバーアンプ、プリアンプが集められ、いよいよ実際に試聴することになったのである。

JBLユニットの選択

JBLユニットをこれだけ一堂に集めて、しかもこれだけのそうそうたるアンプ群でドライブするとなれば、JBLファンならずとも興奮してしまうに違いない。ここでまず試みたことは、気分を鎮めるためにも、もっともオーソドックスなユニット構成から始めてみた。そして、まず、クロスオーバーアンプの一応の性質を探ってみることにした。

マットブラックの4560にもっともオーソドックスなホーンロード用ウーファー、130Aのプロ用である2220を組み合せ、中音用として2440にもっとも大型のラジアルホーン2350を使う。この場合、高音用として2405を用意し、果してどういう音を出すのか。むろんパワーアンプは、あらかじめ練っていたプランを実行する。

まず最初にクロスオーバーアンプを交換するためのパワーアンプのラインナップを紹介しておこう。

低域用パワーアンプ＝SAE　MK2500
中域用パワーアンプ＝オーディオ・リサーチ　D76
高域用パワーアンプ＝マランツ　#510M

そしてプリアンプはマークレビンソンJC2。この組合せによって、クロスオーバーアンプの傾向を探り出しながら、本来の目的であるベストサウンドを求めていくことにする。

まずオンキヨー・インテグラD655NⅡをつないでみる。このクロスオーバーポイントは、この場合500Hz、8kHzにした。遮断特性が6dB／octと12dB／octに切替え可能だ。実際に聴いてみると、500Hzで6dB／octというのは、2350のホーン鳴りが感じられる。つまり中音のホーン臭さというのがちょっと気になるのだ。解決策としては、クロスオーバーポイントを一段上げて710Hzにするか、または500Hzのままで遮断特性を12dB／octにするか、このどちらかの方法がとれる。

聴き込んでいくと、やはり500Hz、12dB／octでは、金管楽器の低音域の再生で、またホーン鳴きのような音が感じられる。そこでクロスオーバーポイントを710Hzにし、6dB／octにしてみると、ホーン臭さの点では救われ、結論としては710Hzに選ぶほうがよりスムーズなつながりを感じさせた。

次にソニー・TA4300Fを使ってみることにした。このTA4300Fは、SN比が良いことは以前に使用しているので承知ずみだ。遮断特性が18dB／octに固定されていることも特長のひとつになっている。実際にこのクロスオーバーアンプにつなぎ替えたときの音は、きわめてクリアーな音色で、クールな響きを聴かせてくれる。オンキヨーにくらべると力強い一面をもった音になった。きめの細かさも十分もっていてすっきりしているのだが、何か行き過ぎているような感じもしてくる。つまり自然の耳あたりのよさというのが乏しいというふうに表現できると思う。

このソニーの場合、中低域に600Hz、800Hzと手頃なクロスオーバーポイントがあり、切り替えてみたけれども、さほど大きな差は出ない。つまり、オンキヨーの場合のように、カットオフポイントを変化させてホーン鳴きが出るようなことはなかった。これは18dB／octで急激にカットオフされていることが大きな理由だと思う。高域に使用している2405も、音にちょっと冷たさが感じられた。

ソニーの次には、サンスイの非常に意欲的な、そしてアマチュアライクなCD10を使ってみた。このエレクトロニック・クロスオーバーアンプは、JBLユニットを活かして使うことに大変な注意をはらってつくられていることが大きな特徴だろう。

このCD10の場合、3ウェイ方式で三通りの組合せがあり、今回は3WAY－3というポジションで試聴している。つまり、中低域750Hz、中高域9・5kHzを選んでみた。

実際に試聴してみても、きわめて抜けのよい非常に充実感のある音を聴かせた。JBLサウンドの傾向をこのCD10自身がもっているような印象をうける。まさに若いユーザーを意識した音を聴かせてくれた。このあたりの音の受けとめ方によって、たとえば古くから音楽を愛好するベテランリスナーは、あるいは音が非常に鮮やかすぎるといって敬遠されることがあり得るかもしれない。

次に異色の海外製品としてオーディオ・リサーチのEC4という管球式のクロスオーバーアンプ。これは、オーダーする際に、希望のクロスオーバーポイントを指定するという、いわゆる市販品の中でも変り種のようなクロスオーバーアンプだ。このEC4は、偶然にも800Hzと、9kHzにセットされていたので、今回は客演というかたちでテストに参加することになった。

このEC4は、フロントパネルには何もなくリアパネルに非常に簡潔にして明瞭な入出力ジャックとレベル調整が並んでいるだけだ。デザイン的にはともかく、扱いやすいという点で好感がもてたが、音のほうも驚くほどハイクォリティで再生してくれた。

音楽的な意味の「豊麗」という言い方ができるのではないかと思う。そういう豊かさをもっていながら、なおかつ、きめの細かさとか一粒一粒の音の輪郭というものが感じられる。実に魅力のあるクロスオーバーアンプだ。

次のラックスキットから出されているA２００３は、手頃な価格の高品質クロスオーバーアンプで、ここではラックスの手によるワイヤードの製品を使った。クロスオーバーポイントは、８００Hzと９kHzにセットして使用した。これはオーディオ・リサーチと同じ管球式クロスオーバーアンプである。

ＥＣ４にくらべて、ずっとおとなしい、品のよい音になる。クロスオーバーアンプといえども管球かトランジスターかということで変るのではなく、やはりメーカーのもつ、音へのアプローチの違いによって大きく変るということを、まざまざと見せつけられたのだった。

さて、一応ここでクロスオーバーアンプを仮に決定しておいて、肝心なＪＢＬユニットの選定に話を進めよう。ここではオーディオ・リサーチのＥＣ４を使い、まずウーファーを交換して、低域のレンジ拡大を図ろうとした。これまでの２２２０を、新型のコンシュマーユニット１３６Ａにつけ替えてみることにする。

交換してみて、まず能率の違いが非常に大きく、２２２０とは大きな差があることに気づいた。ただ、ローエンドの伸びという点で、この１３６Ａは、約１オクターブぐらい低域を伸ばしたという印象を受けた。

ただ、再生帯域を広げるという点では非常に好ましいのだが、やや音が重くなる。つまり低音の響きがやや重いという感じだ。これは４５６０というエンクロージュアに対して、１３６Ａがうまくマッチしなかったせいだろう。

さらに１３６Ａを取り外し、今度は２２０５に替えてみることにした。

このウーファーも、136Aよりもさらに能率が低く感じられる。しかしローエンドに対する拡大という点では136Aには及ばない。ただ力強さという点では136Aよりも引き締まったという感じをうけ、あえて言うなら、能率はやや低いが、220と136Aとの中間的な音色になってきた。

さて、何とかして低域のレンジを拡大したい、ということで今度はアンプを交換してみることにした。オーディオ・リサーチD76を低域に使用してみたが、その音は、ローエンドまですっきりと伸ばしている感じは、さほどではない。次に、集められたアンプの中でもっともパワーのあるものを使ってみよう、ということから、マランツ510Mを使った。

この最新型ハイパワー・アンプによって、ようやく220ウーファーは、かなり低域のローエンドが伸び、そして真の低音エネルギーが得られた。パワーメーターは、しばしば⊕3dBを表示している。もちろんソースは、38cm／secの2トラック・マスターテープだ。

ここで、これまで低域用として使っていたSAEを高域用として使うことにした。大変きめの細かい音で何よりも驚いたことは、075、077、2405という高域ユニットの特質を非常にうまく引き出してくれたことだ。高域用アンプといえどもやはりハイパワー・アンプが、よりクォリティの高い再生音を聴かせ、中音域用アンプは、ダイナコ・ステレオ400、サイテーション16、などと替えてみたが、オーディオ・リサーチD76のクォリティの高さを再確認したことにとどまり、結局はD76をそのまま使うことにした。まさに最初に意識したとおりの結果が出たのだ。

それで今度は、中音用ホーンを替えてみようということで、まず2350ホーンを2355に替えてみることにした。指向性をややしぼった2355は、前に出てくるエネルギーは相当強く出る。しかし、ピアノの再生などでは中音域の音像が少し小さくなる印象は、まぬがれない。

したがって２３５０と２３５５との音の違いは、音色的にはほとんどないといってよく、２３５５の場合にいくらか強いエネルギーをもっている程度だ。

今度は、ラジアルホーンをここでやめ、金色のスラントプレートをもった例のＨＬ８９に替えてみた。

この場合、音色はかなり変り、まず中域がぐっとおとなしくなり、かなり控え目になってしまった。そのかわり、中高音が少々派手になってきた。ただここで注目したいのは、音の広がりが非常によくなり、首を左右に振ってみて、さらに左右各１ｍぐらいずつ、リスニングポジションを変えてもほとんど音像に変化はみられない。ただ、聴き込んでいくと、どうも音像に不自然さが感じられてきた。

これは、どうも中高音の音が、低音にくらべてイメージ音源として比較的前にきてしまうように聴こえるのが原因らしい。つまり中高音の音像が、４５６０の前面にできるのだ。にもかかわらず、低音のほうは、４５６０の中から後ろにかけて音源があるように聴こえる。この辺の違いが、どうも不自然さをかもしているようだ。フルバンドなどでは、この不自然さがそれほど感じられないのだが、単一楽器でのソロなどを聴くとそれが目立ってしまう。たとえば、バリトンサックスやテナーサックスなどを聴くと、演奏者の音像の前後の位置、奥行きなどが不確かになる。これは前の２３５０や２３５５では、ほとんど感じられなかった。

そこで、今度はこの中音用ホーンをずっと後方にずらして、ドライバーユニットが４５６０の後方の端になるくらいまで下げてみた。ところが、この状態では、４５６０の天面の反射のためか、音源が上にいってしまう。どうも不自然さが強く感じられて、ますますうまくない。というわけで、どうもフロントロードホーンには、このＨＬ８９はうまくマッチしないのではないかと判断したのである。

さて、今度は一転して、使い慣れている２３９７を２４４０と組んで使ってみようということになった。この場合には、２３２８アダプターを使用し、クロスオーバーポイントは８００Hzで、規格どおりに使える。

このシステムの音は、きわめて高域での繊細感がはっきり出て、中低音のレベルがぐっと抑えられた上品な音で、しかも大変つややかな輝きをもった音になった。これは家庭用の再生音を考えると、まったく新しい魅力をもった音といえる。２３５０のときの音にくらべ、中低音の豊かさと中音のパワー感という意味では、物足りなさを感じる人が、あるいは出てくるかもしれない。だが、この清らかな、非常に澄んだ透明感は、２ウェイで十分聴けるという印象を受けた。

２４０５を念のために加えると、まさにハイエンドまで十分拡大された。音色の違和感がまったくない状態で、高域を伸ばしたという感じだ。つながりのスムーズさは特筆に値する。

ある意味でこの組合せは、クラシックを含めて、きわめて広い音楽ジャンルを聴く人のために、もっとも安心して薦められるシステムになり得たと思う。

ここで今度は、以前から気になっていたラジアルホーン２３４５を使ってみることにした。この２３４５は１インチスロートをもったホーンで、ドライバーユニットは２４２０、２４１０をアダプターなしで装着できる。もちろんＬＥ８５、ＬＥ１７５も同様だ。

この２３４５は、90度指向性をもつ、中音用というよりも、明らかに高音用を意識したホーンだ。はっきり言ってしまうと、実は２４２０と２３４５のコンビネーションは、興味はあったのだがそれほど大きな期待は持っていなかった。なぜかといえば、このドライバーは２４４０よりもひと回り小型であり、２３９７と２４４０の組合せがかなり良い印象であったからだ。おそらくドライバーの力不足が感じられ、または金属質の響きが強調されるだろうと思っていた。

実際の音は、意外に良い。ちょうどこの前のシステムと共通のバランスをもっている。しかも中域における力が、２３９７の細身な品の良さとは違って、２３５０にも似た力強いパワー感のある充実感をはっきりもっている。とくに金管楽器の良さが、２３５０や２３５５以上に感じられる。中高域は自然でストレートな感じを受け、ＨＬ８９の場合よりも、かなり改善されている。

しかし、レベルは２３５０、２３５５の場合よりも落ちているので大体２dBぐらいはアンプで上げなければならない。ただ、レベルを上げていくと今度は高音域が出過ぎてしまう。たとえばクラシックの小編成の曲をいつも聴く、比較的おとなしい、聴きやすい音を求める人にとっては、ちょっときつい高域だという印象を受けるかもしれない。これは程度問題で、すごく微妙なところだと思う。

音の質としては、非常に素直な、ストレートな音の力を感じさせ、クォリティは高いと断言できる。

このホーンを、今度はＨＬ９２に替えてみることにした。ＨＬ９２の場合には、中音でのレベルダウンが大きく、２３４５にくらべて中音の豊かさというものがほとんど感じられなくなってしまった。

いわゆるソロ楽器のファンダメンタル、あるいは男性ヴォーカルなどが、この場合にかなり欠除してしまう感じだ。ただ、このＨＬ９２型は新型スタジオモニターシステムに使われて、評判が良いだけに気になったのだが、どうも２２２０と４５６０による低域とはマッチしないようだ。もうひとつの原因としては、高音の音像が低域と合わない。やはりさっきのＨＬ８９と同じ音像のズレを感じてしまうのだ。つまりホーンレンズによる音像の前面への移動が原因となっている。

今度は、中音用ホーンとしてもっとも雄大なる大きさをもち、翼のごときスラントプレートをもったＨＬ９０を使ってみることにした。

この場合、やはり中低域のエネルギーは、かなり抑えられてしまう。ＨＬ８９やＨＬ９２と同じ結果になってしまった。クロスポイントは５００Hzなのでレベルを上げてホーン鳴りがするということはない。だが、やはり音像は、中域だけが前に出てきてしまう。低音が後を追って響いてしまうのだ。

こうしてユニットを交換してきて、さてどの組合せがもっともベストだったのか。これは難しい問題だ。

もっとも一般の音楽愛好家には、２３９７と２４０５を使ったシステムを薦めるかもしれない。しかし、ジャズやロックを多く聴く人には、絶対に２３４５を使ったシステムを薦めるだろう。

ただ、ここではっきりと言っておきたいのは、いわゆるＪＢＬの音響拡散器をもったホーンは今回使った４５６０低音ホーンとはあまりマッチングしなかったということだ。ここで、もっともマッチングがとれていたのは、やはり２３５０、２３５５であり、２３４５、２３９７だったのだ。これらのホーンは、つまりドライバーユニットのダイアフラムの位置が、低音ユニットのボイスコイルの位置とほぼ等しいという点で共通している。

これらのホーンの中から何を選ぶかは、大変難しい。たとえば現在３７５をもつ人には、２３９７を薦めよう。たとえば現在ＬＥ８５を使っている人には２３４５を薦めることができよう。

しかしこれは、低域に４５６０を使用した場合に限られていることを忘れてはならない。ウーファーがエンクロージュアの前面に取り付けられたバスレフ式、バックロードホーンの場合には、まったく違ってくる。

クロスオーバーアンプのいくつかの問題点

このマルチウェイ・マルチアンプシステムの実験のもっとも大きな目標として、フラットレスポンスと低歪みという二点を挙げた。そして、そのポイントは中音域ユニットを、どう選び、どう使いこなすかということにあった。音楽におけるエネルギーのもっとも大きい部分は、やはり中音部であり、今回の実験によっても十分に確認することができた。

別項ですでに述べたように、ここで急いで結論を出すことは避けるが、あきらかに中音用ホーンがこのマルチアンプシステムの成否を決める大きな要素のひとつであることがわかった。中音用ホーンは、最終的に、そして具体的に挙げるとしたら、やはり２３９７か２３４５かのどちらかを選ぶことになる。

しかし、こうして二つのホーンユニットを選定したところで、実際にはクロスオーバーポイントはいくつにとるか、そしてもっとも気がかりになるのは、エレクトロニック・クロスオーバーアンプを何にするかという問題だ。

今回、こうしたクロスオーバーアンプという、いままであまり対象にされなかったコンポーネントユニットを使ってみて、各メーカーのもっている音に対する姿勢を強く感じた。それはあたりまえだといえばあたりまえかもしれない。しかし、こうしたもっとも理解しやすいエレクトロニクスの中にも、各社の音の傾向というものが出ているのだ。これは、まったく予想以上の差であって、もちろんクォリティとしてはそれぞれ非常に高いのだが、クロスオーバーアンプを選ぶことが、いかに大切なことかを知って欲しいと思う。

そこには、使用されたパーツの位相特性、あるいは周波数特性などだけではすまされない問題がある。また、各ユニットに使うべきパワーアンプにしても数多い問題点が残る。一般的には、使い勝手やアフターケアを考えると同一メーカーのパワーアンプを薦めたくなるが、音のクォリティを考えた場合、必ずしも同一メーカーの、同一パワーアンプを使ったほうが良いとは限らないのだ。今回のテストをふりかえると、やはり現在の最新型アンプでさえ使用される帯域によって違ったクォリティをみせた。

このマルチアンプシステムによって得られた再生音は、現代の一般家庭用スピーカーシステムがとっているもっとも標準的なスタイル、すなわちブックシェルフタイプと呼ばれるシステムの持っている良さを、格段に高めただけではない。もちろんブックシェルフタイプのスピーカーシステムの持っている良さを否定したりはしない。しかしきわめてハイパワー、ハイエネルギーでのダイナミックレンジを実現する方法は、非常に少なく限られてくる。そのもっとも実現可能な方法はマルチアンプシステムであるといえよう。

（一九七五年）

「自信」と「誇り」をJBLパラゴンにみる

私のような無精者は、なるべくなら仕事らしいことは避けて、そうかといって遊びまわるのもおっくうだし、そのもてあますほどの暇は、街の片隅の、それもなるべく目立たない喫茶店かどこかで、ブレンドコーヒーの一杯で、何時間もぼんやりと、空白時間をもつことがもっぱらだ。

先日、東京を止むを得ず離れたときだった。ビルの地下の、バーだかスナックだかの隣り、ちぢこまったように小さく開く扉の、ちっぽけな喫茶店に何気なく入ったおり、思いがけなくも（それは店のたたずまいからはとうてい想像できないのだから、思いがけなくというより、予想もしなかった）、JBLの〈パラゴン〉に出会った。

これは米国の、というよりも、いまや世界的なスピーカーメーカーともいうべきジェームス・B・ランシング・サウンド社が、ステレオ前夜の57年頃に作った巨大なホーン型システムである。

左右が一体になったそのスタイルは、類のない異様で豪壮なものだ。

〝レンジャー・パラゴン〟と呼ぶその名の特異な響きと、なぜか共通の強烈な印象を確実に刻みつけられる風貌だが、その内側は、低音、中音、高音ともホーンスピーカー構成という、現代には珍しく凝ったものだ。

そのためか、そのサウンドも今日の製品からは、ちょっと聴くことができない類いのもので、独特の「さわやかさ」と「迫力」をもって、音のひとつぶ、ひとつぶがくっきりと迫る、といった風だ。

むろん、20年近く前に開発され、作られたのだから「音域の広さ」「フラットレスポンス」といった技術的目標を追求することが第一の、現代のスピーカーシステムから比べれば、それらの点で、とうてい、かなうべくもない。

しかし、創立当時からの特長ある「JBLサウンド」を伝えているという点で、外観は大きく異なるが、モノーラル時代の代表的スピーカーでもあった、同じオールホーン「ハーツフィールド」のステレオタイプのデフォルムともいえよう。

家の中に持ち込んでみてわかったのは、この〈パラゴン〉ひとつで、部屋の中の雰囲気が、まるで変ってしまうということだった。なにせ、幅2m強、高さ1m弱という大きさからいっても、家具としてこれだけの大きさのものは、少なくとも日本の家具店の中には見当らない見事な仕上げの木製であるとて、この異様とも受けとめられる風貌だ。日本人の感覚の正直さから、予備知識がなかったらそれが音を出すための物であると果してどれだけの人が見破るだろうか。何の用途か不明な巨大物体が、でんと室内正面にそなえられていては、雰囲気もすっかり変ってしまうに違いなかろう。「異様」と形容した、この外観のかもし出す雰囲気はしかし、それまでにこの部屋でまったく知るはずもなかった「豪華さ」があふれていて、未知の世界を創り出し新鮮な高級感そのものであることにやがて気づくに違いない。パラゴンのもつもっとも大きな満足感はこうして本番の音に対する期待を、聴く前に胸が破裂するぎりぎりいっぱいまでふくらませてくれる点にある。そして音が出たときのスリリングな緊張感。この張りつめた、一触即発の昂ぶりにも、十分応えてくれるだけの充実した音をパラゴンが秘めているのは、ホーンシステムだからだろう。ホーン型システムを手掛けることからスタートした、ジェームス・B・ランシングの、その名をいただくシステムにおいて、正式の完全なオールホーンを探すと、現在入手できるのはこのパラゴンのみだ。だから単純に「JBLホーンシステム」ということだけで、もはや他には絶対に得られるはずもない、これ限りのオリジナルシステムたる価値を高らかに謳うことができる。

このシステムの外観的特徴ともいえる、左右にぽっかりとあく大きな開口が、見るからにホーンシステム然たる見栄えとなっている。むろんその堂々たる低音の響きの豊かさが、ホーン型以外の何ものでもないことを示しているが、ただ低音ホーン型システムを使ったことのない平均的ユーザーのブックシェルフ型と大差のない使い方では、その真価を発揮してくれそうもない。パラゴンが、その響きがふてぶてしいとか、ホーン臭くて低い音が鳴らないとかいわれたり、そう思われたりするのも、その鳴らし方の難しさのためである。また若い音楽ファンたちの集まる公共の場にあるパラゴンの多くは、確かに良い音とはほど遠いのが通例である。しかしこれは、決して本来のパラゴンの音ではないことを、この場を借りて弁解しておこう。優れたスピーカーほどその音を出すのが難しいのはよく言われるところだが、パラゴンはその意味で、今日存在するもっとも難しいシステムといっておこう。パラゴンの真価は、オールホーン型のみのもつべき高い水準にある。

パラゴンは、米国高級スピーカーとして、おそらく他に例のないステレオ用である。正面のゆるく湾曲した反射板に、左右の中音ホーンから音楽の主要中音域をぶつけて反射拡散させることにより、きわめて積極的に優れたステレオ音場を創成する。この技術は、それだけでもう未来志向の、いや理想ともいえるステレオテクニックであろう。常に眼前中央にステージをほうふつとさせるひとつの方法をはっきり示している。

バロックの弦からピアノ・コンチェルト、さらにオペラと聴くうち、この〈パラゴン〉のゆるやかに湾曲する大きな前板による音の反射効果が「ステレオ定位」に大きな効果があることを、6坪たらずの室内での、あらゆる聴取点（リスニングポイント）で確かめ得た。

〈パラゴン〉のこうした優秀性は、「広帯域周波数特性志向」の強いシステム隆盛の今日ではどこまで認められるか定かではないにしろ、この「サウンドクォリティ」のすばらしさは、ベテランファンなら、誰しも納得しよう。

さて、ここで言いたいのは、こうした旧いタイプのシステムの優秀性ではない。こうしたシステムが、20年近くもほとんどその基本を変えることなく、現代的なメーカーで作られ続けているという「事実だ」。

ＪＢＬの主力商品は、いまや大型のスタジオモニターをはじめ、前々から言っているような、もっとも現代的志向の強いシステムなのだ。

その同じメーカーが、まったく別の志向のシステムを作り、商品として出しているという点がすばらしいのである。

日本のメーカーの多くがそうであるように、「能率本位的な姿勢」からは、とうていこうしたことは望み得ないに違いない。

それは「技術」を主体としている〝ハイファイ企業〟としては当然だ、と言うだろう。

しかし、20年間も同じものを、たとえそれが非常に高価だからなし得たのだとしても、〈パラゴン〉を作り続けるのと同じ姿勢があるだろうか。

新しい技術が生まれる。すぐに飛びつく。商品化する。また、新たに技術開発をする。また、商品化する。そのとき、前のものは簡単に捨てられてしまう。

捨て去っても惜しくない程度の「技術」だったのだろうか。あるいは、それほどまでに商品として完成度が熟されていなかったのだろうか。〈パラゴン〉の存在価値は、実はこの点にあるのではなかろうかと、私は考えこんだ。

日本のメーカーも、いまや「質的」にも「量的」にも、世界のトップクラスの企業規模となった。しかし、その製品に対する「誇り」と「自信」を、ＪＢＬにおける〈パラゴン〉のような、具体的な形で、もちたいと思うのである。

（一九七五年）

ジェームス・バロー・ランシングの死

ＪＢＬことジェームス・バロー・ランシングが自殺を遂げたことをはじめて知ったのは、いまからもう10年くらい前になるだろうか。私がある外資系のエレクトロニクス・メーカーに勤務していた頃、そこにいた米国のエンジニアがふともらした話で私はそれを知った。〝ヒムセルフ〟という言葉が出たことによって、私はそれが自殺を意味するものであることを瞬間的に悟ったが、どうしても信じられなかった。確かそのときは、私がいつもＪＢＬのスピーカーを使っているという話をしたときに、そのルイスという年老いたエンジニアが「ＪＢＬのスピーカーは確かにいい、しかし彼も惜しいことをした。彼は自分で死を選んだ」と答えたというふうに記憶している。

なぜそのときに理由を尋ねなかったのか。いまになってみるととても悔やまれるのだが、ルイスはＫＬＨとかＡＲに多くの友人を持ち、米国のオーディオ界でもかなり古いキャリアを持っていることから察して、たとえルイス氏の活動範囲が東部を中心としていたとしても、西海岸のＪＢＬという大きなスピーカーメーカーの事情に通じていないわけがなかったろうし、その話をもらしたときであれば、あるいは理由を教えてくれたかもしれない。しかし、そのルイス氏自身も既に4年前日本で亡くなっている。

なぜ私がＪＢＬの自殺に大きな驚きを受けたのか、その理由はおそらくすべてのＪＢＬファンが受ける驚きと同じ理由であろう。つまりＪＢＬスピーカーの優秀さを背景にその創設者が限りない栄光に輝いた自分の生涯を閉じるにあたって、なぜ自らの手で死を選ばなければならなかったのか。ＪＢＬは成功者ではなかったのか。偉大なる技術者ではなかったのか。あるいは偉大なる技術者としての自覚を誰にも負けずに誇りとしていたのではなかったのか。そうしたＪＢＬが自殺というまったく逆な行為を選んだということは、私にはどうしても納得いかなかった。そんなことはあり得るはずがないと固く思えたからである。

ＪＢＬの死はこうして10年程前から、私の頭の中に大変不可解な事実として強烈に焼き付けられていたが、その後、年を追うごとに受けた衝撃は高まるばかりであった。これほどの成功者が自ら死を選んだ理由とは一体何であったのか。本当に自殺なのであろうかと、自殺という言葉の確かさまでを疑いはじめていた。

非常に長い期間、おそらくもう20年近くもＪＢＬのスピーカーを使い、その音楽遍歴あるいはオーディオ遍歴はＪＢＬのスピーカーと共に歩んできた私にとって、ＪＢＬスピーカーの優秀さは誰にも負けずによく分かっているつもりだ。しかもその優秀さを知れば知るほど、それはすべて創設者ジェームス・バロー・ランシングの手によって当初から与えられたものであることが明らかになり、ますますＪＢＬの自殺を不可解に思うようになった。

さてここで、ＪＢＬのスピーカーにおける、大きな二つの流れについて触れてみよう。ひとつには創設期からあるもので、ユニットとしてまぎれもなくＪＢＬ自身が開発したものに違いない15インチ・フルレンジのD130をはじめとして、その12インチ版D131、それから8インチ版D216、そして高音用ドライバーユニット175、それにホーンとディフューザー・レンズを装着した175DLH(Dはドライバー、Lはレンズ、Hはホーンを示す)、さらに175をより強力にした275ドライバーユニットと、より大口径のダイアフラムを持った中音用ドライバーユニットの375——中音用というよりも、初期においてはこのユニットは高音用として開発されたはずである——という流れで、これらのユニット群がいわゆる高能率型の代表的なものだ。だが、今日においても高音用の第一号製品として考えられている075の存在はどう判断すべきか。これは難しい問題を孕んでいて、075は果してジェームス・バロー・ランシングが開発したものかどうかは不明確である。

そして同じようにジェームス・バロー・ランシングが開発したかどうか不明なユニットがある。それがD123だ。D123は12インチのフルレンジで、D131と用途は同じでありながら、異なる内容を持っている点で興味をそそられるユニットだ。

1950年代のはじめ、つまりジェームス・バロー・ランシングが自殺したといわれる1949年から2〜3年後にはD123も075も存在していたのではないかと思われる。少なくとも1950年にはD123も075もなかったのではないか。

こうした推理をするのは、ジェームス・バロー・ランシングが自らの手で開発したと思われるユニットとしては、JBLサウンドの現製品の中でもそう幾つもないということを言いたいからだ。おそらくジェームス・バロー・ランシングが開発したと思われる製品の中で今日その姿を留めていないものはただ一つしかない。それは150-4ないし150-4Cと呼ばれるウーファーである。これは130Aウーファーよりも、もう少し深い傾斜をもったコーン紙をもち、しかもそのコーン紙の強度といえば現在の１３０Ａの比ではない。非常に硬い、つまり丈夫なコーン紙を持っているわけで、おそらく用途として、ホーン用として使用するためのウーファーではなかったかと思われる。こうした１５０－４Ｃが姿を消した理由は非常に単純で、つまり低音ホーンのシステムがＪＢＬからなくなってしまったからだ、ただパラゴン一つを除いて。

今日、ＪＢＬの多くのシステムを構成する中心的なユニットは、すべていままで述べたジェームス・バロー・ランシングのオリジナル開発製品を基にしたものであるが、とりわけ低音用に関してはかなり様子が変ってくる。つまり現在のシステムを構成するユニットの多くは、ＬＥシリーズとして開発されたスピーカーユニットの流れをくむものである。

ＬＥシリーズが登場するのは１９５９年、つまりステレオが登場して以降のことである。ステレオになってスピーカーが二つ必要なため、大型のエンクロージュアに納めたシステムは衰退することになる。そして比較的小型のシステムでありながら、大型システム同様の深いローエンドを大きな入力で取り出すことができることを狙った、f_0を低くしたウーファーが主流になってくる。これは時代の要求であり、時代の所産であった。

ＪＢＬ・ＬＥシリーズはこうした目的で開発され、デビューした。当然のことだがこのときジェームス・バロー・ランシングはいない。彼のノウハウが生きるのはマグネット・アセンブリーであり、ボイスコイルであり、そのスピーカーに対する基本的な姿勢だけだ。ＬＥシリーズの最初の本格的ウーファーと目されるＬＥ１５においては、ロングボイスコイルが採用されたことにより、ＪＢＬの最も大きな特徴の一つであった高能率からは後退したのであった。マグネット回路の外側にまでボイスコイルをはみださせた結果、能率は低下した（能率が低下したといっても、それはＪＢＬの中での話で、ＬＥシリーズにしても当時のＡＲやＫＬＨに較べればはるかに高能率であった）。スピーカーの考え方として能率を二次的に考えるというのは、ジェームス・バロー・ランシングのオリジナルの考え方とは違う道を歩みだしたといえる。

これで分かるようにＪＢＬのもう一つの流れは、ＬＥシリーズ登場によってスタートするのである。ＬＥとはリニア・エフィシェンシーの略で能率を二次的に考え、あくまでも大入力における、即ち大振幅におけるリニアリティを追求しようという姿勢によって生まれたスピーカーである。代表的なものは、先に述べたＬＥ１５Ａをはじめとして、ＬＥ１０Ａ、ＬＥ１４Ａ、さらにおなじみのＬＥ８Ｔだ。また１７５も十分な振幅を与えられることによってＬＥ１７５というドライバーに生まれ変り、さらに２７５は同様の改良を受けてＬＥ８５となった。しかし、この高音用ドライバーに関しては決してロングボイスコイルということではなくて、ただダイアフラムの振幅をより大きく与えることに成功したという点に注目していただきたい。つまり能率は昔と変らず極めて高い。だから高音用に関しては、ジェームス・バロー・ランシングの高能率第一主義という点は今日においても貫かれているといってよいのではないだろうか。

こうしたことをなぜ言わなければならないのかというと、ジェームス・バロー・ランシングのスピーカーに対する姿勢というものをはっきりさせておきたかったからだ。あくまでも彼はスピーカーの高能率化を何よりも強く望んでいたに違いない。能率が高いということは彼にとって何を意味していたのであろうか。少なくともＪＢＬサウンドを再建したときには、彼は家庭用のハイファイ・スピーカー・メーカーとしてスタートをきったはずである。つまり家庭用なのであるから、それほど高能率の必要はなかったのではないのか、当然そういう疑問が生じてくる。そう考えると、ジェームス・バロー・ランシングが目ざした高能率とは音圧のためではなく、もっと他のための高能率ではなかったのだろうか。他の理由——つまり音の良さだ。

周波数特性や歪み以外に音の良さという要素を感じとっていたに違いない。その音の良さの一つの面が過渡特性であるにしろ、立上り特性であるにしろ、それを獲得することは高能率化と相反するものではない。むしろ高能率イコール優れた過渡特性、高能率イコール優れた立上り特性、あるいは高能率イコール音の良さということになるのではないだろうか。私にはジェームス・バロー・ランシングが当時において今日的な技術レベルをかなり見抜いていたとしか考えられない。そうでなければあれだけのスピーカーができるはずがない。

そしてその良さの源としての強大なるマグネット、あるいは軽いボイスコイル、またそのボイスコイルの効率の高さを誇るエッジワイズ、さらに金属ダイアフラムの大きなノウハウ、彼はそれを耳だけに頼って作ったのだろうか。耳だけじゃないにしても、現在からみれば当時の余りにも貧しい測定技術と測定機器によってそれが見抜けたのであろうか。確実にいえることはジェームス・バロー・ランシングの多くのノウハウ、優れた生産技術における業績はＪＢＬのみならず、アルテックさらにはウェスタン・エレクトリックの歴史的ユニットの至るところに輝いているということである。

その栄光を築き上げた彼が、なぜ自ら死を選ばなければならなかったのか。それは、どうしても不可解な謎としかいえない。ＪＢＬを愛する、そのユニットの素晴らしさを知る私にとって、それを解き明かすことが、ＪＢＬの本当の良さを、あるいはその良さの源を探る上でどうしてもやらなければならないことのように思えるのである。

さて、ＪＢＬの死の謎の一つが解きほぐされるときがやってきたようだ。私の推理する話を確かめることができれば、その一端は確実に明らかになるはずだ。その鍵がこの数ヵ月本誌をはじめ多くの雑誌に出ていたP社の広告である。そこにP社の新しい製品の一つであるＨＰＭ１００が示され、その開発に力を与えたと思われるＢ・ロカンシーの写真が出ている。ロカンシーこそはＪＢＬサウンドの50年代から60年代における最も優れたエンジニアの一人だ。彼は技術担当副社長として、今日のＪＢＬを築く大きな業績を残した。今日の彼は何も語らないが、おそらくＬＥシリーズの多くは彼によって作られたのではないかと思う。つまり彼はジェームス・バロー・ランシングに勝るとも劣らないスピーカー・エンジニアなのだ。

　その彼の手になるというＨＰＭ１００、そのウーファーに注目してほしい。それが何とＤ１２３と似ていることか。30㎝、コルゲーションのついた浅いコーン紙、しかもそれはＤ１２３同様、塗布剤が前面に塗られている。このことはＤ１２３がＪＢＬ自身、ではなく、新進の優れた技術者だったに違いないロカンシーによって作られたものではないかということを示している。なぜなら彼が作ったのでなければ、日本のメーカーのために他人の作ったものと同じものを作るわけがない。一人の技術者の技術的道徳心として、自分が作ったものではないものを他のメーカーにいって作ることができるだろうか。つまりＤ１２３は、当時ＪＢＬの配下にいた若きロカンシーが作ったのである。

　そしてそのことが、ＪＢＬにかつてない敗北を味わわせたのではないだろうか。なぜならＪＢＬの作ったユニットにコルゲーションがついたものは一つもないし、また塗布剤を塗ったものも一つもなかった。コルゲーションを用いたウーファーの振動理論は、カーブ付の、あるいはストレート・コーンのウーファーと全く違ってしまう。早く言えば分割振動をうまく利用しようというのがコルゲーションの発想であり、さらに、塗布剤によって得られるコーン紙の強化は質量の増加によって低下するはずだが、このD123においてはそれがごく僅かに抑えられている。それはまったくの技術の革新だ。

D130以来、確固たる信念を持っていたジェームス・バロー・ランシングは、D123の出現に(しかも同じ社内で)、大きな衝撃を受けたのではなかろうか。彼はD130の12インチ版D131を作っている。当然両者は比較性能テストが行なわれるだろうし、そしてその結果、能率こそやや劣るかもしれないが、コストがはるかに安く、諸特性も格段に優れているD123の高性能ぶりに、JBLは生まれてはじめて技術的敗北感を味わったのではないだろうか。救いようのない敗北感が彼を襲ったとしたら、あるいは——誇り高い完全主義者だったに違いない彼の、もっとも輝かしい技術そのもので敗北したとしたら、JBLが自分の生涯を閉じる大きな理由となり得たのではないか。

もちろん他の理由もあったかもしれない。もしも経営上の問題だったら彼は死を選ぶわけがない。それは何度も味わったことだし、若い頃ランシング・マニュファクチャリングをつぶしたときも彼は死ななかった。その後の紆余曲折においても彼は死ななかった。その彼がようやくJBLサウンドを創設した1946年からわずか3年後の1949年に、なぜ死を選ばなければならなかったのか。それは経営上の問題ではないだろうし、実務上の問題でもないはずだ。おそらく彼を生涯支えてきた技術的なプライドがくじけたときに、彼は生きる望みを捨てたのかもしれない。

今日のJBLサウンドはジェームス・バロー・ランシングの力の及ぶ範囲をはるかに越えた大メーカーになった。創設者は既に神話でしかない。そして現在のJBLを築き上げたのが他ならぬD123以降の系譜であることを思うとき、私は深い感慨を覚えずにはいられない。

(一九七六年)

オーディオ歴の根底をなす26年前のアルテックとの出会い

「603Bがあるんですってさ。この日本にも」という編集S氏の話。「へえ、やっぱりねえ。ところでそれ、604Eとは全然違うだろうね。昔、銀座の松坂屋裏のジャズ喫茶の奥にあったのが603ということだった。スケスケのグリル越しにみてみると、確かにいまの604Eみたいなマルチセルが付いていたけど、どうみてもその奥は布の保護カバーを通して金属ダイアフラムみたいのが、確かあったようだ。でもいまは渋谷の道玄坂にあるそのスイングのオヤジは、いやこれは2ウェイ・コアキシャルだといっていた。でも、あのときのキッド・オリーのトロンボーンのうなりはすごかったな、本物と聴き間違えたくらいだった。このスピーカーの前に立つまでは」とこれはボク。

アルテックと初めてのこの対決?は、なんと昭和二十五年だ。一九五〇年、もう26年も前のことだから、あやふやなところもあった。でもそれ以来15インチのスピーカーを使うのがさし当っての夢となった。もっとも見かけるだけなら本物の604をその頃でも見ることができた。神保町の九段よりのたしか金声堂というちっぽけだが、おそろしく高価なレコードをちょびちょびと並べてあった店で、正面レコード・ケースの上にデンと604がのせてあった。学生時代をやっと通り抜けた分際で、恐いもの知らずも手伝って、その値段を聴いたら「10万円」とひとことといってぐっと背の低いその老人ににらまれた。むろんその位置から落とすことなど。大学出の初任給4000円の頃だ。

でも銀座のスイングで聴いた603が、このアルテックへの欲求不満をすっかり解消してくれた。銀座から渋谷に移って、しばらくの間デキシー専門に鳴らしていたこの店のレギュラー客になってから、ヴァンガードのヴィック・ディッケンソン/ショーケースの、ものすごい低音に毎日のように酔い痴れた。でも客の中に上京したての若き藤岡琢也なんかもまじっていたというその頃、つまり50年代初期には日本には正式に米国のハイファイ・パーツはなにひとつ入っていなかった。世界的な市場での優勢を誇ったのは英国製品であって、ワーフェデール、グッドマン、およびガラードをはじめとした先駆者メーカーであった。むろんクォードもタンノイもまだ見当らないし、ステントリアンさえずっと後だ。当時アルテックのパンケーキこと755も、ウェスタン・エレクトリックの製品といわれていたのは戦前から日本に入っていたからだろう。つまり、現代オーディオの米国での源たるウェスタン・エレクトリックの電気音響開発部門が独立してアルテックとなったのが一九三九年、日米開戦の前年だ。この辺のいきさつを終戦間もない喰うか飢えるかの混乱期に分かる術もない。

さて、あとで聴くところによると、九段の金声堂は民間局として開局するTBSへレコード納入をしていたとか。それでスタジオ・モニターがあったのだな。僕にとって604は、こうしてその良さ、素晴らしさをおそらく誰よりも早くからその名アルテックと意識して体験し、さらに数年後には映画設備の仕事を通してますますそれに傾倒したオーディオの原点である。僕自身オーディオ歴の一番の根底をなしてきたと自覚している。

幸いなことに昨年、604がマイナーチェンジを受けてより広帯域化したとき、永年の夢、まさに

26年もの夢がかなって手元に置いた。だから6 0 4 - 8 Gを聴くときは、僕は26年前のようなマニアになれるのだろう。

（一九七六年）

時の流れの中で僕はゆっくり発酵させつづけた

きちんとした形で僕の手元にあるもっとも古い海外オーディオ・カタログ集は、一九五六年版米国のそれだ。

そのカタログの500種ほど掲載された製品中で、もっとも高価なのがパトリシアンⅣである。

アルテックのA級10W出力段つきの管球式プリメインアンプに始まるこのカタログは、ステレオ直前の五六年発行のため、むろんひとつとしてステレオ製品のないのは当然だが、一般化する直前のそのハイファイ興隆期の終りを示すにふさわしく、超豪華、高価格製品がずらりと並び、あとになってもっともポピュラーなアンプメーカーになるフィッシャーですら、まだプリアンプとパワーアンプのみを出している。スピーカーもすでに注目を浴びつつあるJBLハーツフィールドが、310ドルという価格の箱と、415ドルの中味のユニットとが、それぞれ別々に示されている。エレクトロボイス社は、当時すでに戦後のもっとも躍進したハイファイ・メーカーとして存在し、それまでのベストの座にあったジェンセンと勢力伯仲という様相が、カタログのスペースからも感じられるし、英国のかつての数々の名器たちが堂々と並んでいる。

パトリシアンは、むろんエレクトロボイス社の看板商品として五五年あるいはその前年にデビューした、当時でも珍しい4ウェイシステムで、それ故にパトリシアンⅣという名を与えられている。よく誤解されるが、決してⅠ、Ⅱがあり、Ⅲがあってのではない。だからこの本にあるパトリシアンこそが、この20年来の僕の脳裏にあるパトリシアンである。それはオリジナルとしての豪華かつ西欧的古典的な風貌だ。ずっと後になって、そう多分それから7、8年ほどして日比谷にあったアメリカ文化センターが赤坂に移ったときに、その新しいホールでパトリシアンを見たとき、すでに新しいカタログによって知っていたこのコンテンポラリー・スタイルと呼ぶべき風格は、オリジナルの持つクラシックに比してフレッシュで現代風であったし、コンテンポラリーと素直に受け入れ難かったように思う。だが、その音は雄大に豊かに響いた。むろん二度と忘れられるものではない。エレクトロボイスというスピーカーメーカーは、音楽の中の低音の重要性を十分に理解し、それを製品にかくも反映している良識に打たれた。

ずっと後になってエレクトロボイスの小型（?）フロアー型というべきエアリーズが出たとき、日本でのデビューの発表会でそれを再び強烈に感じた。エアリーズはそれ以来いまもなお身近で鳴っている。

そしてパトリシアンⅣだ。でも、この超豪華システムを手に入れる夢をまともに考えたことなんてあるわけがなかった。なぜかって?　五七年現在、805ドルの米国内製品は、日本にくれば80万円は超える。当時僕の給料は3万円だった。それでもはたからみればずっとましだったのだ。27ヵ月分の給料を積み立てて、やっと一本手に入るはずのシステムだ。いま、そのベースで換算したら、おそらく200万円は超えよう。昔の幻想がリアルな形となって3ヵ月、まだ僕の手元のパトリシアンⅣ

は蘇ってはいない。ほんとにかすかに、僕が音を出しているだけだ。でも、建国２００年の7月末までには20年前のこのパトリシアンの息を吹きかえさせてやろう。

（一九七六年）

名器は、ちょっぴりカーブが違うのだという話

全世界の若者のあこがれのクルマ・ポルシェの伝説がある。

ポルシェ博士の名はこのナンバーワン・スポーツカーに魅せられる以前から、フォルクスワーゲンの設計者として、あるいはすでに戦時中からメルセデス・ベンツきっての高速ツアラーＳＳＫの設計者として、世界の自動車設計者の第一人者としての名が高いのだが、彼でなくては、いや、いかにもポルシェらしい伝説だ。

伝説というのはこうだ。ポルシェ博士じきじきの手になるワーゲンをベースとしたスポーツカー「３５６」は、ボディを形作る右サイドと左サイドの湾曲せるカーブが違うというのだ。

つまり、左ハンドルのボディは、運転者が左側に乗っているので車両自体にかかる重さが、左右でアンバランスになる。そこでこの重さの影響が空気力学的にも及ぼすため、右側と左側とで完全な空気抵抗のバランス上、当然のことながら違ったカーブを持っているという。

いかにもありそうな話で、ポルシェの伝説として伝えられているが、実際はそうではなかろう。３５６はほとんど手造りのボディだったから、左側と右側で微妙な違いがあったのだろう。ただそれ

が、世界的名車になると、ポルシェ博士が作ったとなると、そうした話も世界中のファンの間では新しいひとつの伝説を生むことになるのだろう。

というお話は、もっともらしい話として、割合広く知られている伝説だが、これから後の話は、本当の話だ。

ポルシェのステアリングは中央が大きく平たい横H型のステーで、ベンツなどよりも早くからドライバーの衝突時の安全性を十分考えたステアリングだが、このステアリングの円形の木の部分に接するH型のステーの、握りの部分のほんの僅かなカーブは意外に知られていない。この握りの部分はステアリングをガッチリと把握したとき、親指の頭が当り、カーブなどで力を加えてステアリングを廻すときにきわめて重要なところで、ステアリングのかなめとでもいってよかろう。この部分は黒い塗装で、一年、二年と乗るうち、力の加わった親指の部分は塗料がはげかかってくるくらいだ。

ポルシェほど完全無欠なクルマである、塗装のはげかかってくることを知らぬはずがない。この部分はステアリングのかなめであるからこそ、塗装にしてあるのだろう。

永く乗りこなすに従って、このステアリングの要所は乗り手の運転のくせを、この塗装の減り具合によって明確に反映してくれる。

永く乗れば、これはこのポルシェのオーナーのドライビング・テクニックのクセを明確に映して、遂には塗料もはげるだろう。そのときこそ、このクルマはオーナーとしてのドライバーの運転のクセをステアリングに刻み込んで、まぎれもなく乗り手の身体の一部にも相当しようというわけだ。

つまり「オレのポルシェ」になり切るというわけだ。

おそらくポルシェ博士は、あるいはポルシェを世界のナンバーワン・スポーツカーに仕立て上げたポルシェ直系のグループは、こうしたことを知っていたに違いない。オーナーというものが、自分のクルマに対しての感情の深層において何を求めているのか。

人間とクルマの関わり合いは、愛馬と人との関係以上に強烈でなければならないということ。微妙なステアリングのカーブひとつに、こうした人間性が秘められているからこそ、ポルシェは名車なのだ。

ポルシェ356のボディ・ラインの右側と左側は、偶然のまぐれとして違っていたとしても、ことを手造りであれば十分考えられ得る。

手造りといえば、最近の若者の間でアンティック・ブームと共に少しばかり流行しているパイプもその例に洩れない。

高級パイプの大方は、イギリスから渡ったり、伝授の秘術を駆使したデンマーク製のハンドメイドのパイプと相場がきまっている。いくら英国のダンヒルが名を轟かしても、マシンメイドの普及品ではあまりパイプの自慢もできない風潮が目立ってきた。

このハンドメイドのパイプは、そのボウルの部分は一見まん丸に見えても、よーくみると丸型の右側と左側とではカーブが明らかに違うのを知っている人は、ハンドメイドパイプを持つ人の中でも少ない。

パイプは普通右手で持つ。右手でボウルを掌に収めるように保ちつつ、ということになると、パイプの右側のラインは掌にぴったりと合わせたカーブが好ましい。そして、そのカーブは左側よりも曲率半径が大きく、つまりゆったりと大きくカーブしており、左側はもう少し丸い。これはハンドメイドの共通の特長でもある。つまり、パイプを上から見るとまん丸に見えるボウルも、右側はゆるく大きくカーブし、左側はカーブが小さく、出っぱりが強いのである。だからパイプは、少なくともハンドメイドのものでは右側が掌の内側に接し、左側は掌から外に向かっているので、パイプの「表側」というのはボウルの左側を言うことになり、左側の木目の揃ったものの方が、その逆よりも、より価値が高くなるといえるわけだ。

ハンドメイドの場合、そのパイプ職人の「勘」とか「人間性」とかが、こうしたパイプと使い手の掌との間における触感を通しての使いやすさと楽しさに大きくプラスされるために、普通気がつかないところのカーブひとつにまで繊細な思いやりとなって、一本のパイプに秘められているのである。むろん、パイプは無数のカーブがそのプロフィールを形成しており、そのひとつひとつのカーブのすべてにおいてこういえるわけだ。

気が付かないカーブといえば、昔、15年ぐらい前に持っていた文字盤に星印のついたスイスの「ゼニット」の、金側腕時計もそうであった。この時計は2年ほど前、縁あってA子さんに貸したまんまになってしまって、いまは手もとにないのが残念なのだが……。

このゼニットは、バンドを付けるべき「足」が時計の左側と右側とで違ったカーブで下にまがっているのである。つまり左側、つまり手首に近い方の「足」は、右側、つまり手首と反対側にくらべてやや強く下に向いているのであるが、これはバンドを取り付けると、手首に近い方が僅かではあるけれど、より手首にくいこむことになる。こうすれば、手首で腕時計がずれることもないし、外れる可能性もぐんと減るわけだ。そうはいってもこの足のカーブは、まあほんの僅かな違いだから、曲がりの違うのには1、2年使用していても、気づかないかもしれない。ただ、なんとなく時計が「手首にぴったりと吸い着いてずれないなあ」と感じる程度であったが、バンドを替えたときに気づいて、なるほどさすがと感じ入った。ちなみにゼニットは、日本の市場では全然人気がないが、スイスの時計メーカーの中ではオメガはおろか、ロレックスよりも古い歴史をもち、インターナショナルロンジン、ジーカー・レコルタに並ぶ名門のメーカーである。

どうもはっきりとは出てこない「カーブ」、ちょっと気づかない「カーブ」が、実はその使い手の微妙な部分に、つまり感性《センス》とか、人間性《ヒユーマニテイ》とかに直接関わっていて、それが何気なくこの上ない効果を発揮するというところは、や仕り本当に使い手の心を知り抜いた名器とか名作のひとつの特長と思われる。

（一九七四年）

地に足のついたスピード感は名車につきる

長いスロープを一気に滑りおりるとき、そのスピードはなんと毎秒30mに達するそうだ。オーディオ仲間のうちでも、もっともベテランとその名の高いSa君が言うのだから、おそらく確かなのだろう。

「恐くはないかね、そんなに早く滑って、時速に直すと100㎞を越えるけどね」

ひやかし半分に尋ねたら逆にたしなめられた。

「スキーは地面に足がついていますからね。岩崎さんのクルマの方が余程恐いんじゃないかな。地面の状態が実感として摑み切れないんじゃないかしら。第一、いざというとき頼れるのはクルマは外壁だけでしょ。スキーは、人間だけで軽いから、その点でも、急ブレーキの効きはクルマとけた違いですよ。路面の凸凹は、全部、自身の腰とひざで受けていますが、やはり早いときは足首が疲れますね」

なるほど、さすがベテラン、言うことが違う。それにしても、体ひとつで速度100㎞とは、比類ない爽快《そうかい》さだろう。

さてクルマに乗る最大公約数的要素は、目的地に早く行くことにあろう。2点間をできるだけ早く、ということで、クルマは進歩し続けてきた、といって差しつかえないだろう。

あまり大っぴらには言えないが、２００㎞のスピードを経験したことがある。フェアレディZを買って間もない頃だから、もう5年ぐらい前だろうか。元日の朝に東名から名神にぬけて、大阪まで往復の試走の折だ。

２００㎞というスピードは、口には容易にできても、実際体験してみると途方もなく恐い。１６０㎞を過ぎる頃から、次第に神経が緊張のあまり敏感になる。敏感なんていうのではなく、ぴりぴりになって自分自身のすべてが前方に集中せざるを得なくなる。おそらく、それまでに時速１６０㎞以上を出したことがないから、その限界が生ずるのだろう。免許をとって3年かそこらの浅い経験が、こうした恐いもの知らずの、無鉄砲を可能にしたのだろう。１６０㎞をすぎると10㎞ごとに緊張度が倍になるといった風で、１７０㎞で2倍、１８０㎞で4倍、１９０㎞で8倍、スピードメーターが２０0㎞に達すると16倍になって僅かな時間が猛烈に長く続いているような気分になる。視線は、続く路線のはるかかなたのただ一点、おそらく視角にして2度か3度ぐらいの小面積に集中されて、そのまわりは写真のソフトフォーカスのようにぼんやりとしか感じられなくなってくる。

呼吸は、気がついてみたら吐く息が永く、吸うときの10倍ぐらいの時間になっているのに驚いた。もっとも普通の状態でも1～4倍ぐらいの時間差があるものだけれど。

ところで、こうして２００㎞のスピードを出して、一体、何が体験できたかとなると、これは大へん不確かだ。どこまで当てにしてよいか。間違いなく２００㎞かといえば、クルマのスピードメーターの赤い指針が黒い文字板に白く描かれた200㎞を指していたというだけだ。一般にクルマのスピードメーターは甘くて、特に国産車のそれは高速ほど実際より余計に出る。だから、多分10％はあげ底指示だろうから、200㎞といっても実際は180㎞ぐらいがいいところだ。実際は180㎞だとしても、眼の前のスピードメーターが200㎞を指していると、それを読むドライバーにとっては、やはり、実体験の感覚として200㎞でしかあり得ない。それは、まぎれもなく200㎞のスピードの中にいるという実感だ。

むろん、こうしたスピードとそれに伴う恐怖感との関わり、それはそのままスピードの中にいる人間の内側のすべてを示しているものだ。それは人間自身の体験的経歴、たとえばいままで160㎞をしばしば経験したのなら、その160㎞までに対しては心の用意ができていようというものの、それ以上となると当然恐怖感が頭をもたげてくるし、それが増大した極限ではすべて恐怖感に掩われる。では、スピードに対するその人間の経験だけか、というとそうとは言えない。

昨年の終りごろ、数週間にわたって、ワーゲン・ポルシェとマニアの間でいわれる二座のミッドシップ・スポーツを乗りまわしたことがある。そのクルマを買うつもりでいたわけで、どたん場になって買うことをあきらめたのだが、あくまでもやめたのではなくて気に入ったが、先方と、こちらのふところ具合の都合とであきらめざるを得なくなった。

このワーゲン・ポルシェは、マニアの乞い願う2000㏄ではなく、ありきたりの1700㏄で、馬力も、スピードも、スポーツカーとしては大人しい方だ。

しかし、それでも、フェアレディZよりも走りっぷりもキャビンの内も、ドライビングのあらゆるフィーリングでスポーツカーとしては優っていた。硬くゴツゴツした路面のはねかえりがステアリングから確実に伝えられ、ハンドリングのシャープな感覚も卓抜といえる。ただ、Ｚとはスタートのダッシュ、特にセカンドギアではガックリと落ちる。それでありながら五速の、つまりトップギアの走りっぷりの快適さは、ＺＬ仕様のフェアレディよりもはるかに優るといってよい。コーナーでのステアリングの思いのままの感覚は、Ｚに馴れた感覚を基準にしても、はるかにシャープだ。それこそ、コーナーギリギリを、何センチのところを狙って、アクセルを踏みながらステアを加減しつつ狙い通りに走り切っていく感覚の小気味よさは、ミッドシップ独特の座席のすぐ後にエンジンを置いて、重心が中央にある理想的重量配分のクルマのみのフィーリングであった。

それにも増して驚いたのは、このクルマの最高スピード１７０㎞で走っているときの感覚であった。クルマへの信頼感なんていうものは、女の子とまったく同じだ。つきあえばつき合うほどその良さを発揮してくれる女の子は、出来の良い子なんだろうけど、そうした子の場合、つき合うほど、良さが判るほど、信頼感も湧くものだ。ワーゲン・ポルシェも、表面的カーマニアにしばしば敬遠されるこのクルマの個性は、乗れば乗るほど、「良さ」としてじっくりとドライバーに伝わってくる。そうした十分なるクルマとのコミュニケーションなしに１７０㎞を出したにもかかわらず、安定感というか、地にガッチリと足のついた感じでしかも矢のようにつっぱしるという感じなのだ。少なくともＺＬの１７０㎞よりももっとガッチリと路面に足がついている、という感覚がステアリングを握るドライバーに確実に感じられ、保持された。

免許をとって半年ぐらいのとき、当時乗っていたルーチェを中央高速道路で事故によって廃車に至らしめてしまったことがある。

あのときも、時速１６０㎞を越えて走っていたときだったが、それは長い下り坂のあと、十分すぎるほどにスピードののり切ったところで、前方に見えたサンバーを追い越そうとして、切りかけたステアリングを戻しかけ、前輪が激しく上下、左右の順にゆれ始め、次第にゆれが大きくなってブレーキを踏んでの大スピンが原因だった。大体当時、6年前のルーチェのスピードは最高が150㎞といわれている程度で、このありきたりのセダンの足まわりが、そのスピードをもてあますのは明らかだから、恐いもの知らずの当時にして起こした事故なのだ。しかしそのときの、160㎞の世界は、足もとがまったく宙に浮いたように全然いうことをきかず、ステアリングの返りにはタイヤが動かなかったのではないかと思う。つまり、安全に走り得るスピードというのは、そのクルマ、クルマによって違い、その安全な領域を十分に心得ずには高速で恐い思いをするのは当り前ということになる。そういう当然な事実を、ワーゲン・ポルシェ1700は未熟な乗り手に教えてくれたわけで、その点ではZでもおそらくかなわないのではなかろうか。

クルマのそうした「良さ」「信頼感」とは一体何によってきまるのだろうか。

タイヤの路面を確実にホールドしている感じ、足が地についているという実感、それが高速になっても少しも変らずに意識でき得るその範囲、それはタイヤの幅や太さなどでも違うだろう。だからこの頃は太いラジアルがスポーティ・カーには流行しているが、それはほんの一部のことだ。やはり車輪の位置、支持の堅さや方法とボディ全体の重量とのバランス。いやいや、そんな末梢的なものよりも、クルマ全体の設計の当初における車輪とクルマ全体との関係。それをどのような形にまとめ上げるか、という乗り手の感覚とか、クルマとの直接の関わり合いのすべてが要素として考えられる。つまり、メーカーがこのクルマを「どのような形で、どのようなドライビング・フィーリングにするか」という根本にまで遡らなくては判りっこないだろう。キカイとは、メカニズムとは、所詮、それを使う人間との関わり合いのうちに成り立つものだし、これは作る初めの段階から確かな形で存在するのである。それは、まだ具体的な形態が出来上がる以前から存在するものであろう。

クルマ以外のメカニズムにおいてもそうした要素《ファクター》は必ずあるはずで、オーディオの世界においても、どのメーカーが作った製品かということだけで、その製品を手にする以前に、すでに判るような要素、期待してしまう要素がつきものだ。

そうした期待を裏切らないときに傑作が生まれ、優秀製品が出来上がる。

昨今のようにA社の製品がヒットすればB社もC社も真似るというあり方からは、傑作も優秀品も生まれはしない。

（一九七四年）

すべて道づくりからはじまるという話

人間が初めてその新たなる土地に立ったら最初にやることは、まず道を造ることだ。

この言葉をはいた人の名を忘れたが俺の大好きな言葉だ。

「道」が出来れば文明がやってくるし文化が栄える。すべては「道」によってスタートを切る。社会の動きも人間も。

道にもたくさんあって、人生における新たなる分野を開拓するのも、確かに新たなる「人生の路」がスタートの始めにあるし、また、忘れられた未開の地の草むらを踏み分けた一本の道は、まもなく多くの人によって踏みしだかれて立派な道となり、多くの物が運ばれ、文化が到来するだろう。もちろんそれがこれから栄えるべき文明の源になり得る。

そうしたことはなんと大空の航空路にさえあてはまるのをつい先頃、日中航空路線の開通で、確かに新たなる道としてのその真の意味を知らされたばかりだった。中国への道は日本とあの国とを文化文明によってがっちり結びつけるに違いない。

そして空の、法律にのみ明らかなだけの全く虚空の、影なき道でさえ、これほどの価値をもたらすのだから、日本列島を横ぎる新幹線においておやだ。なにも列島改造論をいまさらぶつまでもなく本当の改造の直接的な引き金は、新たなる高速運送道路であり、しかも条件としてその「道」は強力で偉大となるわけだ。新幹線の偉大さは10年たったいま、本当に認識されたともいえるし、10年前のそのスタート当時に予想されたよりはるかに大きく、巨大な意義と価値をもって輝くのは誰もが認めるだろう。今年で新幹線開通10周年になるという。記念になにか行事でも、という矢先に、ATCのトラブルが頻発してお祭りどころではなく、電車をとめて再点検とやら、とんだ10周年ということになりそうだ。しかしシンカンセンが欧米の辞書にのるようになった、というくらいに独創的で画期的な交通体系であることは確かだし、その誇りがいささかもかげることはない。東京駅の新幹線のホームの下に、いまは工事の幕の影に、ひっそりと碑がある。「日本人の叡智と努力によって新東海道幹線が造られた」旨を刻みつけたものだ。

最初にこの文句を見つけたのは3年程前だが、その前で文字を追っていてなぜか涙が溢れて困った記憶がある。「日本人の叡智と努力」、なんと自信に溢れ力強く誇らしい言葉だろう。こんな気高い意識と言葉を日本人はまだ捨てずに持っていたのだということ自体に感激した。新幹線10年、トラブル続発といえどこの自信は忘れるべきではあるまいし、捨て去ることもない。世界の鉄道が、こぞって新幹線のあとを追っているのだから。

ところで今朝もこの新幹線が、大阪でATCの事故で運休するというニュースをやっていた。テレビニュースの画面は、大阪の司令室の壁面いっぱいに大阪駅構内の新幹線線路とその通信室を映し出して、どこそこに、本来50㎞スピード指示のあるべきところ210㎞のスピード指示を信号が示した、という箇所を×印で示していた。ところどころで矢印が光輝いて列車の位置や信号の経路を示しているのが興味深かった。

新幹線の成功の一番大きな源は、この自動運転指示システムにあるという。新幹線が出来て10年、日本の西半分の文化の進歩は、あるいはあらゆる公害の源といわれるかもしれぬ。しかし、この公害その他の障害によって失ったものと、保たれたものとをくらべれば、そのプラス側の偉大さは誰の眼からも、日本の歴史の上で眼をみはる直接の原動力であったろう。

さて、話がとんでしまったが、このＡＴＣシステム、これを作り上げることよりも管理することが実はもっとも大変で、管理、保守こそ新幹線の安全性、完全性の命ともいえる。さればこそ、それを司る司令室内においてそのすべてを把握し信号系の絶対的完璧を期するためのすべてを一眼に収めるべき指示盤が、特に重要なる意味をもってくる。新幹線のすべてが、この司令室の指示盤に集約されているといってもいい。

こうしてくどくどしく指示盤について述べたのも、実はラックスの新型アンプＬ６０６の前面パネル上部に指示盤があるためでもある。ラックスの場合、Ｌ６０６アンプにおいて突然にこうしたもっとも現代的なアクセサリーを備えることになったのは、唐突のようにさえみえる。

しかし考えてみよう、今日のオーディオアンプシステムはきわめて高性能化し、トーンコントロールひとつ動かすにも、多くのファクターがからみ、それを正しい理解なしには正しい調節すらできない。

２台のテープデッキを用いて、１台でミュージックテープを再生して、もう１台でそれを録音するなどというプロフェッショナルはだしのことが日常のアンプ操作時にしばしば行なわれる程。

もちろん、これを行なうにはかなりの知識が前提だが、実際はオーディオファンの質がますます一般化して、ポピュラーなつまり素人に近いファンが平均的な層を作る。こうした層がアンプを操作しシステムを駆使して、いろいろな多面的な使い方をなすともなれば、その操作をよく理解させ正確な判断をさせるための手段が必要ともなる。

ラックスＬ６０６のこの機能は、こうした若い未熟な経験によりながら、かつ多彩な活用・利用をシステムに要求し実行してしまう層のための、ひとつの新たなる親切な手段の提示といえよう。信号の経路を明示すれば、おのずからこの的確な活用・操作をも心得ることになろう。Ｌ６０６が、どちらかというと初心者向けとして企画された製品だからこれが成り立つのだ。

（一九七五年）

潜水艦むかしばなし

西暦一六四五年のオランダ発行の書物によると、一六二〇年頃にオランダ人コルネリュウス・ファン・ドゥレベルが、ロンドンのテームズ河でウェストミンスターからグリニッジまで船で潜って渡ったという話がある。ところが、今日のサブマリン、潜水艦といわれるものがすべて軍用であることを考えると、その始まりは軍用ということが条件とも考えられる。

そうなると、米国人ブッシュネルが一七七六年に作った「亀」が史上最初のサブマリンということになる。この「亀」は実戦に二度参加した。一度目はハドソン河の英国軍艦イーグルを攻撃した。それは小さな「亀」の背に火薬をしばりつけた縄の先に「きり」をつけて、それを船内から敵艦の船底に突き刺すと「亀」は沈下し、時計仕掛けで爆発するはずだった。ところが、「きり」が刺さらず、火薬が爆発して敵艦がびっくりしたというだけの戦果だった。

二回目はニューロンドンの英艦セルベラスの攻撃で、これは爆発の前に火薬につけた縄が見つけられて、艦内に引き上げられ、点検しようとしたとたんに火薬が爆発して大成功となった。一七七七年八月十五日だった。

一八〇〇年には、同じく米国人ロバート・フルトンがフランスでノーチラス号を造ったが、フランス海軍は採用しなかったそうだ。安全性が気になったのだろう。

南北戦争では潜水艦の武器としての有効性をいろいろと実証している。

鉄製の60フィートつまり約18ｍの長さの「ダビッド」は乗員9名で、水中では8人でスクリューを廻すというまだ原始的なものだが、一八六四年には、南軍のこの潜水艦が北軍の軍艦ハウザトニックを撃沈してしまった。初めは爆雷を沈航させて敵艦に当てるやり方だったが、後に改良されて、艇首から丸い棒を突き出し、それを敵艦の水中舷側にさし込んでから爆破させるようにしたもので、スーパー・トーヒードと名づけられたという。もっとも「ダビッド」は、こうして撃沈した敵艦ハウザトニックの沈むときのあおりで自分自身も沈没しかけたという。乗員が不安なあまり敵艦の近くで完全には潜れず、浸る程度の潜り方で進んだためで、波を受けて大さわぎ、となったわけだ。

潜水艦が波に弱いというのは変な話だが、実は初期の話ではあるが、浮力能力自体があまり十分ではない潜水艦の弱点をよく表わしている。

一八七二年、米軍でインテリジェント・ホエールつまり「知恵あるくじら」というあだ名の潜水艦ができた。いまでも米国海軍工廟に保存されているといわれる。これは長さ26尺（7・8ｍ）、直径9尺（2・7ｍ）で、13名の乗員がいてスクリューは人力で回す。船底から潜水服をつけた乗員が、敵艦の底に爆薬を仕掛けるという、仕掛人ならぬ仕掛人潜水艦というわけだ。

この頃になってやっと現代の潜水艦にも通ずるようなのが出てくる。米国のホランドが一八八四年に作った五番目のものは、1トンの小さいもので石油を用いるエンジンを水上用に使っている。

一八八六年のホワイトヘッドは、水中から発射できる魚雷をつけたもので、兵器として実用化されるようになる。

（以上、堀元美著『潜水艦』を参考にした）

果てしない海の波の下に潜って、魚のように、自由に泳ぎまわりたい。海の底には人間の未だ知らない、新しい魅力に満ちた世界がひょっとしたらあるんじゃないか。そんな幼な子の夢にも似た人類の夢を秘めて大海原は、太陽の下に永遠に拡がっていて、人間の夢を、人間が「考える」ということを知って以来いつも、かきたてられてきた。

しかし現実の潜水艦は、兵器としての価値が大きく認識され、その上で育ってきたのはなんとも皮肉な話ではなかろうか。

日本の代表的な昔話としての「浦島太郎」は、海の底の理想郷、桃源境を追う大人の童話の世界だが、そこは、まさに海の底の地上とは完全に遮断・隔絶された世界であって、地上における昼夜の境さえない。太陽の恩恵を全く受けない海底のことだから当然としても、そこには一昼夜と24時間、いやひとまわりする時間経過が全くないのだから、物理的な時間感覚は全くないだろう。したがって、人間はおそらく本能の赴くまま、十二分に満たされたその素晴らしい理想郷に酔いしれて、全く時の経つのも忘れるということになってしまう。つまりここには地上世界の時はなく、ただそれ自身によって決められるべき相対的な時間があり、それは地上に到らぬ限り、物理的な意味での時間経過としては感じられないだろうから、いつまでも年をとらない。つまり楽しくて楽しくて「あっ」という間に物理的にいう多くの年月が経過していた。

海の底の明るい陽の届く範囲にみられる魚の遊泳する海底の景色から伺い知ることのできる理想郷

は、おそらくこんなところとして認識されていたのだろうか。実際に陽の届かぬ海底の、時間の経つのもわからぬ程の底は、暗黒の生き物さえ拒否する世界に違いない。そうなると、どうしても人間の夢みるような世界は存在しないことになってしまうのだが、そうした現実と、夢とのギャップも、すべて暗黒の中にぬりつぶしてしまうのが海底だ。

大空は、大昔から人間のはかない夢のやりどころとして、またこの苦難多き浮世の逃げ場として、海の底と共にもうひとつの理想郷である。それは、鳥のように自由にはばたいて、果てしなく拡がる空間に限りなく飛び立ち、旅立ち得る、というイメージがぴったりだ。ところが海底の場合、少々異なる。海の底の暗黒を知るものにすれば、それは「自由に好きなところに行けるというイメージではなく、どこか人知れぬところにこもる」という感じだろう。

人知れぬところとなると、それは「たったひとりで」こもることを意味するし、潜水艦という現代的なメカニズムに対して、人間のもつ象徴的な受けとり方もまた、「ただひとりこもる」感じが強くなる。

ただひとり海の底にこもる、となると、これはもう大海原にひとり出かけて、海底をさまよう、などというウェルズの『海底二万哩』のイメージとは裏腹に、どうも地下潜入にも似ているのが、「潜水」のイメージでもあろう。

かくて、潜水艦が、人類の十字架ともいうべき戦争によって認められ、発達した暗い存在のように、海に潜るということは、人間にとってかなり暗い夢でしかなくなってくるようだ。

人間の社会を避けてあこがれる海の底は、かくて人間をただひとり、ますます孤独にし人間が自らを再認識せざるを得なくなるような、たった一人の遮断空間たる様相すら呈してくるのではないだろうか。

そうしたとき人間ははたして何を考え、何を求めるのだろうか。

全く音のない海底の桃源境にあっても、人間を思い、人間を恋しくなるに違いない。たとえ苦しくとも悩み多くとも、やはり人間の世界に住み、人間の創る音楽を聴き、人間の料理した食物を味わい、やっぱり俺は人間で良かった、と思いたくなるに相違ない。

人間的な要素がメカニズムに活きていてこそ、機械も真に秀れたものとなる。

そういえば某社のアンプも、人間の豊かな温かさをその音に感じると、よく人が言う。

それは聴き手が孤独になって聴くときに、おそらく実体験として受け止められるのではなかろうか。

（一九七五年）

飛翔物体としての気球、その認識

大空への夢、というとそれは完成せる海底への憧れ以上に、出来上がってしまったイメージだ。それは、あまりに人類の夢として完璧だから、それはもうお話として成り立たない域にある。

天上の住人として、天使の仕える神々というのは、民族のいかんを問わず、ほぼ共通的で、日本でもその起源まで遡れば、天下り、天孫降臨となってしまうし、仏教にしても七色の雲に包まれた霊界、ということからも、洋の東西なく、天空は神の住むところに決まっている。

実際に、ジェット旅客機などで、地上９０００ｍという高空の宇宙船を除いて、人の行きつける限度ぎりぎりまで達して、地上を俯瞰して感ずるのは、なにかこう、自分が人間でなくなって、それこそ神の眼で地上を俯すという思《おも》もちだ。

おそらく、それというのは自らが、実は地上と少しも変らぬちっぽけな存在なのに、９０００ｍの高空から下を見るときの眼が、巨人の、それも地上９０００ｍの聳ゆる巨人と化したような眺め方が、自然にできるからだろう。

なぜこうなるのかを、乗るたびに考え込んだのだが、ひとつの結論として、こう納得した。つまり、ジェット機の翼とか尾翼とかが地図のように拡がる背景を後にするとき、地上におけるよりも何千倍にも巨大化して感ぜられるという点に関係があるようだ。

地球をひと羽ばたきで馳けめぐる神の使いのおおとりのように、巨鳥化したジェット旅客機。確かに地上において、側に立つ者は、最初、その巨大ぶりに驚くに違いない現代の巨人機とはいえ、それはいくら大きいとしても、地球の何十分の一というべらぼうなものではあり得ない。しかし、地上9000mの上空での旅客機の翼は、まさに、その拡げた翼で地上を掩う超巨鳥なのである。

そしてその背にまたがるのが、この自分自身であるのだから、地上を眺める眼の尺度の大きさは超巨人の感覚となるわけだ。

それにしても、こうした感覚を一層深めるのは、さまざまの形をした白雲の裏側、地上からみる雲の表側の、なんと美しい大雲原か。

その重なり合う雲の大原が、つぎからつぎへ飛び出る様が、また巨大な怪鳥の速さを思わせてしまうのだろう。

つまりは所詮、こうした超高度の世界は、人類がかつて経験したことのない世界である故に、錯覚が著しいということになるのだろう。

しかし、こうした空への夢も、限りなく高い域にまで達することなく、鳥の飛ぶ、つまり、人類の社会と接するというべき低い空についていえば、これは人類の夢というより幼児の夢、それは成長したりとはいえ大人にも幼児の夢は十分に秘めているわけで、そうしたはかないけれど、執拗に乞い願うに足る夢の領域があるようだ。

ヘリコプターへの親しみとか気球への手近に感じられる夢は、そのひとつの表われだろう。

人類の夢としてのはずだが、現実の飛行機は、いまや人類の地球上での価値を変えてしまった、ともいえるが、そうした変革とか革命とか、人類史上の価値の伴うことのない大空への憧れ、そういったものこそ、本当の意味での、人間のひとりひとりが持つに足りる憧れとして追いつづけていたい夢といってよい。

飛行物体も種々あるが、なんとなく「夢」といい切れるのは、気球であり、あるいはヘリコプターによる天空飛翔に相違ない。

特に気球の場合、ヘリコプターにおけるのとまったく同じように、飛び立つのに余分な地上の空地を必要としないという点において、それは高い価値、夢としての価値がある。もっともこの一点においても、現実の飛行機は、きわめて積極的に追求を早めており、カタパルトと呼ぶ爆薬による初期のものから、発射台を手始めとして、今日では、垂直離着陸機（ＶＯＬＴ）という超強力推進システム付きのジェット機まである。

飛行場は、ベラボーな無障害の平坦地を必要とする今日の飛行機のもっとも大きな弱点であるから、ヘリコプターは比類なく進歩向上したわけだ。しかし気球の場合はちょっと意味が違ってくる。気球の離陸は、まるで汽船が波止場をゆったりと去る際に似て、その離陸の瞬間は、地上に残る人間と気球の上の人間とが、一瞬にして環境を異にする。鳥をうらやましげに見る眼と同じまなざしが、気球上の人にそそがれる。懐しさと悲しさと楽しさと悔いとが入り乱れる様は、波止場でのそれと同じだ。

つまり、気球の場合、そのゆっくりリズムが、すべての飛行機にまさって、人間の心情が強く出てくる。つまりメカニズムとしての人間に対する、拒否的な面がない。それは、人間性をそのまま表出している、といえるのではないだろうか。気球、あるいは、その大型化にちっぽけなプロペラを付けた飛行船、というように、形の上での差より、動きの速さを、いや遅さこそが、人間的な結びつきの強さを強調するといってよさそうだ。

だからこそ、初期のスピードの遅い旧型であればあるほど人間性がよく出てくるのだ。作るものの人間性、乗るものの個性、手を加えるものの人となり、すべてそうした人間像が感じられるのは、飛行機としての条件に対して完璧さから遠ければ遠いほど、人間性が強く出てくるというのは、当り前といえば当り前だが、何とも淋しい話だ。

気球は、そういう点で、人間が空を夢見たとき、もっとも手近だが、空への原点ともいえる。それだけに、それを試みる人間、そのままが感じられるのだろう。

熱気球を上げようと、努力する若者のグループが、何度かの失敗の後にやっと浮上することができたのは、皆が「今度こそ」と背水の陣でやる気になったときだったとか。まあ、男のやることは、何でもそうだが、気球の場合も、やる気になった人間がやったときに成功する。

つまり、技術とかメカニズムの入り込むすき間が、きわめて少ないというところに、人間性がそれだけ余計に出てくるのだろうし、それだからこそ人間的といえよう。

ジェット機のスピードも、その高度においても、もはや人間の感覚の世界ではない。

それは、おそらく「神」の感覚なのではないか、と思われる。したがって、人間が人間らしく安心して空を飛ぶことができるのは、気球だけではないだろうか。

先日、米国映画で、第一次大戦前後の、旧型飛行機を集めたことが呼びもののスペクタクル映画があったが、それ以上に観客を動員し大成功を収めたのは、『八十日間世界一周』と題した気球による空の旅の、トリック半分の映画だったのはよく知られている。

人類が持つ最初の空への憧れは万人共通だが、その原型は、気球によりこの世と離れることなしにこの世を見下ろしながら、空を漂う、ということだろうか。

ところで、ＪＢＬというスピーカーメーカーが、いまから10年ほど前に、盛んに気球のイメージを広告に用いていたことがある。確かに前述の『八十日間世界一周』のすぐ後のように思われる。ＪＢＬは、ホーン型中高音用ユニットをもっぱら用いていたから、そのホーン型スピーカーのイメージとして、〝！〟（感嘆符）をデザイン・シンボルに用いている。これはいまでもだ。その〝！〟を気球のイメージになぞらえたのが、気球を採用した理由だろう。


（一九七五年）

複葉機とかもめが原稿を遅らせた

　キティホークの丘で人類がはじめて地上から足を離して飛んだライト兄弟の飛行機が、２枚の主翼をもったいわゆる複葉機だったということは、怪鳥的大型ジェット機が地球を飛び交ういまにすれば暗示的なことだ。

　いまの飛行機は、もはや人間の手によって操られているとはいえない。操縦士は乗っていても、それは自動的動作状態の確認のための眼でしかない。飛行機の翼の向きをかえるという役目は、人間の手からオートマチック・メカニズムに移されてしまった。人類がその両の腕の力に頼って方向舵を動かすのが可能だったのを、人間が鳥のように飛ぶというういい方だけができる飛行機を、そのまま象徴するのが「複葉機」なのである。

　よく、原稿で追いつめられたとき、いくらのんびりやのぼくでもひんぱんな電話のベルに、神経がすりへってきてその先っぽがとんがってくると、ちょっと削りすぎた鉛筆の先を丸く書き馴らすように、机の上の原稿用紙の裏側に、そのとき欲しいなと思っている次なるクルマの画を描いたりして、空白時間を過すが、夢が拡大すると、それは必ず飛行機の画となってしまう。それは人力飛行機であったり、一式戦闘機であったり、九七式戦闘機であったり、九九式水上戦闘機であったり、新司偵であったり、さらにキティホークだったり、スピットファイアであったり、スパットであったり、フォッカーであったり、ハリファックスであったりする。

つい先日は、その飛行機の画が拡大された結果、原稿用紙の上の黄色い厚紙に線を引いた上でハサミが入れられて、翼が型取られ、40本余りの楊枝が支柱となって、ちっぽけなライト兄弟の複葉機が出来上がった。

半年ほど前にたまたま来客のひとりの漏らした言葉にふと魅せられて、フワフワとまるで蝶のように優雅に室内を旋回してくれるプロペラ模型機への夢をみて、まったく文字通り夢を追い6機の紙飛行機を作り続けたことがあった。むろん、ひとつとして優雅には飛んでくれず、けたたましくパラパラと叫びながら柱に頭をぶっつけるたびにスッ飛んでいくしか能がなかった代物ばかりであった。あとから、それは可能には違いないけれど、それはデリケートに材料を選んだ上、ごく繊細な神経で作らなければならぬと聞いたとき、やはりぼくの手におえるものではないと思い知った。しかしこんどの場合は違って、飛ぶことは目的ではなく、飛ばなくてもともとだけに気安く、手軽にほんの20分足らずでボンドで貼りあわせて出来上ってしまった。30センチにも満たず、机上のアクセサリー以上の能のないものとはいえ、遠目の感じはいままでに作った数多い飛行機のなかでも傑出した出来映えといってもよい。しかも、それはよく出来たというよりも、いままでのがそれほどにひどかったことにしてもよいが……。

ただ、言えることは、ライト兄弟の作ったのも、多分ひどい継ぎはぎの不完全な仕上げの良くない作りだったに違いない。その点からいえば、20分で作り上げた模型の雑な仕上りは、現物を偲ばせるに十分だろうし、何事によらず「兵は拙速にしくはなし」という戦中派らしいモットーを旨とし作るライトの飛行機こそふさわしいテーマであろう。

話はずれるがクルマの場合、ドイツ製のスポーツ車は完璧なメカニズムをもって作られ仕上げられるのに対して、イタリアのスポーツカーはいたるところ改良につぐ改良の結果、継ぎはぎだらけの出来で、ボディのガタはあるしドアは隙間が大きく、むろんエンジンもいつも調子が最上というわけではないから、しょっちゅう手を入れなければ真価を発揮せず、したがって乗り手は走っている間じゅう、いつもクルマのメカに十分な思いをかけなくてはならないし、安心しきって乗るというわけにはいかないが、それだからこそ「乗り手とクルマの間に血が通う」というわけだ。

だから雑な方が良いというのではなくて、メカとそれに関わる人間との関係に対する捉え方が、いかにも血の気の多いイタリア人らしくておもしろい。

ライト兄弟は別にイタリア系ではないけれど……。おそらく製作技術の稚拙が仕上げの不完全さとなったのだろうけれど、操舵メカも水平方向のみというほどの貧しさだったので、翌年にはフランス人の作る飛行機にさえ劣るほどの不完全さだったが、ライト達による複葉機によって、ともかくも歴史の一頁は開いた。

小さなエンジンで、高い回転数を得るために、ちっぽけなプロペラを回すことになる。飛ぶには大きな浮揚力が必要で、2枚に分かれた主翼は初期のものほど自重に比してより大きな面積比をもつ。骨組みばかりで軽いはずのライトの飛行機が、地上数メートルを200メートルにわたって地上から離れたのは、そうした大きな翼の浮力だ。いまのジェット機の場合、力の強いエンジンが力まかせに引っぱり揚げるのに対して、複葉機は凧まがいの翼の揚力のみに頼るしかない。

飛行機が人間によって乗り手の人間味を残したまま飛ぶには、エンジンの力に頼り過ぎてはならないのだろう。

稲垣足穂の『プロペラ野郎』だったかに、第一次大戦中の敵機を落すときに、相手の武勇を称えて、落ちていく敵機とその乗り手に対して哀悼の意を表すという話があったが、今日の空中戦にはない挿話が成り立つのも、低速の戦闘機ならではだし、それはむろん複葉機の時代の話だろう。

例の『かもめのジョナサン』の著者が根っからの飛行機ファンだということは、文中からも知られるが、最近ベストセラーの結果金が出来て、多分自分の本当に書きたいことを本にして『バイプレイン（複葉機）』を出した。こっちが先に出ていたら『かもめ』は売れなかったろうし、売れなかったらその新著は出なかったわけだから、皮肉になるが、『かもめ』の後にこの本は必要ない。なぜなら『かもめ』こそ複葉機の夢そのものだから。そう思って読みかえすと『かもめ』から、妙に現代的なメカニズムの所産を感じとれるから不思議だ。かもめは複葉ではないが、その広げた翼自体の面積は自重に比べて極端に大きい。つまり人間の作る場合には、かもめなみの翼は強度の関係から複葉とならざるを得ないし、飛行メカニズムとして、かもめイコール複葉機と考えられ、リチャード・バックの頭脳の移動方向は常に複葉機的なのだと思える。

かもめとよく似た形と飛び方をするのは、ソアラー級のグライダーだ。グライダーにさえ乗りそこなった戦中派にとって、うらやましいソアラー級体験者がひとり身近にいるが、彼の思考は空を飛ぶときほど夢がみられないのは、空から降りてからの永い年月のせいか。そういうぼくも、たった一度だけ操縦桿を握ったことがある。それは終戦直後、軍用飛行場に放置されていた赤とんぼ風の黄色い複葉機の荒れ放題の座席だった。むろん地上に根のはえたようにへばりついたままであったが、その翼の下の座席から眺めた空は、少なくともいまは乗ることもたまにはあるジェット機のリクライニング式の客席からみる空よりは、ずっと夢も希望もあった。

あれは永い戦争の後だけに脳の断面に強く焼きつけられた空の色だった。かたくなって動かない操縦桿でも、その頃の飛行機少年の眼を輝かせるだけの魅力はあったし、それは地上から1センチたりとも浮上しなくとも少年の思いは、複葉の上翼の上に広がる空いっぱいにかけめぐった。ライトの複葉機を作りながら、昔の夕空の赤さを思い出したとき、いまこうした夢があるだろうか、とふと考えこんでしまった。

島国におしこめられて、狭い家の中でしか夢をかけめぐらせることのできなくなったいま、せめてその狭い空間を、思い切り拡大したい。それは、サウンドの世界に頼るのがもっとも近道なのかもしれぬ。複葉機のような人間味豊かで夢をかけめぐらせてくれるオーディオ・メカニズムがこれからも愛されるのだろう。

（一九七五年）

タイムマシンに乗ってコルトレーンのラヴ・シュプリームを聴いたら複葉機が飛んでいた

気球や飛行船や、人力飛行機や、複葉のプロペラ推進機械などで大空を飛翔しようという夢は、人類の永遠の夢の糸口であって、また、最終目標でもあった。ウェルズの『海底二万里』の描いた海への散策ないしは冒険は、大空という夢のひとつの極に対する極には違いないが、大空にはその先に「宇宙」という脱地球、脱太陽系の夢の世界がくり拡げられていることを知ると、そのスケールの雄大さと奥深さとは例えようもなく、単なる話と考えても無限の夢をはてしなく提供するに足る。

大空を自由に飛びまわる先に、宇宙が拡がっているのは、随分昔から判っていることには違いないが、その内側については単なる「見知らぬ世界」の珍しさ以上のものではなかった。だから、しばしば登場するタイムマシンも、複葉のプロペラ機以上のものは筆者にとっても考えつかなかった時期が永い。

複葉機が大空を飛びかうように、ロケットが宇宙を飛び去るように、時間の流れにさからって移動することができるこうしたタイムマシンという空想機械に頼らずとも、ロケットによる宇宙空間の長期飛翔により、実は時間的空間をさまようことができるわけだ。地球時間からの解放が、当然、時間的空間の自由獲得につながるわけだから、もしロケット搭乗者の側の物理的時間経過をなんらかの方法で止められるなら、そのロケットは単なる宇宙飛翔とともに、時間的空間的自由を持つことになり得る。

そういえば、こうした宇宙ロケットが宇宙をさまよったあげく地球に一ヵ年ぶりに舞いもどったら、という話が映画『猿の惑星』であった。それは宇宙ロケットとしてよりも、純粋にタイムマシンとしてのロケットにすぎないが、地球を飛び去ったロケットがさまよい、タイムマシンとしてではなく登場させたところに、話のオチがある。

そういえばタイムマシンという発想は、その条件として、まず搭乗者は必ずそのキカイに乗り込んだ状態が、時間移動によっても崩されることがない、という点にある。もしもそれがないと、タイムマシンによる時間の逆行は当事者の生まれる以前に入るや、当事者自体が安全を保てなくなってしまうことになる。

初めての頃の大空の飛翔体と違い、時間的空間を飛び交うとき、その搭乗者はその現象の第三者といえる。

大空への夢は、人類の、個としての人の、脱社会、脱浮世から生まれたはかない夢から始まった。それから実現した初期的な飛翔体においては、そのすべてが大空と人とを結びつけた歴史であった。そこには喜びも悲しみも愛も終りもあった。しかし、大空への夢が大きくなるにつれて、その搭乗者は堅固に大空の実空間から遮断されて、より広く、より早く、よりスムーズに移動が可能となり、その代り人間は大空の遮蔽空間に密閉された。

実用時代になって人間は、大空を獲得したかわりに、個としては大空への夢はうすれ、第三者となってしまうことになる。

宇宙ロケットはその象徴ともいえる。それを救ってくれたのは唯一、宇宙飛行士のロケット飛翔ぐらいであろうか。

タイムマシンの場合は、全く空想機械なのに、初めからその当事者は第三者でなければならないのは、人間の考えた話としてはいかにも皮肉にすぎる。

しかし、タイムマシンという設定は便利この上ないから、SFとはいわずとも、時間飛翔の役目には手軽に引き出される。

だが、実際にその搭乗者が味わうのは、はたして大きな愛を満たしてくれるにふさわしいものだろうか。彼の期待は限りなく大きい点で、未知の大空に挑む者にも匹敵しよう。未知という点で、その現場を求めるタイムマシンの搭乗者のたとえ過去とはいえ、生《なま》の現場への期待は大きいのだから。

そうだ、ここでこうしたとりとめのないことを述べるよりも、我々もタイムマシンの搭乗者として、過去の生の現場にかけつけてみた方が、よりはっきりと事態をのみこめるにちがいない。

たとえば、ちょっと古くなってしまうけれど、ベートーヴェンの時期にまでさかのぼろう、ほんの百年ちょっと前だ。

いまでこそ楽聖であるベートーヴェンも、当時は決して楽聖ではなかった。それどころか鼻もちならぬ高慢ちきのハッタリ屋の若造作曲家としてしか、受けとられていなかった。だから彼の新曲は、どれをとってみても全く正当な（ただし今日的な意味の）評価など得ているわけがない。コンサート会場は非難の声でいつも終りまで演奏されることは多くない。いやそれらはすでに歴史が語っている。しかし、演奏に期待しようというタイムマシン搭乗者の残された心の拠りどころも、現代の音楽のような力と量感にあふれた楽器が出揃っているわけじゃない。弦楽器と金管楽器はほぼ現代版に近いが、木管はもっと貧弱だし、ピアノは音も小さく、大体オーケストラ自体の編成とても今日のような大人数ではなく、せいぜい40人がそこそこのこぢんまりした編成のオーケストラだ。

こうした過去の生の現場で第三者が得るのは、常に今日の常識を裏返ししたような期待外れの失望だけだ。そして「ああ、時代が違うな」ということを味わわされるのだ。

タイムマシンといういかにも高速時代逆行機に乗るという前提から何百年、何千年という時差を考えるが、実はそれほどのことがなくたって、人間の歴史の変転は僅か数年で、思いもよらぬ方向を志向してしまい、現実もそうなっていってしまうものだ。

たとえばジャズにしたって、20年前には誰が今日のようなデキシーのどうにもならない衰退ぶりを予測し得たであろうか。

いやいや、もっと身近でいい。ミンガスとのドルフィーを聴いて、今日のドルフィーを発見したものがはたしてどのくらいいようか。

コルトレーンの『ラヴ・シュプリーム』を、たった10年前の作品の評価すらその現場ではなし得なかったのではなかろうか。

タイムマシンの弱点は、ただ一つ人間性の不在だが、だから故にそれから得られるお話はすべてお話の域を出るものではなくなってしまう。つまり、その時代の人間性と今日の人間性とはかみ合わせが難しい。

そうした過去の一点におけるクローズアップを、今日の生の人生とぴったりと重ね合わせた上で、人間性までもそこに交流させ、融合させることさえも可能な手段がある。そうしたら、タイムマシンどころではなく、理想の時間逆飛翔手段であろう。

大空に夢を求め、はてしない宇宙にさまよい、なおかつそこには脱人間の厳しい現実しか得られないことを知らされた人間は、やはり夢の中に人間性と自分とを見出したくなる。

それはしごく当然のように思われる。

現代のようにあわただしい時間経過に追われる時代に、何を求めて生きるかさえ見失いがちなときには、一層真摯になるだろう。

過去と現代の人間性の深い関わり、それはレコードを聴くときにやってくるのだ。

レコードを聴くという何でもないことが、実はこれほどにまで大きな意義を持つことを自覚しているものは少ない。しかし、現代の生活においてその意味することの大きいことを体験するからこそ、再生音楽を求めるものは万金をはたいてまで、音をよりよくしようと心掛け、足を棒にしてレコードを買いあさる。

近頃のオーディオファンの新しい層に、生録派というのがあるという。しかしこうした層には、レコード音楽の再生音楽の秘めている本当の意義は判りっこないだろう。本人がそれに気づいて、レコード音楽を大切にするようになるまでは。

レコードは、だから良い音で聴きたいものだ。


（一九七五年）

モンローのなだらかなカーブにオーディオを感じた

水の中から半身をそりかけたマリリン・モンローのスチール写真ほど、生々しい女の肉体の触感を感じさせるものは他にあったかしら。水しぶきの中に立ち上がりかけたその露わな線は、この世のあらゆるカーブ、曲線の中でこれ以上の魅力はないと思えるほどだ。しかも、この魅力というのはなにもマリリン・モンローだからというのではない。女の触感――単なる視覚的なカーブではなく、眼から伝わる触感――といい得る質感がモンローのもっとも露わな視覚的表現をもって象徴された曲線美ということになるかな。でもこうした、ありふれた「曲線美」なんていうのではごくごく表面だけの、うつろな反美的醜さ？　を感じさせてしまう。やっぱり触感でのカーブというと単なる外郭線だが、そんな境目としての線ではなく、面全体からその内部にある肉の豊満なる柔らかさを直接的に感じさせる点で、曲線ではなく曲体ともいえるわけだ。

ほんの微かに変る陰影とハイライトの大きな面との不連続の翳りの変化が、この女の肉体の外を包む憂いと潤いとを帯びた白い皮膜として感じるわけで、それを単純な形で純粋化してみせてくれるのがマリリン・モンローの女としての魅力となっているのであろう。だからこれはモンローのみでなく女そのものの魅力ともいい切れる。大体こうした触感は指先からだけで感じるわけではなく、視線のじっくりした移動でも判る通り、パターンの変化、翳りのうつろいを感じるわけで、当然指先よりも手のひら、手のひらよりも上膊《はく》の内側、さらに上肢の内側、あるいは内腹全面というように、たしなむ側としても大きい接触面積での方がより強くより深く感じることができる。また受け手の方からいっても、つまり白い皮膜のなだらかなる起伏の緩やかな変化の方が、よりじっくりと感じさせることになる。

　つまり、胸のふくらみよりも曲率半径の大きな下半身後方上部すなわちヒップの方が、より強くしかも内側が同じ柔らかさで、さらになだらかなる曲面の腰から腹部にかけて、特に強烈となるのは当然だろう。そして、そのなだらかなる変化の中で、もっとも細やかにその翳りが微妙な変り方をするのは、腰部側面から下腹部にかけての、つまりへその両側の辺りから外側への斜めの曲面だろうか。これは上半身の伸びにつれ、下半身の動きにつれてかなり大幅な陰影の変化をしてくれるし、さらに重大なことはその内側たる肉のわずかなゆるみや、緊張によって一層細やかなる光の変化をみせてくれるので、それはただただ眼で追うだけでも、限りない喜びを強烈に与えてくれる。

　これに匹敵する変化、たとえば唇の形の千変万化は確かに多くのことを無言のうちに語る。しかし、この変り方のあらゆる形態は微妙というにはあまりに激しい変化でありすぎる。だから、ほんのひとつの動作、たとえば滴ぐときの唇の形態の変化に限るとすればそれなりの微かな変化を満喫できる。それにしても大いなる変容はかえって飽きやすい。物事すべて、ほんのちょっと変ったか変らないか判断しかねるほどの微妙な変化から、その内側の深さを感じとることが、男としてのすべての極意なり、といえよう。

かくの如き視覚からだけで、光の変化として話をすすめている間は、現実問題としての具体的推移はなんら発生しないのだが、実際に触覚から直接感覚に訴えることを実験する段になると、それはさらに絶大なる楽しみとして限りなく深い。――とはいうもののこれを実用するには種々の条件が整ってからでないと現実には至難の技なのだが。それはほんの僅か、微かに触れるや否や、その白きたおやかなる表面の緩やかかな柔らかさは、たとえようもなくさざ浪のような変化を示すことを、指先を通して知ることになる。もしそれが指先ではなくて、より鋭敏な受信感覚システムを備えた部分であれば、受け手として相手の内なる深く熱い変化はリアルに強烈に伝わり感じられるのである。

こう書いたからといって、なにも早まって解釈しないでほしい。高感度といっても、それは意志による完全制御できない部分とは限らないのだ。たとえばそれは相手とまったく同じ相対接触面であってもよいし、その部分の感度は当事者同志の事前の長期にわたる訓練により、一層高め合うことは可能でその際限はまったくない。なだらかなる曲面《カーブ》のほんの僅かなる変化こそが、女の、いや森羅万象の限りなく深い喜び、楽しみの源なのであって、ちっぽけなるほんの一部分の高感度システムの一瞬よりは、はるかに大きいものと悟るべきだろう。

（一九七五年）

ゴムゼンマイの鳥の翼は人間の夢をのせる

濃いピンク色の薄いビニール膜で作られた翼をいっぱいに拡げたままの姿勢の小さな鳥が僕の机の上にいつも静かに翼を休めている。

ときおり、ゴムゼンマイをいっぱいに巻いてやると、このビニール作りのピンクの翼をおもいきりせわしく、パタパタと、このオモチャの鳥はあわただしげに羽ばたきをしながら手元を離れると逃げるように空中を翔《かけ》めぐり、室内を横切って、そのまま場所を選はず壁にぶつかって落ちる。落ちてからも、拡げたままの翼をゼンマイの残るまま大きく羽ばたくことを止めないが、そのさまはまるで本物の鳥が、地面にたたき落とされて力いっぱいのたうちながらあえぐ、そのままだ。そのうちに次第に力がなくなっていくのを見ているといじらしいくらいにさえ感じるが、そうなるとオモチャの鳥という意識はなくなって、本物そのままの次第に衰えていく生命が、このオモチャの中に感じられてきてしまうほど切実だ。

あくまで飛ぶために軽く小さく作られても、羽ばたきながら飛ぶそのさまよりも、落ちてからのありようの方が一層リアルに鳥そのものの生命さえも持ってくるかのようだ。

この鳥は某社の若いエンジニアがヨーロッパへ仕事で出かけたとき、サービス業務に追われる毎日の間に、おとずれた街々をスケッチしてきた写生帖を見せながら折々の話で夜を過したとき、おみやげにくれた西独からの到来物だ。

しかもそれはオモチャとはいえ細い針金と薄いビニール膜で作られたデリケートな精巧品で、そのカラフルな包装の厚紙には200回の飛行を保証するという但し書きがあったくらいに神経質な作りものだ。

200回しか飛んでくれないのかと思うと、その短い中空での生命を少しでも長く伸ばしたくなって、近頃では、なるべくゴムゼンマイは巻かないことにして、机の上に休ませてやることが多いというわけだ。

ダヴィンチのスケッチにある人力飛行機械そのままみたいな恰好の、小さなオモチャの鳥に人間の感ずるのは鳥そのものというよりも、大空へ対する人間のかなうべくもない哀れなあこがれなのだろうか。もがきあえぎ大空へもどろうとするさまに、それがたとえオモチャでも胸の内側が痛むのは、そのまま人類の大空への虚しくはかない努力の険しい道とか、より高まるつのりとかの記憶なのか。きっとそうに違いない。そうでなくてはこのちっぽけな鳥が、これほどにいとしくなるわけはあるまい、というものだ。

近頃、テレビのコマーシャルにさかんに顔を出すのがこうした人力飛行めいたパラシュートとかグライダーとか凧に混じる三角翼の大きな滑空機器だ。それは人を翼の間に引っかけるように吊り下げて、大空を悠然《ゆうぜん》と静かに舞い降りる。本当は、おそらく空気の流れを切る翼のふるえが凧切り音と共に大きな叫びを上げているのに違いないが、テレビの映像での姿は、ゆうよう迫らぬ凧に、大らかに滑るが如くということば通りの振舞いは優雅ですらある。そこにつかまり納まる人は、何らの力を揮うことなく、少しもあせることなく、地上の様を見下ろし、鳥の眼を満喫するだろう。しかしそれは逆に大空へのあこがれが汗になりにじむ、というほどの状況とは違い、大空へのあこがれを自分自身の力で直接的に捉えた、という意識は少しもないのではなかろうか。

つまりいかにも今風に、汗とか努力とか無しにイージーな近道だけを辿って、大空へ踏み込んだだけで、それは鳥のように自分の力で大空へ翔け上がるという意識とか経験とかからは遠ざかるばかりで、そのまま大空への願望の強い意志とは逆の方向だけが残ることになって、大空にある現実の優位とはうらはらに、虚しさを思い知らされることになってしまう。優雅ななんとものんびりした舞い方がそれを象徴する。

人間にとって空が夢であるのは、それが多分どうしてもかなえられっこないからなのだろう。昔、自分の力で手作りの羽を打ち振るって天空へ翔け舞い上った若者がいた、という話が残っている。どこまで事実かは定かでないし、その若者も神の怒りをかって墜落して果てた、というのも自分の身分不相応の望みのためということでもあろう。リリエンタールもそうしたひとりなのであろう。

静かに羽を休めるオモチャの鳥の、本物の生物のように打ちふるえる羽先をみていると、思索はつぎつぎと尽きずに、それこそ鳥のように自由にかけめぐってはてることがない。所詮、人間は空間としての大空ではなく自身の頭脳の中の大空しか自由にはならないのだろう。

彼はつい一週間まえに再び海外へ出かけてしまった。今度はアメリカだということだが、彼のエンジニアリングは彼の開発する製品の水準を高く位置づけるための「翼」なのだろう。（一九七五年）

暗闇の中で蒼白く輝くガラス球

東京の、それも中心に遠くない街にも、こんな片隅があったかしら——と思えるような、崩れかからんばかりの壁が表の大通りから路地に入るとずっと続いていた。

その横町を曲って数分間歩いていくうちに次第に東京から遠ざかって、どこか異国の街角を歩いているような雰囲気にさえなっていた。コンクリート壁に暮の冷たい夜気がうずき、ストのどぎつい言葉の張紙が、去年はがされた跡の上に重ねて貼られ、さらにはがれかかって、風に揺れているのを見なければ、そして大きな字の落書のローマ字だけが眼に入ったとしたら、この横町はいつか通ったニューヨークのダウンタウンそっくりだ。蒼くざらざらしたコンクリートの肌の破れ目に、まるで対照的にでっかい豪華なマンションの赤っぽいレンガまがいの外郭が覗いていた。

「こっちですよ」といわれるまで、コンクリートの裂け目のような暗い陰が、狭く急な階段であることは気づかないのも無理ないほど、この横町は暗く冷え切っていた。

その長石のきざはしを登りつめた所にある重そうなドアをぎしぎしと開けて、うながされて入った部屋は、まったく男の、それも独り者の不精暮しをそのまま絵に画いたような部屋で、昔だったらさしずめ万年床になぞらえるベッドが堅く冷たく、人のいないがらんどうと冬の部屋の中で凍えていた。

ゆらゆらと裸電球が揺れながら点った隅に、とり散らかった部屋の雰囲気とはおよそ場違いの、金属の光沢が輝いた。

「レッド・ガーランドの〝グルーヴィー〟のジャケットに、この町は似てるでしょう。だから、気に入っちゃって、この部屋に落ち着いているんですよ。それに、ここなら、どんなに音を出しても文句をいわれないし……」

弁解だかあるいはこれから始まる場面の説明だか、どっちにもとれるようないいわけをしながら、彼の指先はその機械の方に伸ばされた。

カチッと音がして、暗い物陰の中に赤いまるでマッチの燃えさしのような火が、いくつか点った。彼の眼は薄暗い部屋の中で、その火を映して、より赤く燃えた。そのとき、この微かな火が、真空の大きなガラス球の中で光っているのに気がついた。そう——多分8本ぐらいの大小の真空管が金属の板の上にずらりと並んでいた。古畳の上に、どっしりと置かれたそれは、部屋の雰囲気を寄せつけないかのようだ。

彼は反対側の暗がりの中で、しばらくごそごそとやっていたが、やがて一枚のレコードを探し当てて、ひとりで頷きながらベッドの枕もとにある場違いに大きなレコード・プレーヤーにのせた。

暗く湿った室内は、一瞬静寂そのものに立ち戻ったのも束の間、とてつもなく大きなベースの音が空気を衝いて響き、部屋の中を満たした。ひときざみ、ひときざみ、弾けるような唸りが続いた。それはまるで暗がりの陰にベースをかかえたミュージシャンが立ちはだかって弾き始めたように感じて、思わず体がこわばった。

次第に力強く響き、力と速度を少しずつ加えながら、ベースの響きが続く。そのベースのひとつひとつの響きに従って、暗闇の中で真空のガラス球は、またたくかのように、蒼白く、螢のように光を放ち続けるのだった。

続いて、カチンという感じのピアノのタッチが加わり始めた。

「〝ガーランド・オブ・レッド〟のブルー・レッドですよ」と言った彼の細めた眼鏡越しの眼ざしは、ブルーとは逆に、まさに赤々と燃えていた。ほほは血がのぼって、紅に輝いた。もはや暗いのは、部屋の隅の電球だけであった。ピアノの力強くアタックする音のパルスは、空気を熱して次第に燃えさかる火のように渦巻いた。

彼の若い血潮はジャズのアタックの一音一音に熱し沸いた。真空管アンプの灯が点るのと同時に、彼の内側も点火した。

「このスピーカーはとても鳴らすのが難しかったんですよ。学生の頃からずっと使っているんですが、いい音が出そうで、出てきてくれないんです。まるで追いかけっこか隠れんぼみたいなもんです。なだめたり叱ったりして使ってきて、アンプも随分作ったり借りたり、最近のトランジスター・アンプのいいものというのは片端から試したんですが、なかなか上手くはジャズのソウルが出てこないんです。でも最近作ったこの真空管アンプを持ってからは、すっかり生まれかわったみたいですね。ガーランドのスリルに溢れた美しいタッチを聴くことができます」

暮に近い冬空の月は陰って、暗い、いまに雨が落ちてきそうな夜だった。崩れかけたコンクリートの建物の中はその主の血潮とジャズのたぎるような熱気で燃えさかっていた。

まるで真空管の火のように。

（一九七六年）

ぶつけられたルージュの傷

ウィンドウに映る街は、新年の賑わいの中にのんびりした正月休みの昼下がりのおだやかな風情を感じさせるというのに、その中にいる自分自身の姿はなんとみすぼらしいのだろう。もう幾日も街をさまよい続けて、満足に寝た日などあっただろうか。

この暮以来の厳しい正月、自分の姿をふりかえるいとまもなかったから、そのウィンドウのガラスの中の自分は、まるで半病人のような虚ろな眼で、やっと立っているといったふうな、疲れ切った体に、よれよれの服をまとっているのに気づいた。振り返りながら背後を通り去る人のいぶかしさを見て、自分の考えていたことに、思わず恥ずかしくなった。

でも、その質屋のウィンドウのまん中に置いてあるアンプは、まぎれもなくおれの物だ。いやおれの所有物であった。間違いっこない、そのつまみの角の小さく光る傷、パネルの上の斜め角のなにかが当った跡。このアンプは、随分無理をしてやっと手に入れたのだっけ。

それも毎月幾らずつと払い終って、本当に自分のものになったときに、その愛用品を手放さなきゃならないなんて、人生ってなぜ思い通りにいかないいんだろうか。

女と別れてしまって、仕事も手につかず、茫然としていた日々が幾日か続いたため、せっかく順調にいっていたいくつかの仕事は、そのギャップを待ち切れずに断たれてしまった。それからというものは、まるで貧乏神にとりつかれてしまったようだ。

だから、そのあとの生活は次第に追いつめられていく毎日の連続で、職探しに追われ、その日暮しだから音楽を聴く暇もないのに、すさんでいく心ははかなくも望みが絶たれていくたびに、むしょうにジャズを求めた。やっと集めた数十枚のレコードが人生におけるたったひとつの慰めとなっていた。

それなのに、ちっぽけな部屋をこよなき心のよりどころとさえしてくれた、そのジャズを聴くための装置を手放さなければならないなんて。でもあのときは、どうせ音楽を聴くなんてゆとりが時間の上でも心の上にもないだろう、なんて自分自身に口実を作って納得したつもりだった。それが実際は、手放したあくる日から、まったく逆にむしょうにジャズを求めた。その心の虚ろな部分はジャズ喫茶の片隅に半日うずくまっても、なお満たされない部分を残していたのに薄々気づいてはいた。

しかし、いま、こうして年が明けた街で、使い慣れていたアンプを見たとたん、その虚ろな部分がなんであったかに気づいた。ジャズ喫茶でいくら聴いても、キース・ジャレットはそれまでの自分の部屋での緻密なサウンドもなければ、神の声にも比すべき昇華されきった音のたたずまいもなかった。つまりこのアンプを通してでなければ決しておれのジャズにはならなかった。

いやそうじゃない。おれのジャズはおれが創った世界でなければ、本当のジャズとしての価値を発揮しなくなっていたのだ。

そして、そのためには、当然、その主役であるアンプは、おれのアンプでなくてはならない。高いがため誰でも簡単に買えないからか、市販品きっての高級品といわれていたそのアンプを、やっと手に入れて2年近く使っていたというのに、本当の価値を、なんとそれを手放してから思い知ったのだ。

でも、そのアンプがスピーカーを鳴らしていた月日は、女と共に寝起きして、人生における音楽の必要をいまほど切実に意識していなかったのは、なんという皮肉だろう。

ウィンドウの中のアンプの、ちっぽけなあの傷は、そうだ、あの女と別れる前、口論したときにぶつけられたルージュが当たったときのものだっけ。別れてしまってからも、ずっと残っていたあの紅の点を、いつまでも残しておきたかったのに。手放す前にふきとったとき小さく堅い血の魂のようになっていたその一片は、多分小引出しの中にあるかも知れない。2年間のアンプとの付き合いの日日がまるでショート・カットの連続のように脳裏をかすめる。

それにひきかえていまのおれは、どうだ。部屋の中はもう半分も万年床で、ステレオはなく、小さなFMカセットだけで、それすら満足に聴く心のゆとりもない。それなのにこんなにも熱く、こんなにも激しく欲しているのはジャズなのだ。

そうだ、なんとかしてもう一度このウィンドウの中のおれのアンプを買い戻そう。それからおれの再スタートが始まる。このアンプ、むろん中古とはいえ随分高い値段がついている。おれが売ったとき手にした金の倍近いけど、新しく買うよりは安い。なんとかしなくては……。

あくる日の昼下がり、ウィンドウの中には、アンプの姿は既になかった。おれのアンプは……。

（一九七六年）

雪幻話

立春の日、久方ぶりの朝からの雨が、雪になってしまった。朝、雨だれの音で目が醒めたのに、昼過ぎには大きなぼたん雪が視界をさえぎるほど、降り続いた。

都心から遠く離れ、武蔵野の雑木の残る、この辺りでは、雪はしきりに降り、小一時間ほどで、土くれの残る小道は、まっ白になってしまった。道を行きかう人影のまばらな窓の外の町は、静寂がひときわ深まって感じられるようになった。

あのときも、こうした雪の降りしきる日だったな。遠ざかる日の雪景色も、この日と同じように、大きな雪がどたどたという感じで灰色の空から落ちて、路上ですぐ溶けるあとから、また上に雪が落ちていた。

雪で曇ったガラスの向こうに、次第に遠ざかって行った人。途中でふと立ち止まって、雪の中でちらっとこちらを振り返って、心なしか会釈をして、しばらく立っていた。

もう多分帰ってこない。二度と会うこともなくなってしまうな。いまがこの人との最後のピリオドの瞬間なのだな。そう思うと、雪の中で足まで凍りついてしまったように、動けなくなって「ちょっと待って!」と声を出そうとしても、冷たい空気にそれも凍ってしまい、何もできなかった。

いま思い出してみても、それは随分永い時間だったように思える。

ただ、あの一瞬はなんて静かだったのか。心の底まで、本当に何ひとつ聞こえず、静寂だった。

窓の外を眺めて、もうずっと昔の一瞬の、あの例えようもない静けさが、しきりに思い出された。

雪の中にあのひとの姿が、幻のように消えてしまったあと、降りしきる中を駆けて、雪まみれになって部屋に飛び込み、まだ残っている部屋の空気のぬくもりの中に、あの人の体温を一所懸命探し求めた。冷えたコーヒーのわずかな余熱さえも愛しかった。

そのとき、夢中でアンプのボリュウムを上げた。雪の立木を背景にして立ったジャケットの中のオーネットの求心的な眼は、そのときのぼくの眼だったのかもしれない。おそらくぼくは、雪の中にポッカリあいた穴を誰かに塞いで欲しかったのだろう。

ゴールデン・サークルでの演奏はその凄じい熱気もリアルに、虚ろな部屋の中で鳴ってくれた。だけどいくら熱っぽい音も、この隙間だらけの寒い部屋の中を少しも暖めてくれなかった。なんとかこの熱演に心の隙間を埋めようと努力したけれど、無垢の白い雪にポッカリ穴があいて、下から露わにむきだしになった心の傷は、赤くはれあがっただけだった。

外の静けさがあまりに深く、雪の降るのが聞こえるほどであったためか。

『ゴールデン・サークル』の後世に残るといわれる熱演も、あの雪の日には少しも役に立たなかった。雪の日のあまりに純粋な状態は、聴き方をすっかり変えてしまうのだろうか。

そうしたとき、手に入れたばかりのECMのキース・ジャレットがあった。『フェイシング・ユー』だった。レコードが替えられた。

キースの時に戸惑い、時に立ち止まり、まさぐりながら何かを求めようとするタッチのひとつひとつ。その内側に喰い込みながら、ますます純粋さを加えていくタッチが、このときほど、素直に聴けたことはなかった。心の中から自分を見つめる澄んだまなざし。そんな感じの、まるで幼な子にも似たまなざしを、このときほどはっきりと音の中に見たことはなかった。

それは雪の日のせいだったかもしれない。夕暮の、降りしきる雪の中の静けさのせいだったのかもしれない。いやそのときたった孤りということを知らされた虚しさのせいだったのかもしれない。

いままでになく、くっきりと心の中に音が焼き付けられた。雪の中の足跡のようなキースのひとつひとつのタッチの怖ろしいまでに細かい音まで、まるでその瞬間瞬間が固定しつつ巡るように。

そのときはじめてぼくは、トランジスター・アンプのもっている特長を、まったく抵抗なく心の底から受け入れていた。

雪の日の夕暮だった。今日、窓の外の雪を見ながら、もう一度あの日の感激を静かに思い出した。

それから、指先は新しいトランジスター・アンプへのびた。

（一九七六年）

のろのろと伸ばした指先がアンプのスイッチに触れたとき

音楽を聴くなら、ジャズに浸るなら、ドルフィーにのめりこむには、疲れ果てたときこそいちばんいい。身も心もぎりぎりまで使いきった状態にあってこそ、音楽は、心の隅々まで十分にしみわたるものだ。ちょうど乾ききった布が、液体をよく吸いとるように。ドルフィーの果てしない大きなエネルギーの叫びは、すっからかんになってこそ、身にしみ心にしみて摑みとることができるというものだ。

そうはいっても、疲れていさえすればいい、というわけではむろんない。そんなわけがあるはずもない。コンディションとして、疲れきったときが、もっとも好ましいとしても、その前に大切なことがひとつある。つまり音楽を、ドルフィーを求めているか否か、求めていないのではいくら熱演だって受けることはできまい。だから、自身の内側から音楽を欲しくてたまらない、というときこそいちばんいい。

そこで、ジャズを聴きたいと思いはじめたとき、一切の音楽を絶つ。現代の街の中で、「音楽を絶つ」ということが、いかに難しいか。いくら思ったって、そんな状態なんて得られるわけがない。

たとえばコルトレーンが聴きたいと思ったときには、外部との接触を絶つということの努力が、まず行なわれなければならない。その努力は、「音楽に浸る」ための努力の何十倍にも勝る努力を自分に強いることになる。

ぎりぎりのところで、はじめてこの状態から解放されて、やっとコルトレーンと巡りあえる。だから、コルトレーンの難解極まるアドリブのフレーズも、何十小節でも口ずさめるくらいに、自分の中に定着してしまっている彼にとって、コルトレーンはいつも新鮮だ。

音楽を絶つ努力は、たとえばジャズ喫茶の前に必ず何時間かを、音楽の一切ない喫茶店、それはたとえば、スタンド・コーヒー・ショップのような出入りの激しい店で過ごしたりした。

あるいは気の乗らない本に無理やり眼を固定させて、街はずれの公園のベンチに座った。しかし街はずれでも、音楽の喧噪が遠くから襲いかかった。やはり、現代の都会で音楽から逃れるには、密室しかないようだ。自分の部屋であれ、女友達の部屋であれ、密室に閉じこもろうとすると、目的は何であっても結果はいつも同じだ。

男と女が一緒に遮蔽空間にいれば起こるべきことが起こる。いつしか、男は、ジャズを聴こうとしたとき、女との後でなければ、ジャズに移れなくなる。

それは音楽ではない。音楽からもっとも遠い肉だけの世界だ。この上ない音からの逃避だ。空白は、身も心も無にしてしまう。ジャズが無性に欲しくなるのも、こうした状態のときだ。

ジャズ喫茶から、自分の部屋でジャズを聴くようになり、コレクションも次第に増え、ジャズしか聴かなくなってしまったいまの生活においても、ジャズの前には習慣のように女を求めた。そして疲れた体と白みきった頭脳は、次なるジャズを求め、そのサウンドの一粒一粒が心の瞬間をびっしりと埋めてくれるのが、男のちっぽけな生活の中でたまらない充実感をもたらした。

あるときは昼間から女を抱き、食事も忘れて求め続けて夜になり、やっとそれに飽きて、その後のいたたまれない不安な空白に襲われるべき時間を、ジャズはそのエネルギッシュなサウンド・パワーで迫ってくれるのだった。不安と充実感とのごちゃごちゃに入り混じった深夜のジャズとの付き合いこそ、男のいまの望みなく汚れた生活の輝きとして、感じるようになっていたし、いつも新鮮な形でそれを味わえるのを唯一の楽しみとするようになっていた。

いつものようにすべてを外界から断絶した二人だけの時間を貪るようにして費やしきったのは、もう夜ふけであった。夜の街のざわめきもこの時間には果て、表通りから奥まった、ちっぽけなアパートの二階の一角は、中も外も静寂そのものだった。

絡み合った体を離してのろのろと伸ばした指先がアンプのスイッチに届いた。くわえた煙草を気にしながら取り出したドルフィーの「ファイヤー・ワルツ」がはじまった。

そのとき、開けたカーテンの窓の外は、黒から濃紺へ、さらに灰色にと次第に白んできた。隙間から冷たい空気が流れこんで、夜の終りから一日の始まりに移りかかっていた。朦朧としていた重い頭に外からの白い光は眩しかった。

そのときのドルフィーのアルトの音の何とすがすがしくも輝いていたことか。

真空管らしからぬ、スッキリした音の新型アンプでなければ味わえないジャズが、この部屋では鳴っていた。

（一九七六年）

ロスから東京へ機上でふくれあがった欲望

長い時間続いた眼下に果てしなく拡がる海面は、やがてオレンジ色から黒く変りつつあった。ロスを出てからもう8時間はたったろうか。後2時間もすれば、東京の街の灯が眼に入るだろう。そう、1ヵ月ぶりかしら。

床から椅子の背を通して伝わる、ジェットの微かな振動もすっかり耳慣れして、いまはもう夢に誘われるための子守唄の感じで、脳を心地よく酔わせ、あちらこちらでの思い出が、頭の中でゆっくりと巡り続けた。

でも、さっきからそうした思い出に浸っている中で、少しばかり気がかりなのは、小さな欲望がこうして家路につき住み慣れた東京に近づくに従って、徐々に確実に大きくふくれ上がってきていることだ。

それは、自分自身にも信じられないことだが、音楽を自分の部屋で聴きたい、というひどくつまらない欲望なのだ。いや、普段ならありきたりの望みだが、少なくともこの1ヵ月間、東京を離れていたのは、本場での音楽を集中的に聴くための旅ではなかったか。つまりこの1ヵ月、あらゆる機会を通し、あらゆる場所で、あらゆるジャズに接してきた。これほど凝縮した形で、ジャズに浸り、ジャズに溺れ続けた30日間はかつてない体験だった。こんな実感が腹いっぱいのいま、こうしてシートに背を埋め込んだまま、もう8時間もの長い時間「反芻《はんすう》」を続けて「咀嚼《そしやく》」しなおして、まだまだ余りあるというのに。はじめちっぽけだった望みは、次第に欲望にまで育って、いまこうして時間を遡るこの「音楽反芻」を妨げるどころか、立ち往生させるほどにさえ熱くなってきてしまった。熱く激しく血の沸騰するような感激的なジャズとの対峙の数え切れぬほどの体験の後だというのに、なぜかくもひしひしとジャズへの昂まりを覚えるのだろう。少なくともいままでのジャズがすべて本場の現役プレイヤーの演奏という、これ以上求めるべくもない理想的な形態であるのに、いま求めるジャズは、わが家のちっぽけな自分の部屋での、あのレコードのあの曲なのだ。これはなんということか！

　いままでのジャズ体験は、いったいいまの自分に何の意義、何の価値を持つというのだろうか。この1ヵ月のジャズ旅行は、はたして何だったのだろうか。ジャンボの大きなキャビンも、急に間が抜けたように空虚な空間に見えてきた。機内の多くの客の薄暗く照らされた顔だって、なんとなく白けて見えてくる。

　それというのも間もなく終りとなるべき旅の最後に相応しいかもしれぬ、回想の走馬灯の、ぐるぐる回るのを止めてしまいそうな、自らの内の思いがけぬ新しい昂まりに不安と畏れとを感じているからだろうか。音楽をいかに聴くべきか、いや音楽の価値はその音楽自体の「形態」にあるのではなくて、たとえば「生の音楽」よりも「レコード音楽」の方が、ある場合には、ずっと価値を持つことだってあるという、まったく思いがけぬ新しい発見にぶつかって、自分自身がそれをいったいどう判断すべきかが、判らなくなってしまっているのに気づいたのだ。少なくとも、いまここで聴きたいと熱烈に乞い願っている音楽は、あのジャケットから取り出したレコードを、ぶ厚いどっしりしたターンテーブルの上に乗せて、静かにアームを上げ、針先を縁いっぱいの音溝へそっと落して、それからスイッチを入れてスタートして、アンプのボリュウムをいつものレベルまで上げる、そしてそれから始まるシンバルでスタートしなければならないのだ。

そのシンバルはいつものあのシステムから出てくる耳馴れたおれの音でなければならないし、そのシンバルが次第に力を加えて高まる響きはおれのあの部屋に満ちて、いつもの椅子の革の背もたれに半分うずめた頭の中に、爽やかにしみわたらなければならない。そしてテナーは力をいっぱいに蓄えた力をもって、強くストレートにおれの胸に喰い込むのだ。この順番はいつもと少しも変ってはいけないし、それは曲の演奏の展開の前に、レコードをジャケットから静かに引き出すときから実感されていて、その予感通りに事は運ばれる。無論、スピーカーが替わったってだめだし、それを鳴らすアンプが替わったらもっとだめだ。おれの知りつくしたはずの音で、この曲が高らかに鳴り響いてこそ、おれのいま熱くたぎる欲望ははじめて収まるのだ。

そして、その音楽はおそらくニューヨークの夜のヴィレッジ・ヴァンガードでのテナーより輝かしく鳴ってくれるはずだ。無論、おれのセンスで選んだシステムが鳴らすジャズだからな。それは間違いなく、いまのおれにとっては「生」以上というべきだ。

（一九七六年）

20年前僕はやたらとゆっくり廻るレコードを見つめていた

単純ながら、不思議と人をひきつけるリズムで、そのピアノ・ソロは流れ続き、尽きるとも果てない、といった感じで、いつまでも続いていた。軽やかだが、決して上すべりではなく、何か妙にタッチひとつひとつが、聴き手の心に染み込むように広がった。エルモ・ホープという、あまり耳慣れないピアニストの名が告げられた。

「あたし、このレコードがずっと前から好きなの」

ぽつりぽつりと、言葉はとぎれがちで、それだけをそのピアノのタッチの間に切れ切れに言った。もっとも、こうして彼女と話をかわしたのは、それがはじめてであった。いかにも聴き古したそのジャケットは、ところどころがすり減って色も褪せ、角が落ちた縁はささくれていた。だが、10インチの妙にペラペラしたそのレコードは、音溝が白く汚れているのに、それほどひどい針音がしなかった。当時の常識をはるかに越えて、やたらとゆっくり廻るそれはロング・プレイ・レコード、略してLPというのだが、見るのも珍しい頃だった。もう20年以上も前のことだが、その夜の彼女の顔を赤らめながらの話は、いまでも昨夜のことのように耳に焼き付いていた。もっとも、忘れないのはその話ではなくて、その日に限って、日頃ろくに口をきいたことのない彼女と向かい合っていた時間、そのものだといえよう。小一時間と向かい合っていたときが、一秒一秒気になって、とても長いようにも思われたし、あるいはあっという間に過ぎたようにも思う。

15分ほどで、そのレコードの片面が終った後で、「ねえ、とてもいいでしょ」と、いった言葉はどう考えても、とってつけたみたいで、その場の雰囲気とはぴったりせず、宙に浮いて、耳元からどこか遠くへ舞ってしまっていた。

その家には、もう何度か、いや十何度か来ていて、そこに年頃の、といっても当時の私自身とそう変らない年齢の娘がいるのは、お茶を運んだり、ちらっと廊下ですれ違ったりしているので、よく知っているどころか、とても気になっていたのだ。けれど、ピアノを習っているというその娘が、まさか自分の部屋に招き入れ、二人きりで一時間もいるというのは、全然予期しない出来事だったのだ。

いまでいう教育ママの母親が、お茶を運んでくるふりをしながら偵察に来たのを潮時にして、その部屋には二度と訪れたことがないまま、その家は他人の手に渡り、いかにも満ちたりていたように思えたその一家は、どこ知れず都落ちしてしまった、という。むろん、その丸顔の大柄なあどけない雰囲気の娘とも二度と会うこともなかったし、昔のひとかけらの思い出としてだけ残っている一コマだ。だけど、それは鮮明に残っている。

多分、英国製のスピーカーに英国製のチェンジャー、そしてむろんまだモノーラルの米国製のセパレート管球式アンプだった。それから、いまにして思えば、ブルーノートのごく初期のレコードだろう。SP全盛の当時は音がよいというわけではなかったが、SPよりも針音ノイズが少なかったのが印象的であった。それよりも、ピアノのタッチの何となくエロチックな耳当りのよさは、おそらく、ホープ自身の醸し出すもののはずだが、まだ物珍しいＬＰというメカのなせる技と相まって、音楽魔術のように聴こえた。それ以上にその女の子の無表情を装っているなかにも、ちょっぴり妖しさを見つけて、その妖気のためか部屋の空気全体に甘く心地よく酔いしれて、時の経つのも忘れさせた。

実はピアノを習っているという、その娘の存在はとうの昔、家の周囲に張り巡らせられた高い塀の外に、ベートーヴェンのソナタが深夜、音をひそめるように繰り返し聴こえていた頃から知っていたのだった。たまたま、当時珍しい電気蓄音器の修理をきっかけにして、その家の主たる建築家に誘われるまま、レコードを聴き、音楽談義をすることが回を重ねた後の話だ。

ベートーヴェンではなくて、ジャズ・ピアニストのタッチに喜びを語った、その娘とのひとときがなかったら、あるいはジャズに親しむのがもっと遅れたかもしれない。そして、その娘と共にでなかったら、ジャズの良さも判らなかったかもしれない。エロチックという言葉よりももっとほのかで、しかも強烈な色気と、洒落たセンスが、ジャズの真髄ということも。

（一九七六年）

不意に彼女は唄をやめてじっと僕を見つめていた

どさっとばかりにレコードの小包がきた。いつもと違ってかなり枚数があろうという重い包みは雑誌の仕事以外にはめったにない。今日の小包は仕事ではなく、今月日本フォノグラムから発売されたアメリカ・プレスのエマーシー・クリフォード・ブラウン・コレクションだったのは嬉しかった。見馴れたジャケットの『ヘレン・メリル・ウィズ・クリフォード・ブラウン』もあった。マイクの前のヘレン・メリルの顔がアップになっている、マリン・ブルーの単色のジャケットはいつ見ても懐しい。

『ブラウン＝ローチ・インコーポレイテッド』がいいし、『ダイナ・ワシントン・ウィズ……』だって悪くない。このシリーズはどれひとつとっても、出来は上々、その価値は誰もが認めるだろう。でも、その通りには違いないが、人様々、僕だけが認め、僕だけしか判らない価値がこのブルーの『ヘレン・メリル・ウィズ……』にはある。

A面1曲目は「ス・ワンダフル」そして2曲目はそう「ユード・ビー・ソー・ナイス・トゥ・カム・ホーム・トゥ」だ。こればかりは、僕はいつもひとりで聴く。誰かが傍にいるときには、なるべく避ける。ひとりで聴きたい。誰もいない部屋で、ひとりきりで。

あわてて周囲の眼を避けるようにして、この真新しいアルバムを抱えて立った。

あれはもう何年前のことかなあ。ジュンコっていった。ありふれた女の子で、別に美人じゃないけれど、気っぷだけはいかにも下町っ子といった感じの男っぽい子だった。まだ高校を出たばかりで威勢よくポンポンと悪口をたたくのに、ちっとも悪びれたとこがなくて、ジャズ喫茶の人気者だった。アルバイトかたがた、その娘は入りびたりに近い形で、来る日も来る日もその店の隅に陣どっていたのに、ある日パッタリ来なくなった。

「恋してたんだってさ。それでね、ふられちゃったんだよ、あの子。彼が故郷に帰っちゃってね。函館じゃ遠くてついていけないのよ。泣いてるわ、毎日」

女友達の話を裏付けるように、幾日かたった夕暮、なじみのジャズ喫茶の戸口にふらりと姿をみせたとき、目がはれぼったくて、恥ずかしそうにして淋しく笑った。そのとき鳴っていたレコードが『ヘレン・メリル・ウィズ・クリフォード・ブラウン』だった。

ぽかんと気が抜けたように聴いていたジュンコは2曲目の「ユード・ビー・ソー・ナイス……」を聴いているうち、激しい夕立のあとの夕暮のまだうす明るい西の空をみつめて、とても小さい声で、その歌をなぞっていた。

「一緒にレコードを探しにいかない」

不意に誘われて、まさかと思ったレコードが、近くの駐留軍の流れ物屋に傷だらけであったが、見つかったのは奇跡的だった。オンボロに近いガラードのプレーヤーの薄汚れた茶色のターンテーブルに、その傷だらけのレコードは乗せられて、かなりのスクラッチとともに曲ははじまった。

2曲目の「ユード・ビー・ソー・ナイス……」になって、ジュンコは、夏の夜空に映えるネオンの光を遠い視線でみつめながら、唄っていた。

彼女の眼にいつか涙が溢れこぼれた。なぜか知らないけど、そのとき横に何もいわないで坐っていた僕は、彼女の涙が函館のことを思ってのことであるに違いないと思って、涙をこぼしてしまった。多分、娘心のいじらしさを感じたんだろう。でも僕の涙は思わぬ方向に彼女を誘った。不意に彼女は唄をやめて、じっと僕をみつめた。

その間、ヘレン・メリルだけが「ユード・ビー・ソー・ナイス……」を唄っていた。随分長い時間だと思ったけれど、その曲の終るのに5分もかからない。でもその間はとても永かった。

その後、2年足らずの付き合いだったけれど、ジュンコのまだ青い体にとりこになった僕は、いまこうしてひとり彼女の幻を追っている。どこか僕の中に、いまだにふっきれない部分があるのだろう。2年間のことはもうときれときれにしか憶えていないのに、ヘレン・メリルの「ユード・ビー・ソー・ナイス……」を聴く度に必ずジュンコはあの頃のままで僕の前に現われる。

その後、歌手としてデビューし、まだはじまったばかりのカラーテレビのブラウン管にも毎週顔を出していたジュンコ。いまはもうどこかでありふれたオバサンになっているかもしれない。

でも、ヘレン・メリルのジャケットの写真が変らないのと同じように、ジュンコは僕にとって16年前と少しも変っていやしない。ヘレン・メリルの若いハスキーな声は、彼女の口ずさんだ唄の一節と重なってしまう。

（一九七六年）

トニー・ベネットが大好きなあいつは重たい真空管アンプを古机の上に置いた

今日も朝から雨。

いつから降り始めたか、いつまで降り続くのか、いつになったら終りになるのか、ただ、しとしとと雨が降る。夜の真黒な空から細く白い一すじ一すじが絶え間なく窓をかすめて、暗闇に消える。遠くの路面が、うす明るく光ってどこまでも続く。その向こうの遠くから車のライトが近づくと、路面の濡れた光がゆれて長く尾を引いて、輝きを増しながら、白から次第に黄色っぽく、さらにだいだい色に、大きく広がっていく。窓のガラスのしたたりおちるしずくで、そのだいだい色の、二つの光は、ゆれながら、ゆらめき、ふるえ、くずれる。なんだか、涙を通して、ぬれたまつげの間から通してみるのも悲しい風景だなあ。そう、こんな風に濡れただいだい色の光をみたのは、いつだったたっけ。

あのときもやっぱり悲しかった。もっともっと、つらく、悲しかった。

あれもやっぱり暗くてじめじめして、そうではないのに、まるで梅雨のようなしめった日陰の、年中陽のあたらない部屋だったなあ。ちっぽけな窓を開けたって、隣の家の板べいが、眼のとどくかぎり続いていた。小さくて暗い部屋だけど、古くて湿っぽい部屋だけど、東京にやってきたばかりの僕にとってこの部屋は、やっぱり気がねなく手足を伸ばせる唯一の場所だ。

だから、カセットではなく、音楽のためのすこしばかりの装置が並べてあった。オーディオ・システムなんて呼べたものではないかもしれない。ジャンク屋を漁って、みつけてきたロクハン（6インチ半）のスピーカーを板にとりつけて、天井から吊り下げただけの見映えのしない物だけど、とても千円とは思えないいい音を出していた。

そばで聴いている限り、エラの堂々たる声量だって、クリス・コナーのしゃれた歌いまわしだって、まるで、ステージの歌手の位置までわかる程に、デリケートな音の動きもくっきりと出ていた。無名のちっぽけなこのスピーカーがこんなにいい音で鳴るなんて、掘り出してきたときには、夢にも思わなかった。だから「こんなラッパ、早く替えなけりゃ、いい音が出るわけないよ」なんて、たまにきた友達にけなされると、そうでなくとも滅いりがちのこの部屋の僕を、ひどくがっかりさせて、それこそ、雨の日のような気分で『レフト・アローン』を聴いていた。

ピアノの音のなんとなくか細いのが、そうでなくてもうすら寒い空気をたたえた貧弱な部屋の、すりきれかけた畳のせいだろうと思い、いつも不足がちな小遣いのため、腹のへっているせいだと思いこんでいた。当時としては、たぶん、けっして少なくないはずの30W＋30Wの出力を持ったトランジスター・アンプのパワーなら十分に力強い音が得られると信じていたし、それ以上に、信じこみたかったのだ。

ピアノの音だけが不満足というのなら、歌の好きな僕も我慢ができた。あのころ、よく聴いていたナット・コールの『アフター・ミッドナイト』の彼の声は、少しハスキーがかった落ち着いた節まわしなのに、サ・シ・ス・セ・ソがばかに強められて気になった。憂うつな部屋で聴くとレコードの中のナット・コールもブルーになるのかしら。軽やかでしゃれた本来の彼はやけに湿っぽくなって、とげとげしさも感じられた。

それでも、僕は装置への投資の少ないせいだとあきらめ、もっと高いブックシェルフであれば、きっといい音がすると思いながらも、半分あきらめ、半分買ったばかりのアンプを信じていた。

それから半年も聴いていたろうか、その部屋のちっぽけなスピーカーは、ある日突然のように、変った。それは、ジャズを通して知り合った、同じようにトニー・ベネットが大好きな「あいつ」が、初めてこの部屋にやってきたときだった。

たのまれて、運ぶのを手伝ったアンプを、ひとまずこの部屋でならしてみようと、床をきしませながら、重たい真空管アンプを古机の上に置いて、いままでのアンプにつながっていた線を真空管の並ぶシャーシの下につなぎ替えた。たまたま、手元にあったカウント・ベイシーをバックにしたトニー・ベネットが、信じられないようなスケールと迫真力とで、小さなスピーカーの間にステージを拡げた。いままでのような、痩せたギスギスが嘘のようになくなって、どっしりした深みがトニーの声に加わり、安定した豊かな厚い力がベイシーのバンド・サウンドをささえた。

まったく、信じられない程の変化が、たった千円の小さなスピーカーにもたらされた。いや、スピーカーだけじゃなかった。聴いている僕たち二人の内側も、汚れて湿ったこの部屋全体も……。

聴いているうち、なぜか涙が溢れて、その涙に、真空管の中のだいだい色の輝きがゆれて、ふるえた。

（一九七六年）

さわやかな朝にはソリッドステート・アンプがよく似合う

武蔵野のまだ木立の残っているこの辺は、春が終る頃から急に緑が濃くなって、8月をすぎるこの頃は、裏道はうっそうとした木の葉の間から洩れる日ざしに、緑色にはえて、涼しい陰を作る。

夜明け前のまだ薄暗いひととき、それはちょうど、夜の終りを思わせる4時半をすぎる頃の十分間、空が藍色から少しずつ明るさを加えようとする頃、まだ黒い影のかたまりを見せている雑木林の群れの中から、ひとしきりひぐらしが鳴く。あるいは遠く、あるいは近く、あるいは低く、さまざまな距離に聞こえる。澄んだよく透る声は、冷たい清流のせせらぎをそのまま音にしたようなすずしさで、耳を洗う。遠くが鳴きやむと、近くで鳴き、それにまた遠くが答え、さらに遠くから応ずる。単調な鳴き声だが、距離感だけが大きな変化をもって、その単調な鳴き声に余韻の起伏を作る。まだ薄暗い夜明け前の空に、低くこだまして、まるで永遠の世界からやってきたように、心を洗い清めるように響く。

夜っぴいてヴォーカルにひたり込んでいても、朝の気配が窓辺を通して感じられると、そこで、僕の「夜のジャズの時間」は、終りだ。真空管の暖かいマッチの燃えさしのような赤い火を消してしまう。窓をあけると、茂る草の葉っぱにたまった水玉を渡って、露を含んだ夜風が窓越しに流れて、真空管の熱いたかまりを、急に冷めさせて、深い熱いジャズのひとときの終りを確かなものにする。

そうして頬のほてりが冷めた頃、東の空が乳白色を加えようとする頃、まだ暗い西空の下の暗くこんもりした森から、ひぐらしの声がやってくるのだ。熱くたぎって耳に残っていたジャズの余韻が、このひどく単調な冷たい声の、ひと鳴き、ひと鳴きごとに、癒され、理性を取り戻し、蘇生する。そして、夜が終って、ひぐらしの声が次の朝に引き継がれ、一日がそれから始まる。

ひぐらしは、ほんの十分間たらずしか存在しない。わずかな時間の間だけ、鳴き渡ると、ふと、沈黙してしまう。まるで存在した全部が、いっせいになくなってしまうようだ。たぶん、急激に暗から明に移り変る空の明るさの、ある部分でのみ声が出るようになるのではないか、と思える。夏の夜空は、しかし、まだ朝までは遠い。

夜通し聴くジャズの終りは、ソロ・ピアノか、それをバックにした唄か、それも古いものに移っていってしまうものだが、始まるときはそこまで続くことは考えてはいない。夕食後の仕事の片手間に聴きだした新譜とか、買ってきたばかりの輸入盤とか、そんなところから始まって、時には来合せた友人が加わったり、仕事がはかどったりして、絶えてしまうこともないわけではない。でも、気分が乗って、あるいは途中で現代音楽に寄り道したり、なんていうことがあったりして、夜の終りまでつき合うと、それには、ピリオドとしての役目のように、ひぐらしが、夏にはなくてはならない。

でも、この後がいつも悩みの種だ。それというのも、密閉空間で長々と聴いてきたジャズ・ヴォーカルは、いくら名唱であり、歌手が超一流であったとしても、聴き手の体験として、繰り返しだから、生々しい生命感という点で、あるいは新鮮さという魅力で、冷たい夜気とともに夜明けの窓辺に渡るひぐらしのひと鳴きに、かなわない部分がある。較べるべき筋合いのものでもないし、そうする都合もまったくないのだが、純粋に受け手の感情を生きている生命感で洗い流すという体験では、朝のひぐらしの鳴き声に匹敵するのは、至難のようだ。だからこそ、夜の終りにスイッチを切って、真空管の火を消してしまう。

もっとも困るのは、その次の曲であり、そのときの「音」だ。天然の響き、まるで自然の神が俗世に汚れた耳を清めるために授けてくれた、朝まだきのひぐらしのひとしきりの鳴き声にふれた後に、いったいどんな曲を聴き、どんな音を出したらよいというのだろうか。だから、この後はしばらく音を出さないで、ぼんやりと、一日の始まる前のしばしのしじまの中に浸る。三、四十分もすると、裏の藪のすずめ達が、ざわめき始め、さえずりを始める。これもまた、ほとんど十五分間足らずだが、ざわざわと竹の葉のざわめきを伴って、いくつもいくつもの群れが、その群れごとにおしゃべりを始めて、さわがしいほどだ。その頃になると東の空は、はっきりと明るさをとりもどし、あるいは燈色に、あるいは深い紅色に、輝きを加える。西の空まで乳白色の光が渡って、もう夜空の部分は西の果てに残るだけで、空に残る月も淡い。窓辺を通して木立ちの陰も深い緑色に、夜露がキラキラとしたたる。庭の夏草も、もはや黒い影のかたまりではなく、夜露を含んで緑も淡い。

まもなく日の出も近いのだろうが、夏の朝の空はいつも白い。その頃になって、やっと一日の始まりの曲を選ぶ気になる。でもアンプは何にしようかな。朝の冴えたすずしい頭にはそれは無論「ソリッドステート」がいい。ひきしまった力強い音が、朝のフレッシュな空気にはぴったりだ。君だったら、曲はなににする？

（一九七六年）

薄明りのなか、鳩のふっくらした白い胸元が輝いていた

「ほ、ほ」――というような小さな声が耳の間近でした、ように思った。なにかとてもソフトな耳当りの良いその声は、いったい何かなと思いを巡らすとき、もう一度「ほ、ほー」と鳴いた。まだよく眠りからさめていない感覚でも、二度目は、鳥の鳴き声だなと、判りかけた。それは、とてものどかで、心の奥までも包み込むような親しみのこもった声であった。まだ醒めやらぬまなこが、すぐ間近の頭の上の窓辺に、ふっくらと毛を立てた鳩をとらえた。

薬の包みが散乱する枕元近くの、手を伸ばせばとどきそうなところに、かなり大きな鳩がむっくりとうずくまり、こちらの方に頭を向けて、つぶらな目を白い瞼で閉じたり、開いたり、しばたいていた。ちょっと胸がふくらむと、もう一度羽毛が背中の方まで立って、その姿は一まわり大きくなって、それから一度首をうずめるようにして「ほ、ほー」と、体中で鳴いた。

窓の外は、まだ日の出ない薄暗さで、淡いブルーに沈んでいた。なぜか鳩のふっくらした胸元の白い羽毛が、薄明りのなかで、目をひいた。

この「ほ、ほー」という声を聞いたとき、なぜか涙が溢れてきた。それで、生きているということ

の素晴らしさを実感として、じっくりと知らされ、味わったような気がした。

「あれは鳩かな」そんな言葉をそばにいた者にかけて、自分の実感をもう一度確めた。鳩は、頭まで背中の羽毛の中にうずめつくすと、そのまま、立ち姿でじっと長い間動かなくなった。それ以上鳴いてはくれなかったけれど、鳩を驚かしてまで、もう一度、「ほ、ほー」といわせてやろうとは思わなかった。けれど、どうしてこんなにじっくりと心の奥まで包みこんでくれる暖かさが、この一声の中にあるのかなあーと、長い病床のつれづれの、朝の思索の散歩に、いつのまにか長い間ふけっていた。

そうしたら、確か、ずっと前にもこんな気持ちにさそわれたことがあったなと、思い浮かべ、それがいつだったかしら、と思いだそうと努力している自分に気づいた。

そうだ、確かあれは、もう十年か、いや、もっと前だ。そう、トランジスターがポータブルラジオだけでなく、オーディオのアンプにまで使われるようになってまもないときだったな、だから、もう十五年も前のことに違いあるまい。

真空管の使いなれた自作のアンプが並べられた棚に、その頃、やっと順調なのびに移ってきたソリッドステート・アンプ、つまりトランジスター化されたアンプが何台か加えられた。なかでも某社の高級品は、緻密な音と、ハイエンドもローエンドもいかにも拡大されたと、一聴して衝撃的に知らされるサウンドで、それまでにないオーディオの世界を、再生音場を味わわせてくれた。その新鮮な現代的な音は、まさに魅力に溢れていたと感じたとて無理もあるまい。

ソリッドステート・アンプを棚に納めて、それにプレーヤー出力をつないで、アンプの出力端子にスピーカーがつなげられると、それきり、かなりの期間、外されることがなかった。いままでのレコードが、いままでの聴き慣れた音とは全く別ものののように拡がって、それは新しいレコードをかけた以上に、新しいスリルと楽しみを持って、オーディオライフを拡げた。

しかし、それはせいぜい一週間か二週間のことだった。このソリッドステートのアンプを、ふといままで使い慣れた真空管アンプにつなぎ替えたときのことだ。その新鮮な驚きと味わいの深さ。なんと、生きる喜びを音として持っているのだろうか。なんと、暖かく、魂までも暖かく包み込んで、しっかり抱きかかえてくれることだろう。レコードが三分の一も進まないうちに、なぜかしらないが、目頭が熱くなって、生暖かい大粒の涙が手の甲を濡らし、止まらなかった。

ずいぶん、古い思い出を誘ってくれたが、朝の鳩の呟きは、なぜあんなにも暖かく人の心をいやすのか。

（一九七六年）

音楽《おと》に対峙《たいじ》する一瞬《とき》その四次元的感覚

ずいぶん、長い時間、聴いていたような気がするし、そうでないようにも思え、ついいましがたから聴き出していたようにも思える。いったいどのくらいの時間が経ったのだろうか。いつも、音楽に浸り切っていると、時間が判らなくなってしまうのだが、今夜も、はたして、いまが何時ごろなのだろうか判断すらできないほど、音楽に没し切っていたようだ。

好きな音楽に浸るとき、音楽に引き込まれるとき、それがコルトレーンにしろドルフィーにしろ音楽の中に引きずり込まれ、ミュージシャンと一体化したとき、時間感覚がなくなる。音楽リズムが、物理的な時間ではないのと同じように、音楽が始まってから終るまでは、レコードのジャケットの曲目に続いて記されている何分何秒という演奏時間で表わされるのではなくて、聴き手にとって「一瞬」であるかもしれないし、または長々と退屈な1時間にも2時間にも感じられるほど、えんえんと持てあます時間かもしれない。

少なくとも、今夜の俺にとってコルトレーンは、我を忘れて聴き入る数少ない音楽なのだから、時の経つこと自体を意識できない。時間を超えて没入するとなると、それは四次元の世界に通ずる道ともいえそうだ。音そのものも、「クル・セ・ママ」みたいに、果てしなく拡がって、どこまでも尽きることなく、まるで宇宙空間にさまよい出るように、まるで音の洪水が山を呑み、街を浸して海にそそぐように、どこまでも拡がる四次元サウンドといえそうだ。

でも、聴き手にとっての四次元的認識は、そうした音のあり方ではなくて、時間を意識させることのないシンコペイションの展開に、一層確かに存在する。世の中の実在に四次元はないというが、音楽に対峙するときの、それに没頭するときのあの一瞬は、在り得べからざる四次元的な感触でなくてなんであろう。明らかに地球的時間経過の感覚を超えているといってよい。認識としての音楽と、四次元サウンドとの関わりはまったくないにもかかわらず、それを自らの傍らで再現するときに、可能性を果てしなく求めるのはなぜだろう。

こうして「クル・セ・ママ」のマルチリズムの中の微かなる打楽器の一打や、ほんの一瞬通りすぎる高音のきらめきを、どこまでも追いつづけてそれをよりはっきりと捉えたくて、試みたことといえば、あくまでも音の世界の拡大を願ってのことである。そこには物理的な音の世界以外のものはない。

でも、本当に追いかけなくてはならないのは音そのものではなく、聴き手の意識の中の音だ。音そのものが、受け手の中に意識されて始めて「音」となるのだから、物理的な意味での音を追うことのむなしさが、それが果されるべく大きくふくれ上がれば上がるほど感じられるだろう。意識される音楽との時間帯が一瞬であるほど、その音楽の密度は濃くなるといってもよいが、ではその密度を失うことなく再現するには何を追いかけたらよいのだろうか。単位時間内の音の数が多ければ多いほど、音のパターンは複雑になるし、それのみを追えば究極として、音の無限の拡大にも通ずる。なぜなら、「拡大」の裏返しとしての世界は、物理的条件として何も変ることがなくなってしまうからだ。

しかも意識の中の音楽との一瞬の対峙を考えると、この「一瞬」の時間感覚とは、音楽の演奏時間の物理的時間と何の関わりもないのだから、物理的な「音」を追いかけることがいかに無駄な徒労ということを思い知らされるのがおちだ。

そうなると、音楽の再現のために、一体何をするべきか、何ができるというのだろうか。

再生側で可能なのは、多分、もっとも控え目なことだけだろう。そう、おそらく前向きには、何をしてよいのか判らないのだから、せめて、心おきなく音楽そのものに、コルトレーンそれ自体に、何にもわずらわされることなく、その音楽に、酔心し傾斜し切れるだけの信頼できる条件が欲しい。あれこれと心配や悩みのつけ入るすきを全部埋めておこう。それが、再生装置のせめてもの条件であり、また、条件のすべてでもあるように思えるのだ。


（一九七六年）

「時」そば、その現代的考察

「ああ、うまかった。

で、そばやさん、代《だい》はいくら」

「へえ、十六文《もん》で」

「じゃあ、手を出しな。

ひい、ふう、みい、よお、
いつ、むう、なな。

ところで何時《なんどき》でえ」

「へえ、八つで」

「九の、とお、十一、十二、十三、十四、十五、十六文と。

じゃあ、あばよ」

「時」の活用テクニックとして、これほど意表外で人を喰った話は、ちょっと類をみませんが、「時は金なり」をそのままに「時イコール金」とした置換法的技法といえましょう。

早起きは三文の得。勤め先で他人よりえらくなろうとしたら、早く出勤して仕事に立ち向かうなどという教訓も、GNP2位とやらの、近頃のこの国の常識としては、どうやら見当外れ、と一笑に付されるようになってしまいました。

もっとも、こうした風潮とは、まったく関係なしに、私自身、早起きや、朝の定時までの出勤がいやさ加減から、いわゆるサラリーマンを廃業して、すでに10年になろうとしているのですが、こうして「時」に追いかけられるのがいやなあまりに、結果的に選んでしまった仕事が、なんと時間に追いかけられて、原稿用紙のマスを埋めつぶすことになってしまったというのも、また、大変な皮肉な運命に違いありません。

こうした「時」そのものへの限りない憎しみの表われが、ささやかながら、私の腕時計のコレクションになっているのでしょう。

よく他人にいわれるのです。「そんなにいい時計をしていたら、もっと時間に正確になったら」、「きみは時計なんかいらないんじゃあないか。時間を守ったことないから」。たしかに、座談会に時間通りということはまずまれだし、原稿の締切にかつて間に合ったことがないのですから。

しかし、それと腕時計集めとは、まったく発想の上では別の水準でのことなのです。時間に追いかけられ、時間に苦しめられているからこそ「時」そのものを、いつも支配し自分の腕にくくりつけ、固定することによって、せめてもの腹いせというか、なぐさめにしているのです。

デイデイトのホワイト、デイトのゴールド、GMTマスター、デイトナ、デイトなしのステンレスケースのプレーン型と、それに手捲きの丸薄型のゴールド、ロレックスだけで6個。

インターナショナルは、ゴツイ耐水耐磁イレジュニアとホワイトゴールドケースの2個。ロンジンは、角薄型ホワイト、黒のダイバー。ユニヴァーサルは、ホワイトシャドウのデイトとデイトなしの2個。アラーム付のジーガー・レコルタのメモボックス。ゼニットのゴールド丸型。

それに、ご自慢のパテックの耐水型やヤングファッション。バセロンの超薄型ドレスウォッチ。まあざっと15〜16個、と一応は世界の一流品が皮の皿にごちゃごちゃとひと山になって、アンプの横に置いてあり、毎朝服を着るとき、「今日はどれをしていくかな」と迷うのが私のひそかな朝の楽しみとしての日課になっています。

このひと山の一角に、ヨーロッパ帰りの新参が加わりました。ひとつは、バーゼルのGUTという時計ディーラーで買ってきたオメガ。私にとって初のオメガは、シーマスターにタキメーターのついた「プロフェッショナル・マークⅢ」でダイバー用水圧計みたいな、メカニカルなデザインが気に入って買ったもの。

もうひとつは、指針のないデジタル型。マイクロのN氏にいわせると、私の時計に指針はいっさい不要なんじゃないかというが、ロス郊外のICメーカーの取り持ちで入手した、このオモチャライクな時計の、時間の変り日に文字が、フワーッと変るさまはなんとも優雅。それにもまして、このデジタル文字の時間と分の間の点が、1秒ごとに明滅するのが、これまた、なんとも動物的で、まるで時間が静かに息づいている感じ。この時計、なんと名前が「マイクロ」という。

時計という姿を借りて、現代人を呪縛する「時」も、こうしてファッション性を強く出して、人間の生活を楽しませる要素を加えてきたわけで、今後のオーディオのひとつの行きかたといえそうな気がします。ファッション時計でありながら、なかは水晶時計の精確さをもっている。すべてこのようでありたいものです。

（一九七五年）

人間と車

対談＝小林彰太郎氏（雑誌カーグラフィック編集長）

岩﨑　機械というものに対して、いわゆる知識として解るんじゃなくて、体験によって解ってくると、それの本当の良さは何かということを容易に発見することができるようになってきますね。最近になってやっと車というものに対して実際にいい車というのは、どこが違うのかなっていうことが解ってきました。たとえば安いものでは欠点になることが、いいものでは逆にそれがたまらない魅力になったりしますね。そういう意味で、人間と機械とのかかわりあいを機械のほうでも求めるし、使っている人間自体もそれをどうしても強く求めたくなる。

この要素が、オーディオにしても車にしても、非常に強いと思うんですね。

こういった観点から、小林さんにいろいろお伺いしたいと思います。小林さんは、毎月沢山の車をテストされ、いろんな車に実際に乗ってらっしゃいますが、そういう体験からたとえば最終的に車というものに対してどういう見方をなさいますか。

小林　こういう仕事をやり始めた頃は私も若かったですから（笑）、やはり猛烈に馬力のある、加速のいいスポーツカーなんかが一番おもしろかった。いまだっておもしろいですよ、乗れば。しかし、非常に現実的になってきましたね。やはり自動車というのは、基本的にトランスポートであるし、実用的でなければ使いものにならないという考えになってきました。だから毎日の足になり得る車が一番興味があります。

岩﨑　最新の車を扱っておられるカーグラフィックといえども、常に古い車に対しての目も忘れないというか、かなり大きくフィーチュアされていますが、これは小林さんのクラシックカーに対する愛着と若い読者の人達に車の歴史とそのあり方を伝えるという使命にかられてのことだと思うんです。そういったクラシックカーの魅力というのは、ある見方をすれば、われわれオーディオ・マニアの間で真空管アンプが非常にもてはやされたり、あるいはモノーラル後期からステレオの初期にかけてのパーツや、とっくに生産中止になった製品に対する熱っぽいくらいの購買意欲が、いまの若い人の間に相当強くあるというところと相通ずるような気がするんです。

小林さんのそういう古い車に対する愛着というか、その良さを、どういうところに見出されているのか、それをお伺いしたいのですが…。

小林　いや、それだったら逆にお聞きしたいんですが、いまそのような技術的にいえば旧式だといわれているオーディオの機器が、日本でもてはやされているというのはどういうことなんですか。

岩﨑　いろんな考え方があると思います。実際には知らないが、知識として得たものに対するノスタルジックな愛着でしょうね。結局知らないから、触れてみたいとか、自分のものにしてみたいとか、そういう愛着がよけいに強いんだと思いますね。知っていれば、意外にそういう意識があったとしても、それに大枚の金をはたいて買うまでいかず、そういうものの良さやフィーリングを自分の頭の中に、暖かくしまっておいて気が済むのかもしれない。知らないから、そういうものに対する願望が強い。それと同時に、かなり知識として知ってくると、現在のものが失なってしまったものを見出し、そこに一番感じるところがあって、大金をだしても手に入れたいと願う。こういうことだと思います。

小林　確かにその気持は理解できますね。話はちょっと飛躍するかもしれませんが、私どもでクラシックカーの音を録音して〈ソノグラフィック・オン・ザ・ロード〉というタイトルでレコード付きの写真集をシリーズで出していますが、この取材の舞台は、おもにイギリスなんですね。イギリスという国は、ご承知のように古いものを非常に大事に保存するという国民性があります。車の場合も全くそうで、現実に古い車が、現在でもいっぱい生きていて立派に走り回っている。そうした中の1台にちょっと他に例のないほど珍しい車を取材したんです。それはマイ・バッハという20リットルの飛行船のエンジンを、1907年のベルギーのメタジラークという大きなシャーシに積んだ競争用の自動車なんですね。それをいまでも持っていて、フランスやドイツあたりまでドライブに出かける年寄りの大金持ちがいるんですが、この人がまた実に興味深い人なんです。

岩﨑　え、いまでもバリバリ走るわけですか？　想像もつかないなあ。

小林　ええ、そうです。その人は、イギリスのノーフォークっていう田舎の領主というか、とにかくべらぼうに大きな館、1700年ぐらいの建物に1人で住んでるわけです。ちょっと怪奇じみますが(笑)。その館に宿泊して取材したのですが、館の中もいろいろ見せていただいた。ところがその人は、偶然にも大変な音楽ファンでレコード・マニアだったんですよ。それが電気吹込み以前のいわゆる蓄音機時代からのマニアで、その分野のオーソリティなんですね。その大きな城の一室がリスニングルームになっていまして、そこの装置を見たときにはもうびっくりしました。人が入れるくらいのホーンがドカンとあって、それがだんだん細くなってサウンド・ボックスにつながっている。針はもちろん竹針でした。

その機械は残念ながら何という名前か忘れましたけど、たいへんな時代ものの手巻きの蓄音機なんです。そしてその老人が、黙ってそこへすわれというんで、一番いい位置にすわって待っていますと、竹針をわざわざ切って声楽のレコードをかけてくれたんですけれども、それがとにかくびっくりするような音だった。純粋ないい音で、音量といい音域といい、陰で人間が歌っているのかと思うくらいでした。

岩﨑　なるほど、SPレコードで、一切がメカニカルな録音再生を聴かれたわけですね。

小林　そうです。純粋にアコースティックな音でした。

岩﨑　偶然にもそういう貴重な体験をされたわけですが、現代のエレクトロニクスを主体にしたステレオ音楽と比較されて、どう思われましたか。

小林　とにかく大ショックでした。私のところにも蓄音機はありますけれど昔の家庭用の装置は、あまり良くなかったんですね。しかし、レコードの方には、ちゃんといろんな音が入っている。だから、いい機械ならば、想像もつかないような素晴らしい音がするんだと思いますね。いまのは、確かにハイファイとかいいますが、録音再生のプロセスで装飾とか化粧がされている。

岩﨑　確かにハイファイに対する技術のアプローチが、昔のそうしたアコースティック再生によって得られる音のよさと違った方向へいっちゃっていますからね。しかし、そういったアコースティックの良さというものが、何らかの形で見直されるような時期が今後やってくることは十分に考えられると思います。というのは、最近新しいスピーカーを出したメーカーが、いままで志向してきたこととは全く逆のことを言っている。たとえば音のひろがり。指向性はよければよいほどいいといった、20年来常識としていたことに対して疑問視する技術者も出てきているんですね。

　現在は、どうしても電気技術を基本にした見方でものを見ていますが、いつか新しい見方が登場し、要求されるようになるんじゃないですか。これは決してありえないことではないと思います。この点、車のほうはどうですか。

小林　ある面ではありますね。実際に便利さの面から言えば、現在の自動車のほうが、はるかに使いやすいですね。

　しかし、古い車とかそういったものに魅力を感じている人が沢山いるわけですよ。そして、それを門外漢から見れば、どうしても理解できないものとして映る。私も実際に何度も聞かれましたけれど、それで一体どうしてだろうと考えてみたわけです。そうすると、いろんな理由を考えつくわけですが、やはりなんといっても道楽以外の何ものでもないという結論になるわけです。道楽というのは、好きだからやっているんだといえばそれで済むことなんですが、それじゃ理解してもらえないんでなんとか理由づけをするんですが…。

　いまの自動車で、たとえばロールス・ロイスにしても、ハンドメイドとか何とか言ってますが、ハンドメイドではあんな複雑怪奇な精密機械はできないし、そんなことしてたら商品として成立しない。やはり自動車は大量生産技術の集積です。だからこそ、あれだけの性能と品質のものが、あの価格でできるわけですよ。そして、昔の車から見たらたとえロールスでも大量に作られている、こういった車の現在の状況を集約すれば、それがある意味では、著しい技術の進歩であるといえるかもしれません。だから、古い車といまの車を比べると全く別物なんですね。そういう次元とは全く違う次元で見たときに、やはり古い車はそれなりの良さを持っていますよ。

　では、何がいいのかといいますと、やはり一九三〇年代ぐらいの車というのは、まだ設計者が暗中模索していたんですね。だから、これだという技術的な決定打がなかった。それぞれ独自の、自分がいいと思う方法と設計でかってに作っていた。エンジンと四つのタイヤがあるという共通点以外は、顔形から音から運転操作の方法から、皆違っていた。極端にいえば、人間の顔や性格がそれぞれ違うように…。だから、大変にヴァラエティに富んでいたということと、それぞれ設計製作した人が、これがベストだと考えて作られている、このことが実に魅力的なんですよ。

岩﨑　オーディオでも全くそれと同じことが言えます。独創的で実に個性が強い製品群がありました。

小林　とにかく、アクセル、ブレーキ、クラッチのペダルの位置から、ギア・チェンジのやり方まで全部違う。本当に自己の主張がはっきりしていましたね。ところが、いつのまにかそういう姿勢がなくなり、売る側の勢力が強くなってしまい、自動車の性格、製品企画段階で、完全に売る側が主導権をにぎるという結果になってしまった。だから最大公約数的な好みで車をつくらざるを得なくなる。自動車が大衆化すれば、ユニヴァーサルなパターンで作られるほうが、ずっと好ましいし、安全ですからね。しかし、その反面、没個性的になってしまっている。これは、ほんとうに淋しい。

岩﨑　現代の社会環境がいまのような車を生みだし、魅力を失わせたということになるんですか。

小林　それも一概には言えないですね。もし、そうだとしたら、だれもいまの車に乗らなくなる。トランスポートとしては、とにかく大進歩したわけですからね。だけど、手段じゃなくて目的と考えるようなファンにとっては、ある意味でだんだんつまらなくなってきていることも確かですけれど。

岩崎　では最近の若い人は、車に対してどういう考え方をしているんでしょうかね。

小林　最大公約数的な車に対する期待というか、車に求めることというのは一言でいうなら、まずかっこいいことになると思います。

岩崎　結局、かっこいいというのは、ほんとうにそれに対して深くかかわりあうんじゃないけれども、かかわりあったと同じようなフィーリングでいられることを求めているわけですね。いま音楽ファンの必需品として急速に普及しているオーディオも、すでにそうした表面的な理解のされ方が出てきはじめた。普及するということは、いいことなんだけれども、そういうイージーな受けとり方というのは、結局自分で損をしてしまうことになる。大金をはたいて買ったのに、その深くて広い世界に気づかずに終ってしまう。

小林　全くそうですね。だから、かっこ良さということで手に入れ、ワイドなタイヤをはいたり、エキゾースト・ノイズをふりまいて疾走したりすることにだんだんむなしさを覚えてきている。その反動として本当の意味でのカー・ライフをエンジョイしようという意識が広がりつつあることも事実ですね。いままでのかっこ良さというのは、多分にメーカーのプロダクト政策にほんろうされていたことに、遅ればせながら気がついたということでしょうね。

岩崎　そういうことっていうのはあるんじゃないかと思っていました。しかし、車というものを、そういった表面的ではなく、ある程度理解している人にとっては、どういう考え方になるんですか。

小林　自動車のマニアというのは、どうしても一台だけじゃ満足できないんですよ。二、三台を常に持っていて、そのときの気分と必要性に応じて使いわけたいとみんな思っているわけです。毎日の足には、それこそ1リットルぐらいの前輪駆動車の小さなセダン、そして荷物を積んだり、バカンスで出かけるときにはワゴンが、そして純粋なモータリングを楽しむときにはスポーツカーがほしいと。だから非常にぜいたくなんですね。

岩﨑　結局、個性の強い車を望むと、その反対の面からは遠ざかってしまう。しかし、その反対の面も決して捨てたくはない。だから、二、三台という具合に、持つ人の主張が強ければ強いほど多くの車を持たなきゃ満足できないことになるわけですね。しかし、実際に使う車は限られてしまうんですけど、やはり、持ってないと満たされない。ただ持っているだけでも価値があるような気がして落ち着いていられる。

小林　車っていうのは、そういう変な魅力があるんですね。たとえ乗らなくてもあることで安心する。何か期待感というものを感じさせてくれる。

岩﨑　オーディオにおいても、スピーカーを何組か持っていたり、カートリッジを沢山持っていたりするのと同じような心理ですね。

オーディオの場合は聴く音楽によってスピーカーを替えたり、カートリッジを替えたりということで、実際に切り替えるチャンスも多いんです。そして、切り替えることによってがらりと持ち味が変るというんではなくて、微妙な変化を味わっているわけですね。マニアになればなるほど…。

しかし、これとて自分の好みに合ったものが出るたびに買っていくわけにはいかない。最終的にどうにもならなくなってしまうわけですよ。最後にはそれらの沢山の中からセレクトしたということ自体に非常に大きな意義が生まれてくると思うんです。どうしても何らかの形で選ばなければならない。その選ぶということによって、その人が何を指向するのかということが解ってしまう。これは、沢山持っていて選ぶというときでも、初めて買うときでも同じことだと思いますね。そのへん車の場合だと非常に端的に出てしまう。

小林　そうですね。ただ車の場合は経済的にも、また他の制約もありますし、余程の人でないとその理想を満たすわけにはいきませんね。

だから、一台ですべてを満足させなければならないから、かなり妥協することになってしまう。それにしても、結局その使い方にもよるわけですよね。ビジネスとか通勤とかで使うとなれば、これからはますます制限される。しかし、毎日の足はバスとか電車を使い、車には楽しみとして休みにしか乗らないということになれば、これは楽しみの対象になるわけですから、一台持つにしてもうんとぜいたくなものにするとか、性能本位でいくとか、スタイリングの気に入ったものにするとか、実用性を気にしなくてもよいことになりますね。

岩﨑　楽しみとして乗る。いわば趣味となれば、それが目的になるわけですから、経済的とかいろんな条件を抜きにして、何が何でも持つということになりますね。オーディオも同じで、常に私も言ってることなんですが、本当はねらっているものがあるけれど、いまは経済的に買えないからこれこれにしたいといった内容の相談をよくされるんですね。そのたびに、ねらったものの代りに一段落としたものを手に入れても、結局は最後の最後まで不満が残ってしまうと。だから、いま買えなければ、少し待って必ずねらったものにするように言うわけなんです。そこが趣味の趣味たるゆえんだと思いますね。

車の方では、そうした実用ではなく楽しみとして乗れるようなものが出てくる傾向ですか。

小林　そうですね。実用性と趣味性の二つに分化していくことも十分考えられます。

岩﨑　しかし、日本では趣味性の強い車というのは少ないですね。オーディオについても言えることなんですが。

小林　そうした車は少ないです。そういうものは、いままだ需要が少ないから、結局量産できませんよね。だから大メーカーとしてはとても手が出せないわけです。そして、この石油危機、その他で、車の需要はドロップしているんですね。しかし、たとえばニッサンの２４０Ｚとか、いすずの１１７クーペなんていうのは、ぜんぜん売れ行きはさがっていません。反対に伸びたりしている。といっても車全体に対しての絶対数はやはり少ないですがね。これは、自動車を趣味の対象として考えている人の需要がいかに根強いものであるかを、よく物語っていると思うんですよ。

岩崎　そうですね。現実がいかに厳しくなろうとも、長い歴史の中で育ってきた車ですから、その車の良さや魅力を解る人にとっては、絶対に趣味としてとらえていくと思いますね。

　その物がもつ良さ、これを解るには最初に述べたように、その人がいかに体験するかということも大切だと思うんですが、やはりそのものの歴史を知ることも非常に重要ですね。

小林　そうです。だから私どもの雑誌でもずいぶん古い車を取り上げてるんです。これは決して懐古趣味でやってることじゃないんですよね。古いからいいというんじゃなくて、古い車だっていいものも悪いのもあるわけです。いまの車だっていいものと悪いものがあるように…。だから、本当にいいものとは何か、それをはっきり見きわめてほしいという気持の現われなのです。

岩崎　趣味たりうるものに自分をかけるわけですから、やはりいろんなことを知る努力を怠ってはならないということですね。

（一九七四年）

あとがきにかえて

岩崎千明氏は、私にとって終生、忘れ得ぬ人物である。おそらく、氏と交友のあった方なら、みな、そう感じておられるにちがいないが……。氏の天衣無縫な人柄は私の人生に、きわめて鮮やかな色彩りの数頁を残してくださった。私は、岩崎氏と、そんなに古いおつきあいではない。いわゆる竹馬の友といった間柄ではなく、お互いに社会で仕事をするようになってからの知己である。それも、30歳をこえてからの友人である。にもかかわらず、私と岩崎氏は、互いにかなり深く理解し合える資質をもった同志のようであった。

私事で恐縮だが、いまから約10年前、私は長年の宮仕えの身分に見切りをつけて、海のものとも山のものともわからぬままに、フリーランサーとして独立した。生来、のん気で楽天家の私だが、分別豊かな先輩や同輩、そして家族のものから、ずいぶんその無謀について忠告を受けたものだった。だから、当初は、正直いって時として不安を感じたし、心細い思いをしたこともあった。かといって、私には、今日から独立したんだぞ、というような改まった意気込みがあったわけでもなく、特別の感慨があったわけでもなかったのである。

そんなある日、ある雑誌社で岩﨑氏に出会ったのであった。よもやま話をして、私が帰りかけると、岩﨑氏が「つまらないものですが、車の中に勝手に入れさせてもらいました」と耳打ちされたのである。私は、とっさに何のことだかわからなかった。そんな私に、「いや、今度独立されたそうで……」と、照れたような笑顔でつけ加えられたのである。私は、独立したなどという挨拶をどこへもしていなかったので、岩﨑氏から、こんな心遣いを受けたことに大きなショックと感激を味わったのであった。

当時、岩﨑氏はすでにフリーランサーとして独立されておりオーディオ評論に健筆をふるっておられた。私の書いたものと、岩﨑氏の記事が、隣り合せに数年間、同じ雑誌にのっていたことがあるが、この頃はお互いに全く未知の間柄であった。しかし、お互いに、不思議とこの記事を欠かさず互いに読み合っていたらしい。

二人が、初めて挨拶をかわしたとき、「これがあの岩﨑千明という人か」、「これがあの菅野沖彦という奴か」という感慨が無言のうちに行き交ったことを思い出す。後に親しくなってから、どちらからともなく、この話が出て、「やはり互いにそうだったのか」と笑い合ったものだ。

そんな間柄だったとはいえ、まだ、そう深くつき合っていたわけではない。その証拠に、あの何ともいえない暖かくやさしい岩﨑氏の私への厚意として、私の車のシートにそっと置かれたものは、一本のスコッチのボトルであったのだが、岩﨑氏は私が全く酒を飲まないことを知らなかったのだ。そして、私もまた、岩﨑氏が一滴も酒を飲まないことを知らなかった。そのスコッチを私はいまも大切に持っている。おそらく永遠に、このボトルは蓋を開けられることはないであろう。もし、私が飲んべえならば、もうとっくに消えてしまったボトルであったろうに。

永遠の青年、岩崎千明氏は、きわめて自己に忠実な人であった。飾り気のない、その人柄の魅力、美しく変貌し続けたその人生は、私にとってひとつの憧れであった。その、たぎるような情熱、大胆さと細心さの調和や不調和、まことに人間的な人間であった。何よりも、その瑞々しく豊かな感性は、年と共に、いささかも鈍ることはなかった。精一杯行動し続けた岩崎氏を支えたものは、精神の若さであった。肉体はそのギャップに耐えることが出来なかったのであろう。その夭逝は、まことに残念至極である。

ここに、著作集として本書が刊行されたことは、友人の一人として喜びにたえない。岩崎氏が、常に専門のオーディオのテクノロジーの基盤の上に確固たる信念を置きながら、いささかも、そのテクノロジーに振り回されることなく、無限に氏の心象の拡大と飛翔の手段としてこれを把握した卓見は、オーディオロジーのあるべき姿として、改めて広く深く銘じるべきであろう。本書の中から、賢明なる読者諸兄が、これを汲み取られることを期待して、不肖、後書きに代えさせていただく。

菅野沖彦

昭和五十三年十月

初出誌一覧

オーディオ評論とはなにか　季刊「ステレオサウンド」第三十一号
ラジカルな志向がオーディオ機器の魅力の真髄となる　季刊「ステレオサウンド」第三十一号
「時間的な淘汰を経た価値」と
「質的な価値」を秘めていなくてはならないはずだ　季刊「ステレオサウンド」第四十一号
高級コンポ切望論　月刊「サプリーム」一九七四年七月号
ハイファイアンプの名器　隔週刊「FMレコパル」一九七四年六月二日号
オーディオでよみがえったバイキングたち　月刊「サウンド」一九七三年七月号
ノートルダム寺院とハイパワー・アンプ　月刊「サウンド」一九七三年八月号
スイス・バーゼルとA級アンプ　月刊「サウンド」一九七三年九月号
兵隊と市民と音楽そしてオーディオ　月刊「サウンド」一九七三年十月号
ニューヨークの素顔とオーディオ　月刊「サウンド」一九七三年十一月号
サウンドと大自然との結合　月刊「サウンド」一九七三年十二月号
仄かに輝く思い出の一瞬――我が内なるレディ・デイに捧ぐ　月刊「レアリテ」一九七五年十二月号
あの時、ロリンズは神だったのかもしれない　「ビクター社内報」一九七二年

変貌しつつあるジャズ　季刊「ステレオサウンド」第十八号
カーラ・ブレイの虚栄・マントラー　月刊「ジャズ」一九七二年七月号
新たなるジャズ・サウンドの誕生　月刊「スイングジャーナル」一九七五年十月号
オーディオと音楽　季刊「ステレオサウンド」第三号
大音量で聴くにはマルチウェイが絶対　季刊「ステレオサウンド」第六号
オーディオの醍醐味はスピーカーにあり　季刊「ステレオサウンド」一九七六年別冊
私のオーディオ考　月刊「ステレオ」一九七六年六月号
オレのバックロード・ストーリー　月刊「ステレオ」一九七五年九月号
CWホーンシステムをつくる　季刊「ステレオサウンド」第三十一号
私とJBLの物語　月刊「レコード芸術」一九七四年七月号別冊
ベスト・サウンドを求めて　季刊「ステレオサウンド」第三十七号
「自信」と「誇り」をJBLパラゴンにみる　「オーディオ・ジャーナル」一九七五年三月号
ジェームス・バロー・ランシングの死　月刊「ジャズランド」一九七六年十月号
オーディオ歴の根底をなす26年前のアルテックとの出会い　月刊「スイングジャーナル」一九七六年六月増刊号
時の流れの中で僕はゆっくり発酵させつづけた　月刊「スイングジャーナル」一九七六年六月増刊号
名器は、ちょっぴりカーブが違うのだという話　月刊「ジャズ」一九七四年十月号
地に足のついたスピード感は名車につきる　月刊「ジャズ」一九七四年十一月号
すべて道づくりから始まるという話　月刊「ジャズ」一九七五年一月号
潜水艦むかしばなし　月刊「ジャズ」一九七五年二月号
飛翔物体としての気球、その認識　月刊「ジャズ」一九七五年三月号
複葉機とかもめが原稿を遅らせた　月刊「ジャズ」一九七五年四月号
タイムマシンに乗ってコルトレーンのラヴ・シュプリームを聴いたら

複葉機が飛んでいた　月刊「ジャズ」一九七五年六月号
モンローのなだらかなカーブにオーディオを感じた　月刊「ジャズランド」一九七五年十一月号
ゴムゼンマイの鳥の翼は人間の夢をのせる　月刊「ジャズランド」一九七五年十二月号
暗闇の中で蒼白く輝くガラス球　月刊「ジャズランド」一九七六年一月号
ぶつけられたルージュの傷　月刊「ジャズランド」一九七六年二月号
雪幻話　月刊「ジャズランド」一九七六年三月号
のろのろと伸ばした指先がアンプのスイッチに触れたとき　月刊「ジャズランド」一九七六年四月号
ロスから東京へ機上でふくれあがった欲望　月刊「ジャズランド」一九七六年五月号
20年前僕はやたらとゆっくり廻るレコードを見つめていた　月刊「ジャズランド」一九七六年六月号
不意に彼女は唄をやめてじっと僕を見つめていた　月刊「ジャズランド」一九七六年七月号
トニー・ベネットが大好きなあいつは重たい真空管アンプを古机の上に置いた　月刊「ジャズランド」一九七六年八月号
さわやかな朝にはソリッドステート・アンプがよく似合う　月刊「ジャズランド」一九七六年九月号
薄明りのなか、鳩のふっくらした白い胸元が輝いていた　月刊「ジャズランド」一九七六年十一月号
音楽に対峙する一瞬その四次元的感覚　月刊「ジャズランド」一九七六年十二月号
「時」そば、その現代的考察　月刊「スイングジャーナル」一九七五年
人間と車　月刊「スイングジャーナル」一九七四年七月増刊号

オーディオ彷徨　岩﨑千明著作集
1978年12月20日　初版発行
2013年5月31日（復刻・改訂版）発行
2013年6月26日（復刻・改訂版）第2刷発行
著　者　岩﨑千明
発行者　原田　勲
発行所　株式会社ステレオサウンド
東京都港区元麻布3-8-4　〒106-8661
電話　03-5412-7887（販売部）
http://www.stereosound.co.jp
印刷・製本　奥村印刷株式会社